西北工业大学精品学术著作
培育项目资助出版

泵喷推进器设计、分析与试验

潘 光 黄桥高 施 瑶 李 晗 著

科学出版社

北 京

内 容 简 介

本书主要介绍了泵喷推进器的设计、性能分析和模型试验。全书共9章，第1、2章梳理了国内外相关研究工作，介绍了泵喷推进器设计实例；第3章建立了泵喷推进器的流场数值计算方法并进行实验验证；第4～6章考虑定子和导管部件的影响，系统研究了泵喷推进器的水动力特性和流场特性；第 7 章研究了泵喷推进器的流噪声特性；第8章介绍了泵喷推进器的锯齿尾缘导管降噪数值研究；第9章对泵喷推进器的水动力、流场和噪声进行了水洞测试。

本书可供兵器科学与技术、船舶与海洋工程等领域的科研工作者参考，也可供高等院校相关专业师生学习使用。

图书在版编目（CIP）数据

泵喷推进器设计、分析与试验 / 潘光等著. —北京：科学出版社，2024.6
　　ISBN 978-7-03-077853-6

　　Ⅰ . ①泵… 　Ⅱ . ①潘… 　Ⅲ . ①喷射推进器–研究 　Ⅳ . ①V43

中国国家版本馆 CIP 数据核字（2024）第 023511 号

责任编辑：杨　丹 / 责任校对：高辰雷
责任印制：徐晓晨 / 封面设计：陈　敬

科 学 出 版 社 出版
北京东黄城根北街 16 号
邮政编码：100717
http://www.sciencep.com
北京建宏印刷有限公司印刷
科学出版社发行　各地新华书店经销

*

2024 年 6 月第 一 版　开本：720×1000　1/16
2024 年 6 月第一次印刷　印张：16 1/4
字数：326 000
定价：198.00 元
（如有印装质量问题，我社负责调换）

序

  泵喷推进是国内近 20 年快速发展的一种特种推进方式，是水下高效低噪推进的代表性技术，采用泵喷推进的水下航行器在综合推进效率、抗空化性能、临界航速、辐射噪声、轴系传动等多个方面有优势，在国内外水中兵器及潜艇上得到了广泛应用。英、美、法等国突破了潜艇等大型水下装备泵喷推进的工程应用技术瓶颈，其海军所配备的先进型潜艇实现了更高的临界航速和载荷，以及海洋背景噪声水平的安静性。泵喷推进技术已然成为新型水下无人航行器和潜艇的核心技术。

  西北工业大学航海学院是国内较早开展水中兵器和水下航行器研发的单位，积累了大量水下装备研制经验并形成了广泛、高效和可靠的技术体系，具备坚实的水下航行器推进器研究和设计基础，在高速水中兵器推进方面更是拥有丰富的对转螺旋桨和泵喷推进器的工程应用经验。泵喷推进器是由导管、转子和定子集成设计而成的组合式推进器，克服了对转螺旋桨在噪声和轴系上的劣势，实现了高临界航速和低辐射噪声，逐步取代其他类型推进器成为当前水下装备传统机械推进方式的首选。随着水下装备的大型化、智能化和集群化，特别是随着水下探测技术的快速发展，泵喷推进器的设计和应用面临着新的考验。泵喷推进器的安静设计已不再局限于抑制和调控流致噪声、激振力和流场激励，新材料和新驱动方式的应用也是重要的技术发展方向。

  《泵喷推进器设计、分析与试验》一书作者所在课题组近些年在传统水中兵器泵喷推进技术的基础上，开展了大量大型及超大型水下航行器的泵喷推进器设计、分析、测试及应用工作，形成了特定的水下航行器泵喷推进技术体系，为国防装备建设作出了重要贡献。在积累大量研究和工程应用经验的基础上，潘光教授牵头撰写了《泵喷推进器设计、分析与试验》，集成了近些年的理论研究和工程设计方法，在泵喷推进研究上有创新，在工程应用上有突破，专著的原创性强，学术价值高，是理论研究和工程应用紧密结合的优秀专著。该书的出版将有助于我国水下航行器泵喷推进技术的快速发展，对推动水下航行器泵喷推进技术在我国的工程应用及推广具有非常重要的作用。

宋保维

2023 年 11 月 10 日

前　言

水下航行器的发展,对推进器的要求不断提高,从追求更高的推进性能,到兼顾低振、低噪和声纹抑制的静音性能,推进器的设计和分析愈加复杂。水下推进器从螺旋桨发展到泵喷推进器,推进性能改善的同时,其结构形式、流动特性和致声机制变得复杂,装备应用的技术要求也变高。泵喷推进器是由转子、定子和导管等基本部件集成设计的多元组合式推进器,其在世界各国潜艇和鱼雷上的应用是水下航行器机械推进方式的重要发展,凸显了泵喷推进器独特的性能优势,是新世纪安静型潜艇和高速水中兵器研发的核心技术之一。但国内外泵喷推进技术的应用差距较大,特别是在大型及超大型水下航行器上的应用。认识泵喷推进器的性能特性并剖析背后的流场演化、振动传递和致声机制,充分利用泵喷推进器的结构形式特点和优势,提高推进性能并实现减振降噪是当前泵喷推进技术研究的重点之一。

本书内容是作者所在团队近年来在泵喷推进技术研究、设计、试验和应用等方面成果的总结,系统介绍了泵喷推进器的设计、性能分析和模型试验。全部内容共9章,第1章介绍了水下航行器泵喷推进器的国内外应用和研究现状;第2章介绍设计原理及采用轴流泵升力法的泵喷推进器设计实例;第3章介绍了泵喷推进器流场的计算方法;第4章为泵喷推进器流场演化特性的研究;第5章和第6章针对泵喷推进器结构与传统螺旋桨、导管螺旋桨等推进器的区别,研究了导管和定子的主要设计参数对泵喷推进器的水动力和辐射噪声性能、流场演化机理等方面的影响;第7章系统研究了泵喷推进器流噪声特性;第8章介绍了基于猫头鹰寂静飞行仿生学的泵喷推进器锯齿尾缘导管降噪,对不同设计参数锯齿结构的降噪效果进行了系统性分析;第9章为泵喷推进器的模型试验,给出了敞水性能、流场和噪声性能的测试结果。

本书第1、4、6章由黄桥高教授撰写,第2、9章由施瑶教授撰写,第3、7、8章由潘光教授撰写,第5章由李晗副教授撰写,全书由黄桥高教授统稿。在本书撰写和泵喷推进器研究过程中,得到中国船舶及海洋工程设计研究院董新国研究员、国家自然科学基金项目(51979226)和国家国防科技工业局稳定支持项目等的大力支持,在此深表谢意!博士研究生鹿麟、秦登辉、李福正给予了帮助,在此表示感谢!

　　由于作者水平有限,书中难免存在不当之处,欢迎广大读者批评指正。

作　者

2023 年 11 月 8 日

目　　录

第1章 绪 论

1.1 泵喷推进器简介

泵喷推进器(pump-jet propulsor，PJP)，简称泵喷，是近几十年取得重要发展的一种新型组合式水动力推进装置，主要由转子(也称叶轮、旋转叶栅)、定子(也称导叶、静止叶栅)和导管三部分组成，其中转子为动力部件，定子和导管为辅助部件，转子和定子被轴对称的环形导管包裹。

根据定子和转子的轴向相对位置，可将泵喷推进器划为两类：定子布置在转子前的"前置定子式"和定子布置在转子后的"后置定子式"。当定子前置时，可以通过适当设计使定子对转子来流进行预旋，改善转子推进效率，减小转子迎流角度，有效降低振动和辐射噪声；当定子后置时，给定合适的定子进流和出流角度，实现对转子尾流中旋转能量的回收，进而提高推进器效率，但因定子和转子的尾流干涉强，噪声较高。目前潜艇大多采用前置定子泵喷推进器[1](图 1-1)，以实现较低的振动和辐射噪声。

图 1-1 潜艇用泵喷推进器

与传统的推进器(如对转螺旋桨、导管螺旋桨等)相比，泵喷推进器具有如下优点[1]。

(1) 推进效率高。定子前置改善转子进流，可以提高转子叶片效率；定子后置可以吸收转子尾流旋转能量，减少尾流能量损失；与艇体尾段联合设计形成良好的匹配，有效提高泵喷推进器的综合推进效率。

(2) 辐射噪声低。泵喷推进器的转子被导管所包裹，推进器流道内部噪声的部分频段能够被导管屏蔽和吸收；定子前置时可改善转子进流，降低转子叶片载荷的非定常脉动，减小低频线谱噪声；相对于传统螺旋桨的直径，泵喷推进器的转子直径较小，旋转线速度较低，可以减小低频噪声。国内外研究表明：和普通螺旋桨相比，低航速下，泵喷推进器具有较小低频线谱噪声；高航速下，泵喷推进器的噪声性能更优。

(3) 临界航速高。定子和导管的配合下，降低转子的进流速度和提高转子来流的均匀性，能有效推迟叶片梢部间隙空泡的产生，在相同航行条件下，泵喷推进型潜艇可以达到更高的无空化航速，避免了空化噪声，相对提高了潜艇的低噪声航速上限。

1.2 泵喷推进器研究进展

1.2.1 泵喷推进器应用现状

泵喷推进器的思路最早源于 1944 年美国 Wislicenus 提出的采用导管螺旋桨或者泵喷降低流经桨叶的流速来改善推进器空化性能的想法。直到 1957 年，世界首套后置定子式泵喷推进器由美国宾夕法尼亚州立大学成功设计，并装配于 MK48 鱼雷。随后，另一台后置定子式泵喷推进器也被设计出来并用于 MK50 鱼雷[2](图 1-2)，该泵喷推进器由 11 个转子和 13 个定子叶片组成。泵喷推进器优异的高效低噪性能，使鱼雷推进技术和鱼雷性能水平发展到一个新的阶段。至今，多国及组织采用泵喷作为新一代鱼雷主推方式，如英国的旗鱼鱼雷、瑞典的 TP2000 鱼雷、北约的 MU90 鱼雷等[3]。

图 1-2 MK50 鱼雷的泵喷推进器

鱼雷泵喷推进器的成功应用，促进泵喷推进器的发展，出现了潜艇用前置定子式泵喷推进器。1983 年，第一艘采用泵喷推进器推进的特拉法尔加级攻击型核潜艇服役，英国成为世界上第一个将泵喷推进器应用于核潜艇的国家，有效降低了潜艇辐射噪声，备受各海军强国关注。随后，西方海军强国(表 1-1)纷纷采用泵喷推进器取代曾广泛应用的七叶大侧斜螺旋桨。英国的前卫级弹道导弹核潜艇和机敏级攻击核潜艇、美国的海狼级攻击型核潜艇和弗吉尼亚级小型攻击型核潜艇、法国的凯旋级弹道导弹核潜艇和梭鱼级攻击核潜艇、俄罗斯的北风之神级弹道导弹核潜艇等均采用泵喷推进器。泵喷推进潜艇与大侧斜螺旋桨推进潜艇相比最大的优点是辐射噪声大幅降低，得益于临界航速的提升，潜艇的低噪声航速上限提高。以美国海狼级攻击型核潜艇为例，该艇水下最高航速超过 30 节，水下 30m 的低噪声航速大于 20 节，辐射噪声接近于海洋环境噪声，被美国官方称为当今世界上最安静、最快的潜艇[4]。

表 1-1　典型泵喷推进的潜艇

国家	潜艇型号	推进器形式	首艇服役时间
英国	特拉法尔加级	泵喷	1983 年
	前卫级	泵喷	1993 年
	机敏级	泵喷	2010 年
法国	凯旋级	泵喷	1997 年
俄罗斯	北风之神级	泵喷	2013 年
	亚森 M 级	泵喷	2020 年
美国	海狼级	泵喷	1997 年
	弗吉尼亚级	泵喷	2004 年
	哥伦比亚级	泵喷	计划 2031 年

综上所述，泵喷推进器以其临界航速高、辐射噪声低的特点被应用于一些国家的新一代鱼雷和安静型潜艇，特殊应用背景对其水动力和噪声等性能提出了很高的要求，促进了泵喷推进器设计、性能预报以及试验测试技术的研究。但国内泵喷推进器研究起步晚，在应用上远落后于美英法俄等国家。

1.2.2　泵喷推进器设计研究现状

泵喷推进器发明至今主要装备于鱼雷和潜艇，国外公开文献较少，除早期在设计和快速预报方法上的工作，主要是泵喷推进器、喷水推进器、轴流泵等的性能研究。水下推进器普遍采用势流方法进行初步设计，随着黏性计算流体力学(computational fluid dynamics，CFD)方法的发展，势-黏耦合方法成为更先进的设计方法，对导管和定子流场的影响考虑得更加充分。1963 年，McCokmick 等[5]介绍了泵喷的基本设计思想。1964 年，Henderson 等[6]对泵喷的设计流程进行了详细说明，指出泵喷推进器拥有较好的空泡性能，提出了改进一维设计理论以满足泵喷推进器的空泡设计要求，讨论了导管、定子等设计问题，特别是导管的设计以及泵喷与艇体匹配问题。后来 Henderson 对推进器设计流程进行了系统总结[7]。Treaster 等[8]进行艇后泵喷推进器设计时同样考虑了泵喷导管与艇尾的匹配问题。Jacobs 等[9]开发了基于升力面方法的泵喷推进器设计程序。1988 年 Furuya 和 Chiang[10]指出由于水下航行器的航速不断提高，基于传统二维设计理论设计的泵喷推进器不再满足要求，将轴流透平理论与叶面理论结合，提出了一种改进的三维设计方法。Black[11]考虑黏性和叶片厚度的影响，发展了耦合势流升力面和黏流雷诺时均 NS(Reynolds-averaged Navier-Stokes，RANS)方法，并在泵喷推进器上进行了应用。Abdel-Maksoud 等[12]和 Druckenbrod 等[13]同样基于势-黏耦合思想发展了喷水推进设计程序用于多组元推进器的参数优化设计，并以抗空化性能作为主要设计指标。

国内泵喷推进器的设计方法研究起步晚。韩瑞德等[14-15]对泵喷的设计方法及设计准则进行了系统介绍，从提高泵喷推进器效率和推迟叶片空泡的角度提出了设计准则，并给出了联合设计框图阐明了具体设计步骤和设计参数选取范围。刘业宝[16]将升力线理论、泵升力法、面元法结合，进行了泵喷推进器的设计，通过升力线理论求解有伴流和定子、导管干扰的转子最佳环量分布，并采用泵升力法的基本方程设计转子剖面和螺距，应用面元法迭代设计定子并预报泵喷推进器性能和流场，通过空泡条件修正导管的拱度。杨琼方和王永生[3]对泵喷的传统设计理论进行了详细介绍，提出了三维参数化逆向设计方法并开展了设计应用。王小二等[17]充分考虑推进器内部的三元流动特性，减少设计过程中对水流的假设，采用了三元设计理论进行全三维反问题计算和正问题计算相互迭代，完成了泵喷推进器设计。周运凯[18]利用升力法设计泵喷后，同样采用三维逆设计方法进行迭代设计。

1.2.3 泵喷推进器水动力研究现状

开展泵喷推进器水动力研究主要有实验和数值模拟手段，后者更为广泛，包含势流方法、黏性 CFD 方法及其耦合方法。国外公开的实验研究中，较早开展工作的是 McCormick 等[5]。1963 年，他们根据实验数据指出泵喷推进器较其他传统推进器在推进效率、噪声以及空泡性能方面都存在明显优势。Hughes 和 Kinnas[19]对带前置定子的导管螺旋桨不同定子安装角下的水动力性能进行了水洞测试。Suryanarayana 等[20-21]对后置定子泵喷推进器做了大量实验测试，航行体后泵喷推进器的风洞和空泡水洞内测试结果表明，后置定子能够吸收转子的旋转能量，减少尾流速度的径向分量，提高推进效率。在数值研究上，Hughes 和 Kinnas[19]将螺旋桨和定子考虑为升力面模型，并采用面元法计算导管和轮毂，预报了前置定子导管桨的水动力性能。Kawakita 和 Hoshino[22]提出了一种基于面元法的带定子导管螺旋桨稳态性能计算方法。Park 等[23-24]基于不可压缩三维 RANS 方程，对带导叶的导管螺旋桨和喷水推进器的流场特性进行了分析与研究。Das 等[25]基于 CFD 方法对泵喷推进器进行了数值仿真，计算结果与实验结果一致性较好。Ahn 等[26-27]采用 RANS 方法和非结构化网格对带有转子顶部圆环的泵喷推进器进行了数值模拟，结果表明附加圆环可以有效地减小顶隙涡的强度，改善推进器内部流场。Ivanell[28]采用 CFD 方法对安装有泵喷推进器的鱼雷进行了水动力性能数值预报，并通过与实验结果对比验证了该方法的合理性。

20 世纪末，国内开始对泵喷推进器的水动力和流场进行研究，以数值方法为主。1994 年，陈月林等[29]利用叶轮机械三元流动相对流面理论以及变分原理，对某后置定子泵喷推进器的水动力性能进行了计算，转子和定子叶片的推力和扭矩与实验值基本吻合。刘高联[30]采用变域变分原理和有限元离散法，对泵喷推进器的外流场进行求解，初步确定了泵的流量和滞止流线以及导管外表面压力分布。王国强等[31-32]基于面元法和涡格法建立了一种计算泵喷推进器水动力性能的数值方法，并对一种前置定子导管螺旋桨进行水动力性能预报，结果与实验数据吻合良好。刘小龙[33]基于面元法建立合适的尾涡模型，对前置定子泵喷推进器的定常和非定常水动力性能进行预报，两者结果基本一致，不过与实验相比还有待提高。苏玉民等[34]基于面元法建立了一种模拟带定子导管螺旋桨水动力性能的数值方法，将定子和导管作为一个整体来求解速度势，提高了计算速度。刘业宝[16]基于面元法和改进尾涡模型开发了泵喷推进器定常及非定常水动力性能的预报方法，与 CFD 方法模拟结果进行了对比，并分析了前置定子和后置定子的大小、安装位置、安装角度及导管长径比等参数对水动力性能的影响。谷浪等[35]基于面元法建立了泵喷推进器各子部件的干扰模型和叶梢泄漏涡模型，对不同工况下水动力性能进行了预报。

前述面元法等的优点是可以对推进器敞水性能快速预报，获得受力和物面压力，但预报精度依赖尾涡模型，且不能对流场内部流动进行较精确数值模拟，进而也无法对推进器部件间相互作用和精细涡结构进行捕捉，因此考虑黏性的 CFD 方法是目前推进器研究的主流方式。王涛和周连第[36]采用 RANS k-ε 湍流模型对包含泵喷推进器和回转体的三维复杂流场进行了模拟。何东林[37]开展了集成电机泵喷推进器的设计，对单翼、叶栅、导管及导叶进行了 CFD 模拟分析。洪方文等[38]基于 RANS 方法和剪切应力传输(shear stress transport, SST) k-ω 湍流模型对前置定子导管螺旋桨流场进行了数值模拟，根据模拟结果分析了导管内的压力分布特性、流场特性。胡欲立和刘文峰[39]利用建立的泵喷推进器内流场数值计算模型分析了内流场及其分布特性。汪蕾[40]采用 CFD 方法对一种前置定子导管螺旋桨在均流下的性能进行了数值计算，与实验结果吻合较好。刘占一等[41]采用 CFD 方法对后置定子泵喷推进器的水动力性能进行了数值计算，讨论了不同湍流模型对结果的影响。杨琼方等[42]采用理论方法和 CFD 方法对某型后置定子泵喷推进器的水动力性能进行了预测分析，提出适用于对转螺旋桨推进鱼雷的推进性能经验公式也适用于泵喷推进器性能的预测。段相杰等[43]基于多参考系(multiple reference frame，MRF)模型和 k-ε 湍流模型，对装配有泵喷推进器的水下航行体进行了流场数值模拟。饶志强[44]采用 FLUENT 对泵喷推进器的定常和非定常性能进行数值预报，研究了定子参数对推进器性能的影响。刘登成等[45]结合 RANS SST k-ω 湍流模型和混合面交界面模型，对前置定子导管桨的水动力性能进行计算，分析了导管间隙对水动力性能和转子径向负荷的影响。潘光等[46]采用 RANS SST k-ω 湍流模型，对装配后置定子泵喷推进器的水下航行器的定常流场进行了数值模拟，讨论了航行器表面和转定子叶片的压力分布特性、转子梢涡的速度场。程鹏等[47]开展了小功率集成电机泵喷的设计，并采用 CFD 方法进行性能预报，获得了推进泵的扬程、效率以及功率。施瑶等[48]利用 RANS 方法和 Rayleigh-Plesset 方程均质多相模型对某后置定子泵喷推进器的空化流场进行了数值模拟，分析了转速、空泡数和来流速度对空化特性的影响。Lu 等[49-50]采用 CFD 方法研究了对泵喷推进器的水动力特性，分析了叶梢泄涡的形成、输运和发展特性，并考虑了间隙尺寸对水动力性能的影响。彭云龙等[51]采用 CFD 方法预报了前置定子泵喷推进器和集成电机泵喷推进器在设计转速时的敞水性能。张明宇等[52]采用三维反问题方法对某滑行艇用泵喷推进器进行了设计，并对比了其水力特性和螺旋桨的差异。Li 等[53]研究了转子叶顶间隙尺寸对后置定子泵喷推进器的性能、流场和推力脉动的影响。夏琨[54]对比讨论了轮缘式泵喷推进器和普通泵喷推进器的敞水性能，给出了轮缘式泵喷推进器的优化方向。邱铖铖等[55-56]考虑了来流角度对某后置定子泵喷推进器的非定常激振力和流场压力脉动的影响。Li 等[57]研究了定子参数对前置定子泵喷推进器的性能影响。Huang 等[58]研究了导管参数对艇用前置定子泵喷推进器的水动力性能影响，并简要讨论了流场的规律特性。李福正等[59]研究了转速对预报泵喷推进器水动力性能的影响，表明转速较小导致预测结果与实验结果的偏差较大。Li 等[60]研究了泵喷推进器的尺度效应，给出了模型尺度与实尺度的性能差异，以及不同子部件的尺度效应差异。后续还研究了推进器上转捩流动对性能的影响[61]。

近年来，随着计算机算力和 CFD 方法的发展，采用分离涡模拟(detached eddy simulation，DES)和大涡模拟(large eddy simulation，LES)对泵喷推进器的非定常流场及其内部结构和演化特性进行研究成为认识泵喷推进器流动特性和致声机理的新途径。孙瑜[62]采用 LES 对泵喷进行了数值模拟，对非稳态流场的压力和涡强场进行了分析，讨论了导管锯齿尾缘对泵喷推进器的降噪效果。Li 等[63]通过不同混合 RANS/LES 模拟方法对某前置定子泵喷推进器的涡结构进行了模拟对比研究，分析了泵喷推进器的尾流场；揭示了泵喷推进器尾流场演化的不稳定性机制[64]；考虑了横向流[65]和艇体伴流[66]对泵喷推进器尾迹涡系的影响，给出了尾迹变化和迎流漂角的关系；采用嵌入式大涡模拟(embedded LES，ELES)研究了不同转子–定子叶数组合的泵喷内流场涡系干扰特性[67]；研究了导管主要参数对泵喷推进器转子推力脉动和流场涡系的影响规律，并给出了导管主要参数取值范围[68]。Li 等[69]研究了环向非对称定子布置对推进器性能和流场结构的影响，讨论了转子推力脉动的差异；研究了定子预旋角对泵喷推进器噪声的影响[70]。Qin 等[71]对比了鱼雷后置定子泵喷推进器和潜艇前置定子泵喷推进器的涡系差异，研究了敞水下导管锯齿尾缘对泵喷推进器噪声的影响[72]。

综上，实验测试和数值模拟是泵喷推进器流场特性研究的两种主要方法。实验测试方面，国内外均有学者对泵喷或者装配泵喷的小型水下航行器在风洞或者水洞下的水动力性能、流场等进行实验研究，但文献较少，且水洞试验的数据和实验细节缺乏。数值模拟方面，目前的研究方法主要集中在面元法、RANS 方法、混合 RANS/LES 方法和 LES 方法，前两种方法计算速度快，工作量较小，但得到的流场精度太低，不能满足噪声预报的精度需求。LES 方法计算结果精度高，能够精细捕捉流场中的湍流结构，是除直接数值模拟(direct numerical simulation，DNS)之外的最优选择，但受限于计算量，目前使用 LES 方法对泵喷推进器的流场数值模拟的研究相对较少，因而混合 RANS/LES 方法成为工程应用的最佳选择。

1.2.4　泵喷推进器水动力噪声研究现状

辐射噪声是影响水下装备隐蔽性的重要因素，受到各国海军的高度重视。舰艇低噪是衡量现代舰艇的一个重要指标，国外已经取得很大进步，国内相对滞后，因此越来越多的科研人员致力于水动力噪声及降噪技术研究。舰船的水下噪声有三个主要类别：机械噪声、螺旋桨噪声和水动力噪声，其中螺旋桨噪声通常在总辐射噪声中占主导地位[4, 73]，且降噪远难于另外两类。对于水面舰艇和潜艇的声呐系统，自身螺旋桨噪声不仅是敌方声呐追踪的信号，而且影响自身声呐系统。螺旋桨噪声研究和降噪是海军的重要课题。

泵喷推进器是一种具有良好发展前景的水下新型组合式推进器，在噪声方面具有优越性。但是由于其结构独特，相对于常规螺旋桨，泵喷的噪声特性和发声机理更为复杂，除了存在与轴频和叶频相关的线谱噪声外[74]，还存在转子、定子的相互作用引起的噪声辐射，这在气动噪声领域已被充分确认[75-76]。

螺旋桨辐射噪声计算的常用方法为混合方法，即流场求解和声学传播计算分开。该方法常以声类比理论为基础。声类比理论是 Lighthill 在 1952 年提出的，适用于自由空间假设下静止流体中自由湍流发声问题，通过对喷气飞机自由湍流噪声的研究，将流体噪声源分为单极子源、偶极子源和四极子源，分别对应扰动的质量、力和自由湍流噪声。之后 Ffowcs Williams 和 Hawkings 考虑运动固体边界的影响，得到一个较为普遍的结果，即 Ffowcs Williams-Hawkings(FW-H)方程[77]，Farassat 和 Myers 做了进一步工作[78]。目前声类比方法可以预测流动流体介质中具有任意运动状态的物体表面湍流边界层的辐射噪声，随着计算机性能的提升，基于声类比理论的混合方法广泛地应用于流噪声预报。前述流场计算方法主要有 RANS、LES、混合 RANS/LES 及 DNS，同样，受限于算力和计算任务的复杂性，混合方法计算噪声最大的算力限制来自于流场的高精度求解，目前较好的解决方法是混合 RANS/LES 或者 LES，其中后者对于低雷诺数(Re)和简单几何模型已有很多应用。

由于泵喷的特殊背景，国外关于泵喷流噪声的相关文献比较少，更多的是关于传统螺旋桨、对转螺旋桨的水下辐射噪声。Varney 等[79]提出在泵的转子壳体内添加穿孔耐磨衬套可以改变泵射流产生的噪声频谱。Bagheri 等[80]基于有限体积法和 FW-H 方程，对非空化和空化条件下单螺旋桨的总声压级进行了求解，探讨了空化对螺旋桨噪声的影响。Seol 等[81]基于 FW-H 方程开发了导管螺旋桨的辐射噪声计算程序，并考虑了导管的辐射和散射。Zeng 等[82]提出了一种基于广义声学类比理论的半经验调制模型来预测对转螺旋桨的非空化噪声。Özden 等[74]对装配E1619七叶大侧斜螺旋桨的DARPA SUBOFF 潜艇的辐射噪声特性进行了研究。Choi 等[83]将基于 Kirchhoff-Helmholtz 薄体边界元方法(Kirchhoff-Helmholtz thin-body boundary element method，K-H TBEM)用于薄导管内旋转声源的噪声计算。

国内学者对泵喷的流噪声特性开展了相关数值研究和实验测试。彭临慧等[84]对泵喷推进器的噪声进行了实验测试，结果表明泵喷推进器的噪声谱存在极其丰富的低频线谱，以转子轴频和叶频的谐波分量为主，线谱谱级一般比连续谱高出20～30dB。这些叶频的谐波线谱与转子叶片空化状态和静压力的变化关系不显著，主要由转速决定，和转子与定子之间的相互作用有关。赵兵等[85]对装配有泵喷推进器鱼雷的流场进行计算，采用 Proudman 理论计算了泵喷推进器的宽带噪声，表明泵喷推进器的主要噪声源位于转子的根部、梢部、转子-定子桨叶交接区以及定子前缘附近，流场的涡旋脉动是噪声产生的主要因素。在此基础上，周友明等[86]结合 Lilly 气动声源(aeroacoustic Lilly source，AALS)模型改进了前述泵喷推进器的宽带噪声计算方法，研究总结了主要几何参数与噪声水平之间的关系。刘敏等[87]采用有限元方法对泵喷导管内外声场进行了建模及计算，在考虑声振耦合的条件下，分析了特定噪声源下导管对噪声的传播影响。付建等[88-89]以某泵喷为对象分别计算了泵喷静止部件和旋转部件的流噪声，旋转部件的流噪声由点源模型结合扇声源理论完成计算，静止部件噪声在利用 CFD 方法得到固体壁面脉动压力分布的基础上，基于边界元方法完成，最后对二者声场进行叠加得到了泵喷的总噪声。卢丁丁等[90]结合点源模型和边界元方法完成了泵喷导管内转子的声场预报，分析了导管对转子声场的影响。孙瑜[62]先采用大涡模拟(LES)方法模拟了泵喷的非定常流场，然后采用 FW-H 方程预报了泵喷的噪声性能，研究了桨舵系统中毂帽鳍的降噪效果和采用锯齿结构改造推进器导管尾缘来降低泵喷涡流噪声的方法。张明宇等[91]结合 CFD 和边界元方法(boundary element method，BEM)预报了无轴泵喷推进器的水下辐射声场和各部件的噪声特性，对其各阶叶频的指向性及典型测点处 500Hz 内频谱进行了分析。

1.3　泵喷推进器发展趋势

　　潜艇是海军不可或缺的战略和作战装备，具备独特的机动性、隐蔽性和攻击性，是世界海军强国军备竞赛的焦点。在潜艇的各项性能指标中，声隐身性能是其重要指标。随着声呐这一主要水下探测手段在精度、距离等方面的快速提升，潜艇在水下航行时暴露和被打击的可能性大大提升，严重威胁了潜艇的生存和战斗力。因此，研究舰艇的声隐身技术，减小其辐射噪声和声波反射的能力，成为当前海军领域研究的热点。

　　潜艇水下航行时的辐射噪声主要由机械振动噪声、螺旋桨噪声以及水动力噪声组成。随着隔振和吸声技术的提升，机械振动噪声的水平大大降低，各航速下以螺旋桨噪声为主，特别是螺旋桨流噪声和螺旋桨空化噪声。螺旋桨引起的低频线谱噪声的幅值和频率随着航速的变化而变化，且有周期性调制现象，是水下目标识别的重要声学特征。螺旋桨噪声极大地决定了潜艇的总体辐射噪声水平，因此泵喷推进器以其突出的低噪声优势，成为潜艇推进器的主要发展方向。经过近几十年的发展，国外各军事强国已经系统地掌握了泵喷推进器低噪声设计和降噪技术，并将其大量装配在新一代核潜艇上，如美国、英国、法国、俄罗斯等均已将泵喷应用在核潜艇推进上。以美国装备泵喷推进器的"海狼级"潜艇为例，其水下噪声只有90～100dB，已低于三级海况海洋背景噪声(110～120dB)。

　　国内泵喷推进器研究仍处发展阶段，泵喷推进技术尚不成熟，许多研究和应用难点需要攻克，如泵喷推进器的综合优化设计和匹配、间隙流动控制和尾流特性、减振降噪、结构材料和轻量化、衍生发展等。首先，泵喷推进器的结构部件多，相互影响复杂，在设计时与普通的螺旋桨、导管螺旋桨有很大区别，难以将大量的参数都考虑进去。目前在泵喷推进器的优化设计中，主要将某个部件独立进行优化，并未考虑各部件之间的协同优化，以及在伴流下的优化。其次，间隙流场不仅对于转子性能的快速预报是个难题，而且对于高精度黏流计算也是挑战，涉及复杂结构的网格生成、网格建模和湍流模拟精度耦合影响，对于空化和噪声的计算则是更大的挑战，现有公开发表的翼型间隙的研究很难在泵喷推进器上开展。再次，泵喷推进器的高速出流使其尾迹在推进器下游传播很远，研究尾流的中远场既考验计算能力又依赖 CFD 方法中的网格和湍流耗散影响，现有研究普遍针对近–中场尾流，是具有明显流场特征的区域。另外，伴流对泵喷的影响与常规推进器不同，泵喷推进器具有更大的轴向尺寸和更小的径向尺寸，和航行体有更强的耦合性，来流方向的变化对泵喷各部件的水动力和流场的影响有很大差异。最后，泵喷推进器的部件多，重量较常规螺旋桨大，减重是个不可避免的问题，特别是考虑到对航行器总体性能的影响，泵喷推进器的减重也需要考虑相应的流固耦合、强度、振动和疲劳问题等。采用复合材料时的减振降噪机理及工程化应用仍面临许多技术和机理层面的问题。

尽管目前泵喷推进器的研究主要在传统水动力学领域，但是常规水下推进器的研究已迈向综合流体力学、声学、材料、化学、仿生学等多个学科的阶段。泵喷推进器作为当前水下推进技术研究的热点，要瞄准低噪和高效，为航行器总体要求服务，不断提高航行器的机动性和隐蔽性。未来泵喷的研究及应用，将受益于多个学科的前沿成果，并突破特种推进器的局限，广泛应用于船海、军事等领域。

第2章　泵喷推进器水动力设计

2.1　水动力设计原理

2.1.1　水动力设计方案

泵喷推进器包括转子、定子、导管等多个部件。本章利用轴流泵升力法，对后置定子泵喷推进器展开设计。首先基于升力线理论对转子的环量进行确定，求出满足最佳环量分布的转子叶片的叶剖面。其次，根据转子设计的出口速度，基于修正系数法，对定子进行设计，同时采用加速型导管以提高推进器效率。最后，通过翼型的型值点与切面轮廓投影点之间的关系推导出泵喷推进器转子、定子叶剖面线型值点的三维坐标，利用三维软件建模给出所设计的泵喷推进器三维装配模型。

泵喷推进器采用在满足推力情况下，从内部向外部逐步进行设计。首先根据泵喷推进器的主要输入参数，如流量、转速、功率等，基于轴流泵设计方法(升力线理论)，建立转子最佳环量的求解方法，随后基于升力法对泵喷推进器转子叶片各参数与型值进行设计；其次，以转子叶片计算设计中所得的出口切向速度分量作为输入参数，对定子叶片的安装角等设计参数进行设计；再次，根据转子和定子叶片的轴向距离确定主轴的长度，同时权衡效率、空泡、加工等因素以及减少进流在进出推进器通道时损失的原则选定导管类型；最后，在内流道确定后，根据主轴长度以及导管的形状，确定转子与定子之间的轴向相对位置。

2.1.2　转子设计原理

在转子抽吸作用下，流体沿导管轴向流入推进器通道内部，经转子、定子作用后从导管尾部流出。由于泵喷推进器的内部流动是一种较为复杂的三维流动，圆柱层无关性假设被应用于转子叶片的计算、分析与比较，流体质点在这些圆柱面上流动且各个相邻圆柱面上的流动是独立且互不干扰的。尽管实际中流体质点在各个相邻圆柱面的流动不可能完全独立，流体质点的径向速度分量也是存在的，但计算结果与试验结果均表明，对于不同设计工况，流体质点的径向运动强度较低，径向速度分量极小，甚至达到了在工程上能够忽略不计的程度。根据轴流泵的设计经验与理论，转子设计时作如下假设[92]：

(1) 在转子内部流体的流动为平面势流，并且径向速度分量为零；

(2) 沿半径的方向上，速度环量的分布为常数；

(3) 不存在轴向诱导速度，转子叶片前后的轴向速度 v_m 相等。

流体相对于转子为复合运动(图 2-1)，包括相对于转子叶片的相对运动、伴随着转子转动的圆周运动以及相对于导管的绝对运动，分别表示为相对速度 w、圆周速度 u 以及绝对速度 v，可见相对速度与圆周速度的矢量和为绝对速度。图 2-1 中，β 为相对速度与圆周速度之间的夹角，α 为圆周速度与绝对速之间的夹角。因实际中转子的叶片数有限，流体质点的运动主要包括两大类：流体经过相对不旋转转子叶片的运动和流体经过旋转转子叶片的运动[92]。

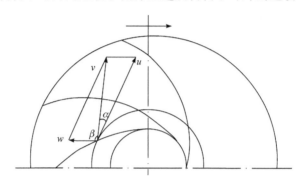

图 2-1　流体在转子中的运动示意图

转子域内任一流体质点的速度三角形包括相对速度、圆周速度及绝对速度三个向量。流体质点初始进入转子域时形成的速度三角形称为转子的进口三角形，而流体质点将要流出转子域但尚未流出时所形成的速度三角形为转子的出口三角形。图 2-2 和图 2-3 分别为转子进口和出口速度三角形，进/出口边缘的轴面速度用带有下标 m 的速度表示。根据动量矩定理，单位时间内流体流过转子所获得的动量矩增量应与作用于该流体的外力矩(转子的力矩)相等，有

$$M = Q_t \frac{\rho}{g} \left(v_{u2} R_2 - v_{u1} R_1 \right) \tag{2-1}$$

式中，M 为外力矩；Q_t 为理论流量；ρ 为流体密度；g 为重力加速度；R 为转子半径；下标 1 和 2 分别对应转子进出口。

同时单位时间内转子对流体做的功 $M\omega$ (ω 为角速度)，与单位时间内流体得到的总能量 $\rho H_t Q_t$ 相等，从而泵的基础设计方程为

$$H_t = \frac{u_2 v_{u2} - u_1 v_{u1}}{g} \tag{2-2}$$

式中，H_t 为泵的理论扬程。

转子叶片可以看成是由多个翼型的切面组成，如图 2-4 所示，翼弦长度用 l 表示，设其展向长度为 b，则展弦比为 b/l。翼弦与来流方向的夹角为冲角 δ (见图 2-4)，流体通过转子叶片各个翼型剖面时产生一个作用力 F_1，将 F_1 分解为垂

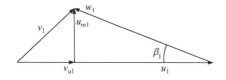
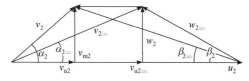

图 2-2　转子进口速度三角形　　　　　　　图 2-3　转子出口速度三角形

直于来流的升力 F_{L1} 和平行于来流方向的阻力 F_{D1}，分别表示为

$$\begin{cases} F_{L1} = C_{L1} \cdot \dfrac{1}{2}\rho v_\infty^2 A \\[2mm] F_{D1} = C_{D1} \cdot \dfrac{1}{2}\rho v_\infty^2 A \end{cases} \tag{2-3}$$

式中，C_{L1} 为翼型升力系数；C_{D1} 为翼型阻力系数；v_∞ 为无限远处来流速度；A 为翼型最大投影面积。

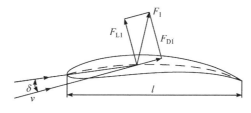

图 2-4　翼型及其升力和阻力

假设存在多个不同半径的同心圆柱，用其中两个相邻半径(半径 r 和 $r+\mathrm{d}r$) 的圆柱对转子叶片进行切割，能够切割出一个流体圆环，把流体圆环平展于平面上，便可以得到一个由不同翼型构成的无限直列叶栅。当流体通过叶栅时，各个翼型存在相互影响，造成单一翼型所受作用力(升力与阻力)与叶栅所受作用力(升力与阻力)不同。对于单个翼型，升力 F_L 和阻力 F_D 分别为

$$\begin{cases} F_L = C_L \cdot \dfrac{1}{2}\rho w_m^2 A \\[2mm] F_D = C_D \cdot \dfrac{1}{2}\rho w_m^2 A \end{cases} \tag{2-4}$$

式中，C_L 和 C_D 分别为单个翼型的升力系数和阻力系数；w_m 为叶栅前后未受到影响区域的流体速度平均值，其和圆周速度间的夹角用 β_m 表示；A 为翼型最大投影面积，满足 $A=l\mathrm{d}r$。进一步叠加叶栅所有翼型的受力，有合力为

$$F = \frac{F_L}{\cos\lambda} = C_L \cdot \frac{1}{2}\rho w_m^2 - \frac{l\mathrm{d}r}{\cos\lambda} \tag{2-5}$$

式中，λ 为 F_L 与 F 的夹角，满足：

$$\tan \lambda = \frac{F_D}{F_L} = \frac{C_D}{C_L} \tag{2-6}$$

根据圆周速度 u、转子叶片数 z、合力 F 的圆周分量 F_u，得到整个叶栅的功为

$$F_u = F \cos\left[90° - (\beta_m + \lambda)\right] = \frac{1}{2} C_L \rho w_m^2 \frac{ldr}{\cos \lambda} \sin(\beta_m + \lambda) \tag{2-7}$$

$$\mathrm{d}P = F_u z u \tag{2-8}$$

而水力功率又可以用流量和理论扬程表达，有如下表达式：

$$\begin{aligned} \mathrm{d}P &= \mathrm{d}Q \rho g H_t \\ \mathrm{d}Q &= v_m z t \mathrm{d}r \end{aligned} \tag{2-9}$$

整理式(2-5)～式(2-9)，得到轴流泵转子叶栅的升力系数为

$$C_L = \frac{2gH_t}{w_m^2} \frac{v_m}{u} \frac{\cos \lambda}{\sin(\beta_m + \lambda)} \tag{2-10}$$

通过把所选定的叶栅疏密度 l/t 代入此方程式来计算叶栅，可先取 $\lambda = 1$，以便算出叶栅翼型的升力系数，之后，通过对计算得到的升力系数的多次修正得到翼型的冲角。如此得到不同半径处叶栅剖面的几何形状，结合放样确定转子叶片的整体外形。

2.1.3　定子与导管设计原理

因转子加速并旋转流经流体，其尾流携带了一定的旋转能量，为了减小能量的损失，实现旋转运动的动能向压力能的转化，从而获得推力，提升效率，定子后置的整流作用可以很好地利用转子尾流的旋转能量。定子前置对转子来流进行预旋，使来流以负预旋进入转子。前置导叶同样起到了整流的作用，但与后置定子的工作原理完全不同，一个是回收转子尾流旋转动能，一个是诱导负的预旋，后者同时还降低了叶片的入水角度，有利于叶片低振设计，结构上定子还起支撑连接作用。

定子进口边和转子出口边的距离一般取转子叶片最大直径 D 的 0.05～0.1 倍[92-93]，在导管轴向空间允许情况下，转子和定子间距越大越好[14-15]，特别是对于前置定子泵喷推进器。后置定子的进口安放角度应与转子出口处流体质点的速度切向分量平行，使得流体经过转子区域后能够更为稳定地进入定子区域；定子的出口安放角应尽量平行于推进器轴向方向，这样能够使流体流出定子区域时尽可能地沿着推进器中心轴的方向，从而实现部分旋转动能的转化。出口安放角的确定比较简便，而对于进口安放角的确定，需要设计转子叶片时所得到的转子出口处的速度方向，得到定子叶片的叶栅翼型骨线，然后根据具体设计情况将之前得到的翼型骨线进行加厚以便算出定子叶栅，再通过改变半径尺寸得到各个定子叶栅，最后利用放样得到整个定子叶片外形。

转子和定子被导管包裹，从而将泵喷推进器内部流场与外部流场划分开来，形成了推进器通道内外流场的界定面。导管根据对来流的作用效果可分为两类：加速型导管和减速型导管，如图 2-5 所示。

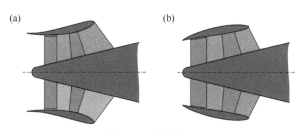

图 2-5　导管类型

(a) 加速型；(b) 减速型

对于加速型导管，流体通过导管前端后能够被加速，从而流经转子盘面的流体具有较高的流速，以致转子叶片运行流场整体表现为速度较高。另外，加速型导管在出口处呈现不断扩大趋势，减小了尾流的收缩效果，从而径向速度分量减小。对于减速型导管，不可避免地会产生负推力，从而使推进器受到的阻力变大，这对于推进器的效率十分不利的。但减速型导管的流线形状是逐渐扩张的，使得导管内流体的速度下降，整体压力变高，有利于抗空化。

利用导管剖面角度 β_{d}、拱度分布 f 以及厚度分布 t 可以实现导管剖面的确定，如图 2-6 所示，弦线与轴向之间的夹角即是剖面角度，导管剖面内外线型的坐标 y_{u} 和 y_{l} 为

$$\begin{cases} y_{\mathrm{u}} = f + t/2 \\ y_{\mathrm{l}} = f - t/2 \end{cases} \tag{2-11}$$

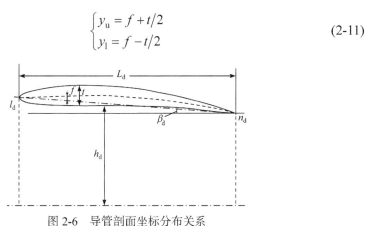

图 2-6　导管剖面坐标分布关系

导管内壁高度 h_{d} 为

$$h_{\mathrm{d}} = D/2 + \delta_{\mathrm{tip}} \tag{2-12}$$

式中，δ_{tip} 为导管内侧和转子叶顶之间的间隙，一般可以设为 $0.01D$。对导管剖

面来说，在弦线方向 $x(i)$，通常是给出上表面到弦线的距离 $y'_u(i)$ 与下表面到弦线的距离 $y'_1(i)$，或者利用其与拱度分布、厚度分布及剖面角度 β_d 三者之间的关系进行转化。沿弦线方向，将给出的导管剖面线划分为 n_d 段，l_d 为导边位置，根据图 2-6 中的关系，有

$$\beta_d = \arctan \frac{y'_u(l_d) - y'_u(n_d)}{L_d} \tag{2-13}$$

$$t(i) = y'_u(i) - y'_1(i) \tag{2-14}$$

$$f(i) = y'_1(i) + 0.5t(i) - \left\{ \frac{y'_u(n_d) - y'_u(l_d)}{x'(n_d) - x'(l_d)} [x'(i) - x'(l_d)] + y'_u(l_d) \right\} \tag{2-15}$$

导管是加速型还是减速型主要依据导管进口处直径 D_1 与转子盘面处导管直径 D_0 之间的比值判断。若比值小于 1，则属于减速型导管，若比值大于 1，则属于加速型导管。对于泵喷推进器而言，D_1/D_0 一般取 1.1～1.2，导管厚度与导管长度的比值取 0.06～0.07。由图 2-6 可得，拱度与 D_1/D_0 为正比关系，增大拱度增强了减速型导管的减速能力。在进行泵喷推进器结构设计时，导管的选取可以预先假设，之后算出所选取导管的相关设计参数，如拱度分布、厚度分布等，再通过分析转子叶片是否满足空化条件来修正所选取的导管(可以直接用导管拱度倍数 f_k 来对导管拱度完成修正)，于是设计导管的实际拱度可以表示为 $f_d = f_k \times f$。若转子叶片未能满足空化条件，应适当提升 f_k。实际设计过程中，单次 f_k 的提升量应该提前设定好。为了便于后续计算与迭代，在开始导管设计之前，将拱度较小导管剖面选定为初始值是较好的方式。

2.2　泵喷推进器导管设计

为了提高推进效率，并尽量提升空泡性能，把导管设计为加速型导管。导管选取为具有较完善数据的 No.19A 加速型导管。考虑到后期导管的加工，对 No.19A 加速型导管的外形进行适当修改，将导管内部线型的后半部分简化为具有一定斜度的直线，而导管的外部线型保持不变。这样修改线型主要是因为：一，泵喷推进器对流场有较高的要求，内部线型具有一定的斜度，可以减少流体在推进器通道内发展带来的水力损失，提高推进器的效率，也利于导管的加工；二，导管切面外部与头部线型保持不变，对于导管的压力分布较为有利，可以保证流体在进入推进器时得到充分的加速，并且使推进器处于一个较为稳定的外部流场中。

图 2-7 为导管的切面示意图，表 2-1 为导管切面型值点。横坐标 x 与弦长 l 的比值 x/l 表示切面弦向位置的变化，y_u 与 l 的比值 y_u/l 用来表示叶背坐标，同理

y_1/l 表示叶面坐标。导管的轴向长度应大于转子、定子的桨毂轴向长度之和，并在转子前端适当加长，以提高推进器的入流品质。在此将导管轴向长度确定为 $l = 180\text{mm}$。

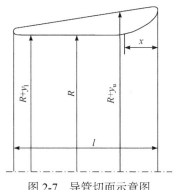

图 2-7　导管切面示意图

表 2-1　导管切面型值点

项目	x/l								
	0.00	1.25	2.5	5	7.5	10	15	20	25
y_1/l	18.25	14.66	12.80	10.87	8.00	6.34	3.87	2.17	1.10
y_u/l	—	20.72	21.07	20.80	直线部分				

项目	x/l								
	30	40	50	60	70	80	90	95	100
y_1/l	0.48	圆柱部分			0.29	0.82	1.45	1.86	2.36
y_u/l	—	直线部分							6.36

2.3　泵喷推进器转子设计

2.3.1　叶片外形设计方法

根据轴流泵的相关设计方法，对于转子叶片，其设计方法主要包括升力法、圆弧法及奇点分布法[92, 94-96]。

升力法：利用单翼型具有绕流的特性，结合试验数据对设计叶片完成合理修正的方法。该方法对于试验数据的依赖程度较高，属于一种半理论半经验的方法。若相关试验数据具有了一定的积累，那么该方法既简便又能很好地满足设计需求。

圆弧法(圆弧骨线奇点积分法)：转子叶片的翼型叶栅被厚度为无限薄的叶栅

所代替，该叶栅翼型通常为圆弧状，同时利用该叶栅绕流的积分方程进行计算，从而得出转子叶片设计数据的方法。然而该方法具有一定的局限性，其计算对象只能是圆弧形叶栅，无法对翼型的速度和压力的特性与分布进行计算；需要将圆弧叶栅在骨线上的部分转变为具有一定厚度的翼型叶栅，而此转变过程需要多次修正，才能达到改变翼型后流体动力不变的效果。

奇点分布法：基于理想流体绕流叶栅积分方程式，通过求解该方程，从而利用翼栅拱线上连续分布的奇点系列(如漩涡、源、汇等)取代翼栅与流体之间的相互作用，并且通过计算得出速度场的流体动力特性，进而得出需要的翼栅的方法。该方法对于翼栅表面各点的速度与压力特性具有较为精准的监测与计算功能，但是需要很强的计算能力，计算周期较长，所以该方法使用较少。

以上几种方法中，升力法比较完善，是目前转子叶片设计首先考虑的方法。其应用范围最广，同时计算较简便且计算周期较短，已有利用该方法成功完成设计的先例。基于此，采用升力法对泵喷推进器的转子叶栅进行设计。

2.3.2　转子主参数选取

1. 转子直径 D

转子直径 D 通常由轴面速度 v_m 来决定，v_m 也影响着转子叶剖面安放角。为了保证转子安放角度达到最佳，转子进口前的 v_m 可表示为

$$v_m = (0.06\sim0.08)\sqrt[3]{n^2 Q} \tag{2-16}$$

式中，n 为转子转速。由流量 Q 和扬程 H 可确定对应的比转速 n_s，比转速的取值大小决定式中的系数，若比转速较小则系数取小值，反之取大值。基于流体连续性，假设转子对流体没有挤压作用，则转子区域内的轴面速度为

$$v_m = \frac{4Q}{\pi D^2 \left(1 - \left(\dfrac{d_h}{D}\right)^2\right)} \tag{2-17}$$

式中，D 为转子直径；d_h 为桨毂直径；d_h/D 为桨毂比。由式(2-16)和式(2-17)得

$$D = (4.0\sim4.9)\sqrt{\frac{1}{1 - \left(\dfrac{d_h}{D}\right)^2}}\sqrt[3]{\frac{Q}{n}} \tag{2-18}$$

2. 桨毂比 d_h/D

桨毂比 d_h/D 一般根据与比转速 n_s 之间的关系图完成选取。若比转速较低，

则桨毂比取大些，反之桨毂比取小些。

3. 叶片数 Z

转子叶片数 Z 根据比转速选取，一般 $Z = 4 \sim 9$，高比转速选取少叶片数，低比转速则选取多叶片数。比转速 $n_s = 500 \sim 800$，则叶片数可取 $6 \sim 9$；比转速 $n_s = 800 \sim 900$，叶片数选取 4；比转速 n_s 大于 900，则叶片数选取 3。

2.3.3　转子叶片设计

利用升力法对转子进行设计时，通常需要确定的基本参数包括：

(1) 流量 Q；

(2) 比转速 n_s；

(3) 桨毂比 d_h / D；

(4) 叶片数 Z；

(5) 转子直径 D 和桨毂直径 d_h；

(6) 叶栅稠密度 l/t 及 l；

(7) 翼型的相对厚度 y_{max} / l 及 y_{max}；

(8) 翼型的厚度分布；

(9) 翼型安放角 β_e。

叶片升力法的设计步骤如下[92, 94, 97]：

(1) 确定轴流泵的转速 n，比转速 n_s；

(2) 确定转子的桨毂比 d_h / D 和叶片数 Z；

(3) 计算转子外径 D 及桨毂直径 d_h；

(4) 计算环量 Γ；

(5) 选择翼型并决定各叶栅内翼型的相对厚度 y_{max} / l 及 y_{max}；

(6) 根据线性关系求转子各叶面的翼型厚度分布。

根据泵喷推进器设计的技术要求，功率 $P = 30\text{kW}$，转速 $n = 3200\text{r/min}$，扬程暂取为 $H = 13.5\text{m}$。

1. 确定设计功率 P_d 及电机功率 P_e

对于设计工况，泵的输入功率 P 为

$$P = \frac{Q\rho g H}{1000\eta} \quad (\text{kW}) \tag{2-19}$$

式中，η 为泵的总效率。将 $P = 30\text{kW}$，$n = 3200\text{ r/min}$，$H = 13.5\text{ m}$ 代入式(2-4)，并假定 $\eta = 0.78$ [98]，得流量 $Q = 0.1769\text{m}^3/\text{s}$。当泵的工况发生变化时，相应的功

率也会随之改变，若流量减小时，相应的要增大泵的功率，因此泵的设计功率 P_d 选取为

$$P_d = 1.2P \tag{2-20}$$

根据泵的设计功率 P_d，确定电机功率 P_e，要求 $P_e \geqslant P_d$，即

$$P_e \geqslant 1.2P \tag{2-21}$$

2. 由 Q、H、n 确定比转速 n_s

比转速 n_s 由式(2-22)确定：

$$n_s = \frac{3.65n\sqrt{Q}}{H^{3/4}} = \frac{3.65 \times 3200 \times \sqrt{0.1769}}{13.5^{3/4}} = 697.5 \tag{2-22}$$

根据经验数据[95]，转速 $n_s = 700 \sim 800$ 最为理想，这时效率比较高。根据式(2-22)关系，调整扬程 $H = 13.3\,\mathrm{m}$，计算得 $n_s = 710.6$，能够较好地满足要求。因此，确定 $n_s = 710.6$，$H = 13.3\,\mathrm{m}$，$Q = 0.1795\,\mathrm{m^3/s}$。

3. 根据比转速 n_s 选定叶片数 Z

根据比转速与叶片数的关系，由 $n_s = 710.6$ 查表 2-2 得 $Z = 6 \sim 9$。由于 $n_s = 710.6$ 属低比转速，同时考虑到减少水力损失，适当增加叶片数，选定转子叶片数 $Z = 9$。

表 2-2　比转速与叶片数关系

	比转速		
	<500	500~800	>800
叶片数	4	6~9	3~4

4. 计算转子外径 D 及桨毂直径 d_h

假定容积效率 $\eta_v = 0.95$，求得转子计算流量 Q_i 为

$$Q_i = \frac{Q}{\eta_v} = \frac{0.1795}{0.95} = 0.1889\,\left(\mathrm{m^3/s}\right) \tag{2-23}$$

轴面速度 v_m 根据式(2-17)可以算出。设计泵为低比转速，故系数取小值 0.06，轴面速度 v_m 为

$$v_m = 0.06 \times \sqrt[3]{Q_i n^2} = 0.06 \times \sqrt[3]{0.1889 \times 3200^2} = 7.476\,\left(\mathrm{m/s}\right) \tag{2-24}$$

由式(2-18)得

$$D = (4.0 \sim 4.9) \sqrt{\dfrac{1}{1 - \left(\dfrac{d_h}{D}\right)^2}} \sqrt[3]{\dfrac{Q_i}{n}} = 4.9 \sqrt{\dfrac{1}{1 - 0.58^2}} \sqrt[3]{\dfrac{0.1889}{3200}} = 0.2342\,(\text{m}) \quad (2\text{-}25)$$

修正后取 $D = 0.24\,\text{m}$ ，则有

$$d_h = \dfrac{d_h}{D} D = 0.24 \times 0.58 = 0.1392\,(\text{m}) \quad (2\text{-}26)$$

修正后取 $d_h = 0.14\,\text{m}$ 。

5. 计算环量

由 $\eta_h = \sqrt{\eta} - 0.02$ [96]得水力效率 η_h ：

$$\eta_h = \sqrt{0.78} - 0.02 = 0.863 \quad (2\text{-}27)$$

理论扬程 H_t 为

$$H_t = \dfrac{H}{\eta_h} = \dfrac{13.3}{0.863} = 15.411\,(\text{m}) \quad (2\text{-}28)$$

角速度 ω 为

$$\omega = \dfrac{\pi n}{30} = \dfrac{\pi \times 3200}{30} = 335.1\,(\text{rad/s}) \quad (2\text{-}29)$$

总环量 Γ 为

$$\Gamma = \dfrac{2\pi g H_t}{\omega} = \dfrac{2 \times 3.14 \times 9.81 \times 15.411}{335.1} = 2.834\,(\text{m}^2/\text{s}) \quad (2\text{-}30)$$

6. 计算 $r = 0.14/2 = 0.070\,\text{m}$（桨毂）处叶栅的 u、w_∞ 及 β_∞

圆周速度 u ：

$$u = \omega r = 335.1 \times 0.07 = 23.457\,(\text{m/s}) \quad (2\text{-}31)$$

转子流出口绝对速度的圆周分量 v_{u2} 为

$$v_{u2} = \dfrac{\Gamma}{2\pi r} = \dfrac{2.834}{2 \times 3.14 \times 0.07} = 6.017\,(\text{m/s}) \quad (2\text{-}32)$$

转子进出口相对速度的几何平均值 w_∞ 可以从图 2-4 推得(注意：图中 $v_{u1} = 0$)：

$$w_\infty = \sqrt{v_m^2 + \left(u - \dfrac{v_{u2}}{2}\right)^2} = \sqrt{7.467^2 + \left(23.457 - \dfrac{6.017}{2}\right)^2} = 21.769\,(\text{m/s}) \quad (2\text{-}33)$$

$$\tan\beta_\infty = \dfrac{v_m}{u - \dfrac{v_{u2}}{2}} = \dfrac{7.467}{23.457 - \dfrac{6.017}{2}} = 0.3652 \quad (2\text{-}34)$$

$$\beta_\infty = 20.06° \tag{2-35}$$

7. 选取叶栅稠密度 l/t 与弦长 l

叶栅稠密度 l/t 指的是某半径处的叶弦长度与叶栅栅距 t 的比值，反映了叶片总面积，其中叶栅栅距 $t = 2\pi r/Z$。l/t 较小，则叶片总面积较小，相应的受摩擦的面积也较小，利于提高推进器的效率。但 l/t 过小会使叶片吸力面与压力面之间的压力差变大，从而使叶片空化性能下降；l/t 过大会使水力损失增大，对推进效率不利。l/t 的选取应结合推进效率和空化性能的要求综合考虑。

1) 转子叶顶处 l/t 的确定

根据巴比尔的转子叶顶 l/t 与扬程系数 K_H 的关系曲线[99](图 2-8)选取转子叶顶处的 l/t。扬程系数 K_H 为

$$K_H = \frac{H}{n^2 D^2} = \frac{13.3}{\left(\frac{3200}{60}\right)^2 \times 0.24^2} = 0.0813 \tag{2-36}$$

由图 2-8，得

$$l/t = 0.5 \tag{2-37}$$

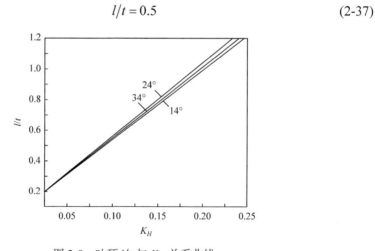

图 2-8　叶顶 l/t 与 K_H 关系曲线

转子叶顶处叶栅稠密度 l/t 一般取图值的 $1.2\sim1.4$ 倍，暂取 1.3 倍，所以叶顶处叶栅稠密度 l/t 为 0.65。

2) 转子桨毂处 l/t 的确定

转子桨毂处叶栅稠密度应适当增大，通常为转子叶顶处叶栅稠密度的 $1.3\sim1.5$ 倍，选取为 1.5 倍，则相应桨毂处的叶栅稠密度为

$$l/t = 1.5 \times 0.65 = 0.975 \tag{2-38}$$

确定转子桨毂和叶顶的叶栅稠密度后，根据叶栅稠密度 l/t 与半径 r 的线性关系，其余各半径处叶栅稠密度 l/t 的具体计算结果如表 2-3 所示。

表 2-3　不同半径处叶栅稠密度 l/t

	r/mm							
	70	77	84	91	98	105	112	120
l/t	0.975	0.930	0.884	0.839	0.793	0.748	0.702	0.650

翼型弦长 l 的计算。在桨毂处：

$$l/t = \frac{l}{\frac{2\pi r}{Z}} = 0.975 \tag{2-39}$$

$$l = 0.975 \times \frac{2\pi r}{Z} = 0.975 \times \frac{2 \times 3.14 \times 0.07}{9} = 0.0476\,(\text{m}) \tag{2-40}$$

在叶顶处：

$$l/t = \frac{l}{\frac{2\pi r}{Z}} = 0.65 \tag{2-41}$$

$$l = 0.65 \times \frac{2\pi r}{Z} = 0.65 \times \frac{2 \times 3.14 \times 0.12}{9} = 0.0544\,(\text{m}) \tag{2-42}$$

8. 选择翼型并确定叶栅翼型的相对厚度 $y_{\max}/l$ 及 $y_{\max}$

轴流泵设计中用到的翼型主要包括由航空翼和由水洞实验数据算出的翼型，二者各有优缺点。由航空翼算出的翼型在性能与效率方面较有优势，但其空化性能较差；由水洞实验数据算出的翼型具有较为优良的空化性能，但效率相对较低。使推进器具有更高的效率是选取翼型时最根本的原则，基于转子设计方法，叶栅效率可表示为

$$\eta = 1 - \frac{w_{\text{m}}}{u} \cdot \frac{\sin \lambda}{\sin(\beta_{\text{m}} + \lambda)} \tag{2-43}$$

式中，λ 为合力与升力的夹角，其值越小，叶栅越可得到高效率。为使叶栅具有较高效率，设计时冲角应从最高升阻比区中选取，叶栅的半径与流量越高，其效率越容易对转子效率产生影响。因此，应当从高升阻比区中为转子外缘翼型选取冲角，而桨毂处附近翼型的冲角可以适当降低。

因为 NACA 6612 翼型升力系数的选取范围较大，所以选取该翼型作为转子叶栅翼型。NACA 翼型系列由美国航空航天局提出，经过大量的实验，各种流体

动力参数十分完善，可靠性较高。NACA 6612 翼型的 4 位数字中，第一位数字表示该翼型的最大弯度占弦长的十分数，第二位数字是最大弯处所在位置占弦长的十分数，第三位数字和第四位数字是最大厚度占弦长的百分数。NACA 翼型的坐标也是按弦长的百分数给出的[100]，几何结构如图 2-9 所示。NACA 6612 翼型坐标见表 2-4，表中，L 为弦向相对位置，h 为上弦线到翼型前后缘连线的相对距离，b 为下弦线到翼型前后缘连线的相对距离。

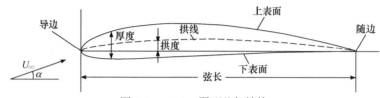

图 2-9　NACA 翼型几何结构

表 2-4　NACA 6612 翼型坐标

					$L/\%$				
	0.00	1.25	2.50	5.00	7.50	10.00	15.00	20.00	25.00
$h/\%$	—	2.45	3.41	4.78	5.84	6.70	8.11	9.17	9.95
$b/\%$	0	−1.43	−1.94	−2.47	−2.70	−2.78	−2.89	−2.41	−2.00
					$L/\%$				
	30.00	40.00	50.00	60.00	70.00	80.00	90.00	95.00	100.00
$h/\%$	10.51	11.14	11.13	10.56	9.33	7.19	4.16	2.28	—
$b/\%$	−1.51	−0.49	0.53	1.44	1.98	1.90	1.19	0.60	—

选取翼型相对厚度 y_{max}/l。对于转子叶顶处的翼型，其最大厚度为 y_{max}，y_{max}/l 一般取 0.02～0.03，在此先取 0.03，得

$$y_{max} = 0.03l = 0.03 \times 0.0544 = 0.001633\,(\text{m}) \tag{2-44}$$

修正后取 $y_{max} = 0.0016\,\text{m}$。转子桨毂处的相对厚度 y_{max}/l 一般取 0.12～0.15，在此先取 0.15，得

$$y_{max} = 0.15l = 0.15 \times 0.0476 = 0.007144\,(\text{m}) \tag{2-45}$$

修正后取 $y_{max} = 0.0071\,\text{m}$。根据翼型厚度与半径的线性关系，转子叶顶和桨毂处两叶栅之间其他半径处的翼型最大厚度 y_{max} 的具体计算结果见表 2-5。

表 2-5　各半径处的翼型最大厚度 y_{max}

				r/mm				
	70	77	84	91	98	105	112	120
y_{max}/mm	7.1	6.3	5.6	4.8	4.0	3.3	2.5	1.6

9. 转子不同半径处的翼型厚度分布

完成不同切面翼型最大厚度 y_{max} 的选取工作后，就可算得不同转子切面处对应的叶栅翼型厚度分布规律。最大厚度分布如表 2-5 所示，不同半径处的实际翼型最大厚度为 y_{max}，为了与其区分，NACA 6612 翼型的最大厚度选用 y 表示，由表 2-4 可得 $y=12.02$。y_{max}/y 表示 NACA 6612 翼型的缩放系数。转子不同半径处翼型型值缩放系数 y_{max}/y 具体取值见表 2-6。

表 2-6　各半径处的翼型型值缩放系数

	r/mm							
	70	77	84	91	98	105	112	120
缩放系数	0.71	0.64	0.57	0.50	0.43	0.36	0.29	0.22

将表 2-4 中的 NACA 6612 各个型值分别与表 2-6 的缩放系数相乘，即可得到各半径处叶栅翼型厚度分布坐标，见表 2-7。

表 2-7　各半径处叶栅翼型厚度分布坐标

$L/\%$	r/mm							
	70		77		84		91	
	$h/\%$	$b/\%$	$h/\%$	$b/\%$	$h/\%$	$b/\%$	$h/\%$	$b/\%$
0.00	—	—	—	—	—	—	—	—
1.25	1.73	−1.01	1.56	−0.91	1.40	−0.81	1.23	−0.72
2.50	2.41	−1.37	2.18	−1.24	1.94	−1.11	1.71	−0.97
5.00	3.38	−1.75	3.05	−1.58	2.72	−1.41	2.39	−1.24
7.50	4.13	−1.91	3.73	−1.72	3.33	−1.54	2.93	−1.35
10.00	4.74	−1.97	4.28	−1.77	3.82	−1.58	3.36	−1.39
15.00	5.74	−2.04	5.18	−1.84	4.62	−1.65	4.06	−1.45
20.00	6.49	−1.70	5.85	−1.54	5.22	−1.37	4.59	−1.21
25.00	7.04	−1.41	6.35	−1.28	5.67	−1.14	4.98	−1.00
30.00	7.43	−1.07	6.71	−0.96	5.99	−0.86	5.27	−0.76
40.00	7.88	−0.35	7.11	−0.31	6.35	−0.28	5.58	−0.25
50.00	7.87	0.37	7.11	0.34	6.34	0.30	5.58	0.27
60.00	7.47	1.02	6.74	0.92	6.02	0.82	5.29	0.72
70.00	6.60	1.40	5.96	1.26	5.32	1.13	4.67	0.99
80.00	5.08	1.34	4.59	1.21	4.10	1.08	3.60	0.95
90.00	2.94	0.84	2.66	0.76	2.37	0.68	2.08	0.60

续表

L/%	r/mm							
	70		77		84		91	
	h/%	b/%	h/%	b/%	h/%	b/%	h/%	b/%
95.00	1.61	0.42	1.46	0.38	1.30	0.34	1.14	0.30
100.00	—							

L/%	r/mm							
	98		105		112		120	
	h/%	b/%	h/%	b/%	h/%	b/%	h/%	b/%
0.00	—	—	—	—	—	—	—	—
1.25	1.06	−0.62	0.89	−0.52	0.72	−0.42	0.53	−0.31
2.50	1.47	−0.84	1.24	−0.71	1.01	−0.57	0.74	−0.42
5.00	2.07	−1.07	1.74	−0.90	1.41	−0.73	1.03	−0.53
7.50	2.52	−1.17	2.12	−0.98	1.72	−0.80	1.26	−0.58
10.00	2.90	−1.20	2.44	−1.01	1.98	−0.82	1.45	−0.60
15.00	3.51	−1.25	2.95	−1.05	2.39	−0.85	1.75	−0.63
20.00	3.96	−1.04	3.33	−0.88	2.70	−0.71	1.98	−0.52
25.00	4.30	−0.86	3.62	−0.73	2.93	−0.59	2.15	−0.43
30.00	4.54	−0.65	3.82	−0.55	3.10	−0.45	2.27	−0.33
40.00	4.82	−0.21	4.05	−0.18	3.28	−0.14	2.41	−0.11
50.00	4.81	0.23	4.05	0.19	3.28	0.16	2.41	0.11
60.00	4.57	0.62	3.84	0.52	3.11	0.42	2.28	0.31
70.00	4.03	0.86	3.39	0.72	2.75	0.58	2.02	0.43
80.00	3.11	0.82	2.61	0.69	2.12	0.56	1.56	0.41
90.00	1.80	0.51	1.51	0.43	1.23	0.35	0.90	0.26
95.00	0.99	0.26	0.83	0.22	0.67	0.18	0.49	0.13
100.00	—	—	—	—	—	—	—	—

10. 转子轮毂处叶栅的能量计算

一般将单个的翼型称为单翼型，叶栅内的翼型则称为栅内翼型。利用升力法进行转子设计时，默认各个叶栅翼型之间是没有相互作用的，同时选取的试验数据对象是单个翼型。但是单一翼型的绕流特性与叶栅的绕流特性有区别，所以需修正叶栅的升力系数才能得到适合单一翼型的升力系数，修正公式为[101]

$$C_y = mL'C_{y1} \tag{2-46}$$

式中，C_y 为栅内翼型升力系数；C_{y1} 为单翼型升力系数；L' 为修正系数；m 为校正系数，值为

$$m = 0.042 \times \frac{y_{\max}}{l} \times 100 + 0.71 \tag{2-47}$$

式(2-47)适用于 l/t 在 $0.86 \sim 0.95$，超过此范围则认为 $m = 1$。

预先假定 $\lambda = 1°$，计算出桨毂处 C_y 的值：

$$C_y = 2 \times \frac{v_{u2}}{w_\infty} \frac{1}{1 + \dfrac{\tan\lambda}{\tan\beta_\infty}} \frac{t}{l} = 2 \times \frac{6.017}{21.769} \times \frac{1}{1 + \dfrac{\tan 1°}{0.3652}} \times \frac{1}{0.975} = 0.567 \tag{2-48}$$

先取安放角 $\beta_e = \beta_\infty + \Delta\alpha \approx \beta_\infty + (2° \sim 3°)$，求得修正系数 L' 为

$$L' = 1.45 \tag{2-49}$$

桨毂处 $l/t = 0.84$，故取 $m = 1$，由式(2-46)得

$$C_{y1} = \frac{C_y}{mL'} = \frac{0.567}{1 \times 1.45} = 0.391 \tag{2-50}$$

由 C_{y1} 可算得攻角 $\Delta\alpha$ [94]：

$$\Delta\alpha = 1.50° \tag{2-51}$$

于是由 $\beta_e = \beta_\infty + \Delta\alpha$ 计算得翼型安放角 β_e：

$$\beta_e = 20.06° + 1.50° = 21.56° \tag{2-52}$$

利用相同的计算方法得到其他半径处的安放角 β_e。到此，转子不同设计参数的计算均已完成，能够使用这些参数完成转子三维模型的搭建。

2.4 泵喷推进器定子设计

2.4.1 定子设计原则与方法

对于定子的叶数 Z_d，一方面，Z_d 由比转速 n_s 决定，若 n_s 大，定子叶片数取小些；若 n_s 小，定子叶片数则取稍大些，并且转子叶片数与定子叶片数要互质。另一方面，定子的叶片数要足够支撑泵喷推进器其他部件。定子的设计方法包括修正系数法、升力法及流线法。定子升力法与转子升力法相同，在此不再赘述。

流线法：定子的叶栅被无限薄叶栅所取代，该叶栅通常为圆弧状，结合图表

查询的方法完成定子叶片的设计。该方法的特点是对于设计经验积累程度的要求较低，并且给定设计参数较为容易。但是该方法在设计时默认定子入口处的叶片厚度与速度剖面是恒定不变的，造成定子叶片入口处速度计算不够精确。修正系数法则认为定子入口处的叶片厚度与速度剖面的变化会对入口速度产生直接作用，可更好地描述定子入口来流的方向，进而能更好地修正定子的入口角[102]，因此选取修正系数法对定子进行设计。

2.4.2　修正系数法定子设计

定子的主要设计参数主要有：

(1) 定子叶栅稠密度 l_k/t_k、定子弦长 l_k；

(2) 进口安放角 α_3 与出口安放角 α_4；

(3) 定子叶片的轴向长度 e_k 以及定子的翼型厚度分布；

(4) 不同叶栅剖面处的圆弧半径 R_k。

图 2-10 给出了定子设计参数的几何关系。

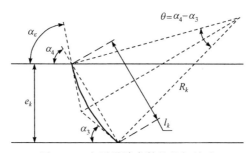

图 2-10　定子设计参数的几何关系

1. 叶栅稠密度 l_k/t_k

定子叶栅稠密度的定义与转子叶栅稠密度的定义相似，即为叶弦长度 l_k 与相应定子栅距 t_k 的比值 l_k/t_k，其中任意半径处的定子栅距 $t_k=2\pi r/Z_{\mathrm{d}}$。$l_k$ 越小，叶片与流体之间相互摩擦产生的能量消耗越小，然而 l_k 过小会降低进流的稳定性，无脱离条件无法达到，因此必须在达到无脱离要求的条件下选择最小的定子叶栅稠密度。定子叶栅稠密度的计算通过允许扩散角 ε^*，为了避免脱离现象，必须保证算出的实际流道扩散角低于允许值。

定子叶片的作用主要是吸收转子域来流中的一部分旋转动能并将其转化为推力，因此定子叶片出口处切向速度分量的方向应与推进器的中心轴平行，也就是定子的出口角 $\alpha_4=90°$。为了避免冲击现象，将定子的入口角近似为 $\alpha_3'=\tan^{-1}(v_{\mathrm{m}}/v_{u3})$，式中 v_{m} 为定子的轴向速度，v_{u3} 为切向速度分量(设定子不同半径的取值等于转子各切面半径值，因此 v_{u3} 就是转子出口处的切向速度 v_{u2})。 $t_k \sin \alpha_3$ 为定子入口处相邻叶片的流道宽度，而出口处的流道宽度为 t_k，流道扩散角 ε 的计算公式为

$$\tan \frac{\varepsilon}{2} = \left(t_k - t_k \sin \alpha_3\right)/\left(2l_k\right) \tag{2-53}$$

$$l_k/t_k = \left(1 - \sin \alpha_3\right)\Big/\left(2\tan \frac{\varepsilon}{2}\right) \tag{2-54}$$

ε 的最大临界值称为允许扩散角 ε^*。允许扩散角 ε^* 通常在 6°～10° 选取，由于比转速较小，各计算半径处的流道扩散角取为 $\varepsilon = 8°$ (高比转速取小值，低比转速取大值)。因此，只需将定子的进口安放角 α_3 确定，就可以通过式(2-54)得到满足无脱离条件的 l_k/t_k 的最小值和弦长。

2. 定子进口安放角 α_3 和出口安放角 α_4

1) 计算定子进口安放角 α_3

根据修正系数法，需要对定子叶片的进口安放角进行适当修正，引入收缩系数和入口排挤系数，从而达到叶片的无冲击要求，进而完成对泵喷推进器定子的设计。定子区域内流体会受到流体黏性、流道壁面摩擦及叶栅等复杂因素的作用，对定子进口安放角 α_3 的修正可以有效避免冲击现象的出现，因此在设计过程中引入一个经验系数——收缩系数 k_3，一般的取值范围是 1.0～1.1，收缩系数的取值随比转速的增大而减小。由于比转速 $n_s = 710.6$，所以收缩系数的取值略小于一般经验值，各计算半径处的 k_3 取值见表 2-8。

表 2-8　各计算半径处收缩系数

	r / mm							
	70	77	84	91	98	105	112	120
k_3	1.007	1.006	1.005	1.004	1.003	1.002	1.001	1.000

有限厚度的叶片相对于无限薄的叶片，其流体流经的区域较小，使流体轴向速度提高，从而定子进口角 α_3 受到一定程度的影响，因此排挤系数 $\varphi_3(r)$ 被引入：

$$\varphi_3(r) = t_k\big/\left(t_k - s_{u3}\right) \tag{2-55}$$

式中，t_k 为半径 r 圆周上叶栅栅距；s_{u3} 为定子进口处圆周方向厚度，其定义为

$$s_{u3} = \frac{s_3}{\sin \alpha_3'} \tag{2-56}$$

式中，s_3 为进口处叶栅翼型的实际厚度。此处选取 NACA 4506 翼型，s_3 通常为 s_{max} 的二分之一，即

$$s_3 = s_{max}/2 \tag{2-57}$$

因此，定子进口安放角的修正公式修改为

$$\tan\alpha_3 = k_3\varphi_3(r)\tan\alpha_3' \tag{2-58}$$

采用除此逼近法对定子的进口安放角 α_3 进行计算。当下一次计算得到的 α_3 与前一次计算得到的 α_3 相差极小甚至相等时可以停止迭代，将最近一次 α_3 值作为设计值，通常来说，完成 2～3 次修正后即可满足要求。

各半径叶元的最大厚度取为 $s_{max}=5$，则桨毂处 $r=70$ mm 时的进口安放角的具体计算如下。

第一次近似值：

$$\alpha_3' = \tan^{-1}\left(\frac{v_m}{v_{u2}}\right) = \tan^{-1}\left(\frac{7.467}{6.017}\right) = 0.89\,(\text{rad}) \tag{2-59}$$

把式(2-58)代入式(2-59)，得第一次修正值 α_3：

$$\alpha_3 = 0.94\text{rad} \tag{2-60}$$

把 0.79rad 作为 α_3' 的值再次代入式(2-56)，得第二次修正值 α_3：

$$\alpha_3 = 0.98\text{rad} = 56.02° \tag{2-61}$$

在此，α_3 取 46.40° 即可满足要求。其他各计算半径处的 α_3 值见表 2-9。

表 2-9　各计算半径处定子进口安放角

	r / mm			
	70	77	84	91
v_m /(m/s)	7.467			
$v_{u3}=v_{u2}$ /(m/s)	6.017	5.470	5.014	4.628
$\tan\alpha_3' = v_m/v_{u3}$	1.241	1.365	1.489	1.613
第一次近似值 α_3' /rad	0.89	0.94	0.98	1.02
$s_{u3}=2/\sin\alpha_3'$	3.211	3.099	3.011	2.941
$t_k=2\pi r/9$ /mm	39.98	43.98	47.98	51.98
$\varphi_3(r)=t_k/(t_k-s_{u3})$	1.087	1.076	1.067	1.060
k_3	1.007	1.006	1.005	1.004
$\tan\alpha_3 = k_3\varphi_3(r)\tan\alpha_3'$	1.359	1.477	1.597	1.717

	r / mm			
	70	77	84	91
第一次修正值 α_3/rad	0.94	0.98	1.01	1.04
$s_{u3} = 2/\sin\alpha_3'$	3.104	3.019	2.950	2.893
$t_k = 2\pi r/9$/mm	39.98	43.98	47.98	51.98
$\varphi_3(r) = t_k/(t_k - s_{u3})$	1.084	1.074	1.066	1.059
k_3	1.007	1.006	1.005	1.004
$\tan\alpha_3 = k_3\varphi_3(r)\tan\alpha_3'$	1.483	1.596	1.710	1.825
第二次修正值 α_3/rad	0.98	1.01	1.04	1.07
$\alpha_3/(°)$	56.02	57.93	59.68	61.28

	r / mm			
	98	105	112	120
v_m/(m/s)	7.467			
$v_{u3} = v_{u2}$/(m/s)	4.298	4.011	3.761	3.510
$\tan\alpha_3' = v_m/v_{u3}$	1.737	1.861	1.986	2.127
第一次近似值 α_3'/rad	1.05	1.08	1.10	1.13
$s_{u3} = 2/\sin\alpha_3'$	2.885	2.838	2.799	2.762
$t_k = 2\pi r/9$/mm	55.98	59.98	63.97	68.54
$\varphi_3(r) = t_k/(t_k - s_{u3})$	1.054	1.050	1.046	1.042
k_3	1.003	1.002	1.001	1.000
$\tan\alpha_3 = k_3\varphi_3(r)\tan\alpha_3'$	1.837	1.958	2.079	2.217
第一次修正值 α_3/rad	1.07	1.10	1.12	1.15
$s_{u3} = 2/\sin\alpha_3'$	2.846	2.807	2.774	2.743
$t_k = 2\pi r/9$/mm	55.98	59.98	63.97	68.54
$\varphi_3(r) = t_k/(t_k - s_{u3})$	1.054	1.049	1.045	1.042
k_3	1.003	1.002	1.001	1.000
$\tan\alpha_3 = k_3\varphi_3(r)\tan\alpha_3'$	1.941	2.058	2.175	2.309
第二次修正值 α_3/rad	1.10	1.12	1.14	1.16
$\alpha_3/(°)$	62.75	64.09	65.31	66.58

确定了 α_3，即可计算 l_k/t_k 和对应的 l_k，半径 $r=70\text{mm}$ 处的 l_k/t_k 和 l_k 可通过式(2-62)和式(2-63)计算。把 $\alpha_3=56.02°$ 代入式(2-54)，得

$$l_k/t_k = \frac{1-\sin\alpha_3}{2\tan\dfrac{8°}{2}} = 1.2213 \tag{2-62}$$

$$l_k = 1.2213 t_k = 1.2213 \times \frac{2\pi \times 70}{11} = 48.83\,(\text{mm}) \tag{2-63}$$

2) 确定定子出口安放角 α_4

设计泵喷推进器时，希望流出定子的流体速度具有尽量小的旋转，所以定子出口安放角应为90°。但是，由于流体运动时受到惯性的影响，应将出口安放角 α_4 适当增大一些，即 $\alpha_4 = 90° + \varepsilon_4$，才能保证出口处的流体出流角等于90°，$\varepsilon_4$ 一般取 $4° \sim 6°$，故取 $\varepsilon_4 = 4°$，这样定子出口角为 $\alpha_4 = 94°$。

3. 定子的轴向长度 e_k

由图 2-10 知：

$$e_k = l_k \sin\alpha_e \tag{2-64}$$

$$\alpha_e = \frac{\alpha_4 + \alpha_3}{2} \tag{2-65}$$

有

$$e_k = l_k \sin\frac{\alpha_4 + \alpha_3}{2} \tag{2-66}$$

半径 $r=70\text{ mm}$ 处的 e_k 计算如下。把半径 $r=70\text{mm}$ 处 l_k、α_3 和 α_4 的值代入式(2-66)得

$$e_k = 48.83 \times \sin\frac{94° + 56.02°}{2} = 47.17\,(\text{mm}) \tag{2-67}$$

其余各半径处的 e_k 也可通过上述方法计算得出。

4. 翼型骨线的圆弧半径

根据图 2-10 中的几何关系，翼型骨线的圆弧半径 R_k 可表示如下：

$$R_k = \frac{l_k}{2\sin\dfrac{\alpha_4 - \alpha_3}{2}} \tag{2-68}$$

把半径 $r=70\text{ mm}$ 处 l_k、α_3 和 α_4 的值代入式(2-68)得

$$R_k = \frac{48.83}{2\sin\dfrac{94° - 56.02°}{2}} = 39.673\,(\text{mm}) \tag{2-69}$$

其余各计算半径处 R_k 的计算结果如表 2-10 所示。

表 2-10　各叶元处的翼型骨线的圆弧半径

	r / mm			
	70	77	84	91
t_k/mm	39.98	43.98	47.98	51.98
α_3/rad	0.98	1.01	1.04	1.07
l_k/t_k	1.221	1.091	0.978	0.879
l_k/mm	48.833	48.002	46.925	45.710
e_k/mm	47.171	46.568	45.693	44.651
R_k/mm	39.673	40.761	41.614	42.287

	r / mm			
	98	105	112	120
t_k/mm	55.98	59.98	63.97	68.54
α_3/rad	1.10	1.12	1.14	1.16
l_k/t_k	0.794	0.719	0.654	0.589
l_k/mm	44.427	43.122	41.827	40.363
e_k/mm	43.515	42.336	41.147	39.785
R_k/mm	42.817	43.234	43.560	43.830

5. 翼型加厚

定子剖面叶型选取 NACA 4506，各叶元的设计最大厚度 $s_{max}=5$ ，NACA 4506 翼型的几何结构与上述转子 NACA 6612 翼型相似，其剖面坐标和剖面轮廓如图 2-11 所示，翼型详细坐标数据见表 2-11。

图 2-11　NACA 4506 翼型的剖面坐标和轮廓

表 2-11　NACA 4506 翼型坐标数据

	x/l/%								
	0	1.25	2.5	5	7.5	10	15	20	25
y_u/l/%	—	1.21	1.75	2.6	3.25	3.82	4.74	5.45	5.98
y_l/l/%	—	−0.71	−0.88	−1	−0.97	−0.89	−0.64	−0.32	0.02

	x/l/%								
	30	40	50	60	70	80	90	95	100
$y_u/l/\%$	6.36	6.74	6.65	6.13	5.21	3.9	2.18	1.17	—
$y_l/l/\%$	0.34	0.93	1.35	1.56	1.53	1.25	0.72	0.35	—

从表 2-11 可得 NACA 4506 翼型的最大厚度 $s = 6.02$，把设计最大厚度 s_{max} 与 s 相除得

$$s_{max}/s = 5/6.02 = 0.8306 \tag{2-70}$$

0.8306 便是计算其他半径处翼型坐标值的缩放系数。设计厚度可以通过将表 2-11 中的各值乘以缩放系数得到，具体计算值见表 2-12。

表 2-12　翼型各点设计厚度坐标

	x/l/%								
	0	1.25	2.5	5	7.5	10	15	20	25
$y_u/l/\%$	—	1.01	1.45	2.16	2.70	3.17	3.94	4.53	4.97
$y_l/l/\%$	—	−0.59	−0.73	−0.83	−0.81	−0.74	−0.53	−0.27	0.02

	x/l/%								
	30	40	50	60	70	80	90	95	100
$y_u/l/\%$	5.28	5.60	5.52	5.09	4.33	3.24	1.81	0.97	—
$y_l/l/\%$	0.28	0.77	1.12	1.30	1.27	1.04	0.60	0.29	—

至此，定子设计中所需参数均已计算完成，可根据这些计算参数换算出相应的三维坐标点并以此建立定子的三维实体模型。

2.5　泵喷推进器设计实例

2.5.1　叶剖面坐标转换

下面将转子、定子的二维翼型数据坐标转换到三维。在已知螺旋桨几何参数、各切面叶片几何尺寸的情况下，通过坐标变换方法，将上述求出的平面展开翼型的型值点坐标变换为空间点坐标，并保存为相应格式的数据文件，然后利用三维几何建模软件中的曲线、曲面功能来对叶片进行建模。

桨叶的切面形状几何尺寸主要包括各个切面的半径 r、弦长 C、螺距 P、纵

斜角 θ 、二维控制点与基准点之间的相对位置 (a,b) 以及叶片最大厚度线到参考线的距离 L 。基于叶片的投影关系，用半径为 r 的共轴圆柱面去切叶片，图 2-12 中的阴影部分便是圆柱面与叶片相交的切面，并给出了该切面沿圆柱面的展开图[92]。

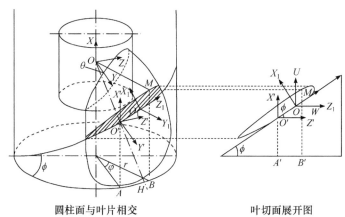

圆柱面与叶片相交　　　　　　　　　叶切面展开图

图 2-12　叶片投影原理

全局坐标系 $OXYZ$ 的 OYZ 平面平行于推进器桨毂端面；O' 点为参考线 OH 与圆柱面的交点，坐标系 $O'X'Y'Z'$ 与 $OXYZ$ 平行；局部坐标系 $O_1X_1Y_1Z_1$ 的 O_1X_1 轴经过叶切面的最厚处，O_1 点为螺旋线与叶切面的切点；坐标系 O_1UVW 平行于坐标系 $O'X'Y'Z'$ ，其可以通过一次旋转与局部坐标系 $O_1X_1Y_1Z_1$ 重合，即

$$\begin{bmatrix} X_1 \\ Y_1 \\ Z_1 \end{bmatrix} = \begin{bmatrix} \cos\phi & 0 & -\sin\phi \\ 0 & 1 & 0 \\ \sin\phi & 0 & \cos\phi \end{bmatrix} \begin{bmatrix} U \\ V \\ W \end{bmatrix} \tag{2-71}$$

式中，ϕ 为螺距角，$\phi = \tan^{-1}\left(P/2\pi r\right)$ 。由式(2-71)可得

$$\begin{bmatrix} U \\ V \\ W \end{bmatrix} = \begin{bmatrix} \cos\phi & 0 & \sin\phi \\ 0 & 1 & 0 \\ -\sin\phi & 0 & \cos\phi \end{bmatrix} \begin{bmatrix} X_1 \\ Y_1 \\ Z_1 \end{bmatrix} \tag{2-72}$$

由图 2-12 所示叶切面展开图可知：

$$\begin{bmatrix} X' \\ Y' \\ Z' \end{bmatrix} = \begin{bmatrix} U + L\sin\phi \\ V \\ W + L\cos\phi \end{bmatrix} \tag{2-73}$$

式中，L 为最大厚度线至参考线的距离。进而可得

$$\begin{bmatrix} X' \\ Y' \\ Z' \end{bmatrix} = \begin{bmatrix} Z_1\sin\phi + X_1\cos\phi + L\sin\phi \\ Y_1 \\ Z_1\cos\phi - X_1\sin\phi + L\cos\phi \end{bmatrix} \tag{2-74}$$

将其转换到原点位于 O 点的柱坐标系下，可得

$$\begin{bmatrix} R_i \\ X \\ \varphi \end{bmatrix} = \begin{bmatrix} r \\ X' - r\tan\theta \\ Z'/r \end{bmatrix} \tag{2-75}$$

式中，r 为叶切面半径；θ 为纵斜角。因此，在全局坐标系 $OXYZ$ 下可得

$$\begin{bmatrix} X \\ Y \\ Z \end{bmatrix} = \begin{bmatrix} X' - r\tan\theta \\ r\cos\varphi \\ r\sin\varphi \end{bmatrix} \tag{2-76}$$

最后，整理式(2-74)～式(2-76)可得

$$\begin{bmatrix} X \\ Y \\ Z \end{bmatrix} = \begin{bmatrix} Z_1\sin\phi + X_1\cos\phi + L\sin\phi - r\tan\theta \\ r\cos\left(\dfrac{Z_1\cos\phi - X_1\sin\phi + L\cos\phi}{r}\right) \\ r\sin\left(\dfrac{Z_1\cos\phi - X_1\sin\phi + L\cos\phi}{r}\right) \end{bmatrix} \tag{2-77}$$

通过式(2-77)即可得到转定子叶片曲面的三维空间坐标。

在已知叶片基本参数和各叶切面几何参数的情况下，确定叶片的旋向，根据式(2-77)，利用 MATLAB 软件进行编程，将叶切面展开坐标转换为曲面型值点坐标，具体如下。

(1) 计算各同心圆柱面的半径 r 和相应半径情况下的螺距角 β_e。

(2) 确定所选翼型叶切面的叶面线和叶背线各离散点在全局坐标系 $OXYZ$ 中的坐标值。

(3) 确定叶片基准线的位置。将叶片基准线取为各切面最大厚度处的连线。

根据图 2-13 给出的 MATLAB 程序流程编写计算程序，利用所编程序设置其中的相关参数，可依次计算出泵喷推进器叶片各切面转换后的空间点坐标，导出数据后即可用于叶片的三维建模。

2.5.2 泵喷推进器三维几何

利用前述确定的方案和结构参数，并根据装配要求，建立了泵喷推进器三维结构模型，主要包括转子叶片、定子叶片、桨毂及导管等。图 2-14 为泵

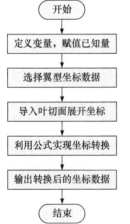

图 2-13　MATLAB 程序流程

喷推进器转子和定子叶片剖面线，装配后的泵喷推进器(三维装配模型)如图 2-15
所示。

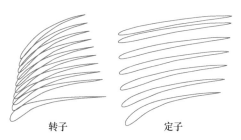

转子　　　　　　　定子

图 2-14　转子和定子的叶片剖面线

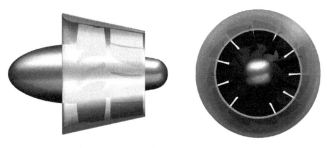

图 2-15　装配后的泵喷推进器

第3章 泵喷推进器流场计算方法

3.1 数值计算基础理论

3.1.1 控制方程

CFD 中的流体泛指各种气体和液体，对于满足连续性假设的流体，广泛采用有限体积法进行计算，在有限控制体内存在一定的有限小微团，微团的流入流出满足物理学基本定律，对于单相流体，满足质量守恒定律和牛顿第二定律，有 Navier-Stokes(NS)方程：

$$\frac{\partial \rho}{\partial t} + \frac{\partial (\rho u_i)}{\partial x_i} = 0 \tag{3-1}$$

$$\frac{\partial (\rho u_i)}{\partial t} + \frac{\partial (\rho u_i u_j)}{\partial x_j} = -\frac{\partial p}{\partial x_i} + \frac{\partial}{\partial x_j}\left[\mu\left(\frac{\partial u_i}{\partial x_j} + \frac{\partial u_j}{\partial x_i}\right)\right] \tag{3-2}$$

式中，ρ 为流体密度，对于不可压缩流体，式(3-1)等号左边第一项省略；μ 为流体动力黏性系数，其运动黏性系数为 $\nu = \mu/\rho$；x_i 和 x_j $(i, j=1, 2, 3)$ 为坐标分量；u_i 和 u_j $(i, j=1, 2, 3)$ 为速度矢量；p 为流体压力。

3.1.2 控制方程雷诺时均封闭方法

从空间和时间尺度上直接求解三维湍流 NS 方程是不现实的，因此通过平均处理过滤部分湍流谱内容是一种妥协办法，应用最广泛的是雷诺时均，即时间平均，对于瞬态 NS 方程描述的任一变量 φ 可分解为平均量 $\bar{\varphi}$ 和波动量 φ'：

$$\varphi = \bar{\varphi} + \varphi' \tag{3-3}$$

进而 $\varphi_i \varphi_j$ 的平均量为

$$\overline{\varphi_i \varphi_j} = \overline{\varphi_i}\,\overline{\varphi_j} + \overline{\varphi_i' \varphi_j'} \tag{3-4}$$

由此不可压缩流动的 RANS 方程为

$$\frac{\partial \overline{u_i}}{\partial x_i} = 0 \tag{3-5}$$

$$\frac{\partial(\rho \overline{u_i})}{\partial t} + \frac{\partial(\rho \overline{u_i u_j})}{\partial x_j} = -\frac{\partial \overline{p}}{\partial x_i} + \frac{\partial}{\partial x_j}\left[\mu\left(\frac{\partial \overline{u_i}}{\partial x_j} + \frac{\partial \overline{u_j}}{\partial x_i}\right)\right] + \frac{\partial}{\partial x_j}\left(-\rho \overline{u_i' u_j'}\right) \quad (3\text{-}6)$$

式中，$-\rho \overline{u_i' u_j'}$ 为雷诺应力，后文为便于书写，平均量均省去上划线 "‾"。对于新增未知量 $-\rho \overline{u_i' u_j'}$，广泛采用基于 Boussinesq 假设建立的雷诺应力、湍流动力黏性系数 μ_t 和速度梯度的关系来求解，有

$$-\rho \overline{u_i' u_j'} = \mu_t\left(\frac{\partial \overline{u_i}}{\partial x_j} + \frac{\partial \overline{u_j}}{\partial x_i}\right) \quad (3\text{-}7)$$

根据求解 μ_t 所需额外方程的数量，常用的有一方程模型和二方程模型。一方程模型中 Spalart-Allmaras(S-A) 模型[103]应用广泛，但在自由剪切流动(如射流)应用上的验证不足，以及求解壁面边界层流动特性上较二方程模型具有明显劣势。二方程模型以 k-ε 模型[104]为基础，发展了多个鲁棒性和适应性强的湍流模型，通过对湍动能 k 方程和耗散率 ε 方程的求解，进一步获得湍流动力黏性系数 μ_t：

$$\mu_t = C_\mu \rho k^2 / \varepsilon \quad (3\text{-}8)$$

式中，C_μ 为常数 0.09。但 k-ε 类的模型对逆压梯度和边界层分离流动敏感，且分离流的预测存在延迟和低强度，由于低估湍动能耗散率，湍流尺度的预测值过大。基于 k 方程和 ω 方程的改进型 k-ω 模型，其中 ω 为比耗散率：

$$\omega = \varepsilon / (C_\mu k) \quad (3\text{-}9)$$

由于 ω 方程不需要关于边界黏性底层内部的额外项就可进行积分，简化了构造鲁棒性壁面 y^+ 处理的过程。k-ω 模型[105]在边界层流动中的逆压梯度和分离流预测具有显著优势，但对自由来流具有相对更强的敏感性。基于 k-ω 模型的 BSL(baseline，基准)和 SST 形式克服了自由流敏感性缺陷，后者还考虑了边界层逆压梯度区的主剪切应力传输[106-108]。SST k-ω 模型形式为

$$\frac{\partial(\rho k)}{\partial t} + \frac{\partial(\rho u_i k)}{\partial x_i} = \widetilde{P_k} + \frac{\partial}{\partial x_i}\left[(\mu + \sigma_k \mu_t)\frac{\partial k}{\partial x_i}\right] - \beta^* \rho k \omega \quad (3\text{-}10)$$

$$\frac{\partial(\rho \omega)}{\partial t} + \frac{\partial(\rho u_i \omega)}{\partial x_i} = \alpha \rho S^2 + \frac{\partial}{\partial x_i}\left[(\mu + \sigma_\omega \mu_t)\frac{\partial \omega}{\partial x_i}\right] - \beta \rho \omega^2$$
$$+ 2(1 - F_1)\rho \sigma_{\omega 2}\frac{1}{\omega}\frac{\partial k}{\partial x_i}\frac{\partial \omega}{\partial x_i} \quad (3\text{-}11)$$

式中，F_1 为调和函数；$\widetilde{P_k}$ 为生成项 P_k 添加生成限制器后的生成项。运动黏性系数满足 $\nu_t = \mu_t / \rho$，ν_t 定义为

$$\nu_t = a_1 k / \left[\max \left(a_1 \omega, SF_2 \right) \right] \tag{3-12}$$

式中，F_2 为第二调和函数；S 为应变率不变量测度。在 RANS 方法中，基于 SST 的另一衍生模型是尺度自适应模拟(scale-adaptive simulation，SAS)[109]，在 SST 的 ω 方程右侧添加源项实现自适应尺度模拟。

上述 RANS 方法基于全湍流假设，当考虑壁面边界层转捩(自然转捩、旁路诱导转捩和分离诱导转捩)时具有局限性，需要额外补充方程求解层流和转捩区。常用的有三种方法，一种是基于 k-ω 模型对层流区的湍动能 k_l 重新刻画，即补充一个 k_l 方程，构成 k-k_l-ω 模型，但该模型舍弃了 SST 模型的特性；另外两种是基于湍流间歇因子 γ 构造的转捩预测模型，分别为 γ-Re_θ 模型[110,111]和 γ 模型，但是前者不具备伽利略不变性，不适用于壁面和参考坐标系存在相对运动的情况，也不适用于不存在自由流的流动，如充分发展的管道和渠流动，后者 γ 模型是前者的改进型，除克服伽利略不变性问题，还考虑横向交叉流不稳定性的影响[112,113]。

3.1.3　控制方程空间过滤封闭方法

NS 方程的另一种常用封闭方法为进行傅里叶或物理空间过滤，瞬态 NS 方程描述的任一时间相关变量 φ 可分解为过滤分量 $\overline{\varphi}$ 和亚格子分量 φ'：

$$\varphi = \overline{\varphi} + \varphi'$$

有[114]

$$\overline{\varphi} = \int_V G(x - x', \Delta) \varphi(t, x') \mathrm{d}x' \tag{3-13}$$

式中，V 表示控制体域；x 表示滤波空间坐标；x' 表示实际流动空间坐标；$G(x - x', \Delta)$ 为基于滤波宽度 $\Delta = \left(\Delta_x \Delta_y \Delta_z \right)^{1/3}$ 建立的滤波函数；过滤分量 $\overline{\varphi}$ 和亚格子分量 φ' 分别表示物理量的解析部分和模化部分。基于有限体积法时，滤波函数采用 Tophat 函数，当在目标控制体内，滤波函数表达式为 $1/\Delta^3$，否则则为 0。采用上述滤波，NS 方程可以改写为如下方程，也即大涡模拟控制方程[114]：

$$\frac{\partial \overline{u_i}}{\partial x_i} = 0 \tag{3-14}$$

$$\frac{\partial \left(\rho \overline{u_i} \right)}{\partial t} + \frac{\partial \left(\rho \overline{u_i} \, \overline{u_j} \right)}{\partial x_j} = -\frac{\partial \overline{p}}{\partial x_i} + \frac{\partial}{\partial x_j} \left[\mu \left(\frac{\partial \overline{u_i}}{\partial x_j} + \frac{\partial \overline{u_j}}{\partial x_i} \right) \right] - \frac{\partial \tau_{ij}}{\partial x_j} \tag{3-15}$$

式中，"‾" 表示过滤的分量或者解析分量；$\tau_{ij} = \rho \overline{u_i u_j} - \rho \overline{u_i} \, \overline{u_j}$，为亚格子应力。与式(3-5)和式(3-6)不同的是，式(3-14)和式(3-15)在空间滤波后仍为瞬时值，

而非时均值。同样的，基于 Boussinesq 涡黏假设，亚格子应力表示为

$$\tau_{ij} - \tau_{kk}\delta_{ij}/3 = -2\mu_t \overline{S_{ij}} \tag{3-16}$$

式中，$\overline{S_{ij}}$ 为基于解析分量的应变率，$\overline{S_{ij}} = \left(\partial \overline{u_i}/\partial x_j + \partial \overline{u_j}/\partial x_i\right)/2$；$\delta_{ij}$ 为 Kronecker 函数。建立亚格子应力和解析量之间的关系后，通过补充方程，也即亚格子模型求解亚格子应力。

第一个也是最基础的亚格子模型是 Smagorinsky-Lilly(SL)模型[115,116]，其中 μ_t 通过亚格子混合长度 L_s 进行求解：

$$\mu_t = \rho L_s^2 \left|\overline{S}\right| \tag{3-17}$$

式中，$\left|\overline{S}\right| = \sqrt{2\overline{S_{ij}}\,\overline{S_{ij}}}$；$L_s = \min(\kappa d, C_s \Delta)$，其中 d 表示离最近网格单元面的距离，κ 为卡门常数，值为 0.41，C_s 为 Smagorinsky 常数。该模型最大问题在于 C_s 是定值，且不能返回 $\mu_t = 0$，因此存在几种改进模型。其中 DSL(dynamic SL，动态 SL)亚格子模型[117,118]克服了 C_s 为常数的问题，用一个 2Δ 的过滤宽度 $\widehat{\Delta}$ 对运动方程进行先验过滤，会额外得到一个亚格子应力，表达式为

$$\widehat{\tau_{ij}} = \overline{\rho u_i u_j} - \widehat{\rho u_i}\,\widehat{u_j} \tag{3-18}$$

式中，"$\widehat{\ }$"表示先验滤波。τ_{ij} 和 $\widehat{\tau_{ij}}$ 采用与 SL 模型相似的方法，有

$$\tau_{ij} = -2C\rho\Delta^2 \left|\overline{S}\right|\left(\overline{S_{ij}} - \overline{S_{kk}}\delta_{ij}/3\right) \tag{3-19}$$

$$\widehat{\tau_{ij}} = -2C\rho\widehat{\Delta}^2 \left|\widehat{\overline{S}}\right|\left(\widehat{\overline{S_{ij}}} - \widehat{\overline{S_{kk}}}\delta_{ij}/3\right) \tag{3-20}$$

式中，$C = C_s^2$。通过 Germano 恒等式，定义：

$$L_{ij} = \widehat{\tau_{ij}} - \tau_{ij} = \overline{\rho u_i u_j} - \widehat{\rho u_i}\,\widehat{u_j} - \left(\overline{\rho u_i u_j} - \widehat{\rho u_i}\,\widehat{u_j}\right) = \widehat{\rho u_i u_j} - \widehat{\rho u_i}\,\widehat{u_j} \tag{3-21}$$

而 L_{ij} 由解析的流场直接求得，有

$$C = \left(L_{ij} - L_{kk}\delta_{ij}/3\right)M_{ij}/\left(M_{ij}M_{ij}\right) \tag{3-22}$$

$$M_{ij} = -2\rho\left(\widehat{\Delta}^2 \left|\widehat{\overline{S}}\right|\widehat{\overline{S_{ij}}} - \Delta^2 \left|\overline{S}\right|\overline{S_{ij}}\right) \tag{3-23}$$

第二个改进模型是自适应壁面局部涡黏系数(wall-adapting local eddy-viscosity, WALE)模型[119]，该模型通过计算湍流涡黏系数求亚格子应力，并且可以考虑零湍流黏性系数情况，该方法中：

$$\mu_{\mathrm{t}} = \rho L_{\mathrm{s}}^{2}\left(S_{ij}^{d}S_{ij}^{d}\right)^{3/2}\bigg/\left[\left(\overline{S}_{ij}\,\overline{S}_{ij}\right)^{5/2}+\left(S_{ij}^{d}S_{ij}^{d}\right)^{5/4}\right] \tag{3-24}$$

式中，L_{s} 和 S_{ij}^{d} 计算公式分别为(C_{w} 为 0.325)

$$L_{\mathrm{s}} = \min\left(\kappa d, C_{\mathrm{w}}\Delta\right) \tag{3-25}$$

$$S_{ij}^{d} = \left[\left(\partial \overline{u}_i\big/\partial x_j\right)^2 + \left(\partial \overline{u}_j\big/\partial x_i\right)^2\right]\bigg/2 \tag{3-26}$$

第三个改进模型是代数壁面大涡模拟(algebraic wall-modeled LES，WMLES)模型[120,121]，克服了 LES 求解壁面边界层时的极高空间解析度和极小时间步要求，实现了在边界层内部进行 RANS 计算的同时对边界层外层进行 LES 求解。WMLES 亚格子模型中，湍流黏性系数为

$$\mu_{\mathrm{t}} = \rho \min\left[\left(\kappa d_{\mathrm{w}}\right)^2, \left(C_{\mathrm{Smag}}\Delta\right)^2\right] S\left[1 - \mathrm{e}^{-\left(y^+/25\right)^3}\right] \tag{3-27}$$

式中，$\kappa = 0.4187$；$C_{\mathrm{Smag}} = 0.2$；y^+ 为处理后的壁面距离(量纲为一)。Δ 修改为

$$\Delta = \min\left[\max\left(C_{\mathrm{w}}d_{\mathrm{w}}, C_{\mathrm{w}}h_{\max}, h_{\mathrm{wn}}\right), h_{\max}\right] \tag{3-28}$$

式中，$h_{\max}$ 为最大的网格单元边长；h_{wn} 为壁面法向距离(量纲为一)；C_{w} 为常数 0.15。该模型的一个问题是零湍流黏性系数计算，可以将 S 替代为 $\mathrm{abs}(S - \Omega)$ 以实现。后续该亚格子模型简称为 SO 模型。

3.1.4　湍流建模

空间分辨率足够时，大涡模拟和直接模拟是高精度流场预测解决方案首选，但几何或壁面流动复杂时，计算量剧增，高雷诺数下进一步加大了计算量[114,122,123](最大评估约 $\mathrm{Re}^{13/7}$)，使大涡模拟很大程度上停留在几何简单、雷诺数低的研究领域。因此，减少近壁网格分辨率依赖是提高大涡模拟适用性的关键。考虑 RANS 和 LES 处理上的相似性，基于混合 RANS/LES 思想来进行求解是当前以及未来很长时间内在计算能力还远远不足情况下的进一步妥协。

混合 RANS/LES 存在两种思路，第一种思路通过控制流场内部相关变量，实现求解在 RANS 和 LES 间的自适应转换。最早发展的混合模型是基于 RANS 中 S-A 模型的分离涡模拟(detached eddy simulation，DES)模型[124,125]，后逐步发展出基于 SST k-ω 的 DES 模型[126]、DDES(delayed DES，延迟 DES)模型[127]和 IDDES(improved DDES，改进 DDES)模型[128]，以及 SDES(shielded DES，屏蔽 DES)模型和 SBES(stress-blended eddy simulation，应力混合涡模拟)模型[129]，这些模型在螺旋桨流场计算中应用较为成熟[130]。第二种思路是人为定义 LES 区和 RANS 区，其中 RANS 区可采用 RANS 求解也可采用第一种思路进行求解，此混合

RANS/LES 为 ELES(embedded LES，嵌入式 LES)[131]。

第一种思路中，将基于 S-A 模型 DES 的计算湍流生成项和耗散项的壁面距离 d 重新定义为 $\min(d, C_{\mathrm{DES}}\varDelta_{\max})$，其中 C_{DES} 为经验常数，取 0.65，$\varDelta_{\max}$ 为六面体网格单元的最大边长；基于 Realizable k-ε 模型 DES 也是将 k 方程耗散项 $\rho\varepsilon$ 引入网格尺度 l_{DES} 的影响，即耗散项 $D_k = \rho k^{3/2}/l_{\mathrm{DES}}$ 中，l_{DES} 由网格 LES 尺度 l_{LES} 和 RANS 尺度 l_{RANS} 共同决定，有

$$l_{\mathrm{DES}} = \min(l_{\mathrm{RANS}}, l_{\mathrm{LES}}) \tag{3-29}$$

式中，$l_{\mathrm{LES}} = C_{\mathrm{DES}}\varDelta_{\max}$；$l_{\mathrm{RANS}} = k^{3/2}/\varepsilon$。相对地，大多数混合 RANS/LES 基于 SST k-ω 模型，k 方程中，式(3-10)等号右第三项的耗散项 $\beta^*\rho k\omega$ 通过函数 F_{DES} 控制来界定流场 LES 区和 RANS 区[126]，$\beta^*\rho k\omega$ 修改为 $\beta^*\rho k\omega F_{\mathrm{DES}}$，其中：

$$F_{\mathrm{DES}} = \max\left[l_{\mathrm{RANS}}/\left(C_{\mathrm{DES}}\varDelta_{\max}\right), 1\right] \tag{3-30}$$

$$l_{\mathrm{RANS}} = \sqrt{k}/\left(\beta^*\omega\right) \tag{3-31}$$

为避免边界层受限制器影响，F_{DES} 进一步写为

$$F_{\mathrm{DES}} = \max\left[\left(1-F_{\mathrm{SST}}\right)l_{\mathrm{RANS}}/\left(C_{\mathrm{DES}}\varDelta_{\max}\right), 1\right]$$

式中，$F_{\mathrm{SST}} = 1, F_1, F_2$。DES 存在两大的问题，一是流动稳定性未强到足以生成 LES 结构，二是存在网格诱导分离现象。因此，基于 SST k-ω DES 进一步发展为 DDES 和 IDDES[128]，有

$$\begin{cases} F_{\mathrm{DES}} \longrightarrow F_{\mathrm{DDES}} \\[2mm] F_{\mathrm{DDES}} = \dfrac{l_{\mathrm{RANS}}}{l_{\mathrm{RANS}} - f_{\mathrm{d}}\max\left(0, l_{\mathrm{RANS}} - l_{\mathrm{LES}}\right)} \\[2mm] f_{\mathrm{d}} = 1 - \tanh\left[\left(20 r_{\mathrm{d}}\right)^3\right] \\[2mm] r_{\mathrm{d}} = \dfrac{v_t + v}{\kappa^2 d_{\mathrm{w}}^2 \sqrt{\left(S^2 + \varOmega^2\right)/2}} \end{cases} \tag{3-32}$$

式中，$l_{\mathrm{LES}} = C_{\mathrm{DES}}h_{\max}$，$C_{\mathrm{DES}} = C_{\mathrm{DES1}}F_1 + C_{\mathrm{DES2}}\left(1-F_2\right)$，$C_{\mathrm{DES1}} = 0.78$，$C_{\mathrm{DES2}} = 0.61$。

$$F_{\mathrm{DES}} \longrightarrow F_{\mathrm{IDDES}}, \quad F_{\mathrm{IDDES}} = \frac{l_{\mathrm{RANS}}}{\widetilde{f_{\mathrm{d}}}\left(1+f_{\mathrm{e}}\right)l_{\mathrm{RANS}} + \left(1-\widetilde{f_{\mathrm{d}}}\right)l_{\mathrm{LES}}} \tag{3-33}$$

式中，$l_{\mathrm{LES}} = C_{\mathrm{DES}}\varDelta$，而 $\varDelta = \min\left[C_{\mathrm{w}}\max\left(d_{\mathrm{w}}, h_{\max}\right), h_{\max}\right]$；$\widetilde{f_{\mathrm{d}}}$ 和 f_{e} 分别为经验混合函数和提升函数。

对于 SDES，基于 DDES，有

$$F_{\text{DDES}} \longrightarrow F_{\text{SDES}}, \quad F_{\text{SDES}} = \max\left[\frac{l_{\text{RANS}}}{C_{\text{SDES}} \varDelta_{\text{SDES}}}(1 - f_{\text{SDES}}), 1\right] - 1 \tag{3-34}$$

式中，$\varDelta_{\text{SDES}} = \max\left(\sqrt[3]{V}, 0.2\varDelta_{\max}\right)$；$f_{\text{SDES}}$ 为屏蔽函数。

不同于 DES、DDES 和 IDDES，在 SDES 中：

$$\mu_{\text{t}} = \rho\left[(\beta/\alpha)^{3/4} C_{\text{SDES}} \varDelta\right]^2 S$$

式中，$\alpha = 0.44$；$\beta = 0.083$；$C_{\text{SDES}} = 0.4$。这与 SL 模型有极高相似性，而在 SBES 中，基于 f_{SBES} 对湍流应力混合，有[129]

$$\tau_{ij}^{\text{SBES}} = f_{\text{SDES}} \tau_{ij}^{\text{RANS}} + (1 - f_{\text{SDES}}) \tau_{ij}^{\text{LES}} \tag{3-35}$$

$$\mu_{\text{t}}^{\text{SBES}} = f_{\text{SDES}} \mu_{\text{t}}^{\text{RANS}} + (1 - f_{\text{SDES}}) \mu_{\text{t}}^{\text{LES}} \tag{3-36}$$

由于 LES 区是直接 LES 求解的，与前述模型获取混合长度的方式有差异，LES 区域的亚格子模型不受限，直接使用 LES 的亚格子模型。

第二种思路中，LES 区域是人为给定的，嵌入在 RANS 流场内部，不依赖流场求解的湍流混合长度尺寸和网格尺度，LES 区域直接 LES 求解，也称嵌入式大涡模拟(embedded LES，ELES)。但交界面区域需要 RANS 部分提供湍流长度，因此 RANS 区域需要有湍流尺度的模型，S-A 模型则不合适。此外，因需要将 RANS 区模化湍动能转化为 LES 区解析湍动能，LES 上游的 RANS-LES 交界面需要特殊考虑，有涡方法、谱合成法和合成湍流法。当上游为低扰动或无扰动、流体域进口为低湍流度等情况时，RANS-LES 区域的交界面可不做处理[131]。

3.2 流场数值模拟方法与验证

3.2.1 泵喷推进器模型

本章对某艇用前置定子泵喷推进器进行流场数值计算，如图 3-1 所示，并给出了坐标系和径向方向的定义。该模型包括一个 7 叶转子(rotor，Z_r=7)、一个 9 叶定子(stator，Z_s=9)和导管(duct)，缩尺比为 20，和实验模型一致，模型记为 SR97，转子叶片(blade)序号见图 3-1(b)。转子直径 D_r 为 0.1664m，半径用 R_r 表示，叶片无侧斜和纵倾，转子叶梢和导管的间隙 D_{gap} 是 0.001m，为 0.60%D_r，转子主要参数见表 3-1。

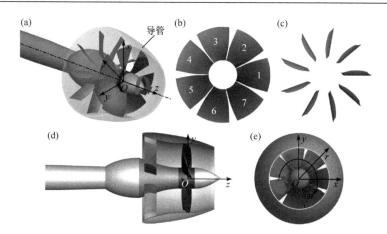

图 3-1　泵喷推进器

(a) 导管；(b) 转子；(c) 定子；(d) 坐标系；(e) 转子旋向

表 3-1　转子主要参数

名称	符号	单位	值
毂径	D_h	m	$0.3\,D_r$
$r/R_r = 0.7$ 处螺距	$P_{0.7}$	m	$1.1029\,D_r$
平均螺距	$\overline{P}$	m	$1.0345\,D_r$
$r/R_r = 0.7$ 处厚度	$t_{b,0.7}$	m	$0.0186\,D_r$
$r/R_r = 0.7$ 处弦长	$C_{b,0.7}$	m	$0.3384\,D_r$
展开盘面比	A_E/A_0	—	0.92

　　图 3-2 和表 3-2 分别给出了转子螺距角和定子预旋角的定义和径向分布，其中转子和定子的叶栅稠密度分别为 $C_b/t_{r,r}$ 和 $L_{sa}/(t_{s,r}\cos\beta_s)$，$t_{r,r}$ 和 $t_{s,r}$ 分别表示转子和定子的叶片导边间距，L_{sa} 为定子轴向长度，C_b 为转子叶剖面弦长。导管内流道在径向方向上的相对位置用 span 表示，span=0 表示轮毂表面，span=1 表示导管内流道表面。定子轴向长度 L_{sa} 为 $0.180\,D_r$，和下游转子最近距离为 $0.372\,D_r$，与转子参考平面(xOy 平面)距离为 $0.447\,D_r$。导管剖面线型见图 3-3，导管剖面型值见表 3-3，导管主要参数定义见图 3-4。导管轴向长度 L_{da} 为 $1.068\,D_r$，最大

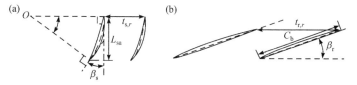

图 3-2　半径 r 处定子和转子的叶剖面

(a) 定子预旋角 β_s；(b) 转子螺距角 β_r

直径 $D_{d\max}$ 为 $1.318\,D_r$，进口 D_{in} 和出口直径 D_{out} 分别为 $1.363\,D_r$ 和 $0.867\,D_r$，导管倾角 α_d 为 $10.3°$，最大厚度 TH_{dm} 为 $0.115\,D_r$。

表 3-2　转子螺距角和定子预旋角的径向分布

	r/R_r							
	0.3	0.4	0.5	0.6	0.7	0.8	0.9	1.0
螺距角 β_r	0.8161	0.7061	0.6075	0.5287	0.4649	0.4012	0.3351	0.2658

	r/R_r							
	0.5	0.6	0.7	0.8	0.9	1.0	1.1	1.2
预旋角 β_s	0.2009	0.2716	0.3146	0.3311	0.3246	0.2967	0.2399	0.1705

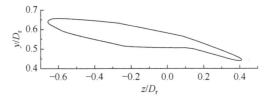

图 3-3　导管剖面线型(yOz 内剖面)

表 3-3　导管剖面型值

	z/R_r							
	0.000	0.025	0.050	0.075	0.100	0.200	0.300	0.400
y_i/R_r	0.6393	0.6156	0.6053	0.5952	0.5866	0.5582	0.5361	0.5182
y_o/R_r	0.6393	0.6548	0.6567	0.6588	0.6592	0.6561	0.6445	0.6307

	z/R_r							
	0.500	0.600	0.700	0.800	0.900	1.000	1.025	1.050
y_i/R_r	0.5076	0.5060	0.5060	0.4990	0.4762	0.4468	0.4421	0.4387
y_o/R_r	0.6151	0.5978	0.5758	0.5488	0.5168	0.4795	0.4681	0.4582

注: y_i 和 y_o 分别为导管内、外侧 y 坐标。

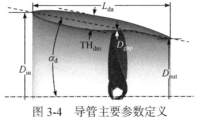

图 3-4　导管主要参数定义

为描述泵喷的推进性能，进行相关参数(量纲为一)定义，且与国际拖曳水池会议(International Towing Tank Conference，ITTC)规定的螺旋桨性能描述一致，对于以转速 n(单位：r/s，转子周期 $T_n = 1/n$)工作在远场来流速度 V_0 下的泵喷，参数(量纲为一)定义如下：

$$
\begin{cases}
J = \dfrac{V_0}{nD_r} \\[2mm]
K_{Td} = \dfrac{T_d}{\rho n^2 D_r^4}, \quad K_{Tr} = \dfrac{T_r}{\rho n^2 D_r^4}, \quad K_{Ts} = \dfrac{T_s}{\rho n^2 D_r^4} \\[3mm]
K_{Qr} = \dfrac{Q_r}{\rho n^2 D_r^5}, \quad K_{Qs} = \dfrac{Q_s}{\rho n^2 D_r^5}, \quad K_{Qd} = \dfrac{Q_d}{\rho n^2 D_r^5} \\[3mm]
K_T = K_{Td} + K_{Tr} + K_{Ts} \\[2mm]
K_Q = K_{Qr} + K_{Qs} \\[2mm]
\eta_0 = \dfrac{(T_d + T_r + T_s)V_0}{2\pi n Q_r} = \dfrac{J}{2\pi} \times \dfrac{K_T}{K_{Qr}}
\end{cases}
\tag{3-37}
$$

式中，ρ 为水的密度 998.2 $\mathrm{kg/m^3}$；J 为进速系数；T_d、T_r 和 T_s 分别表示导管、转子叶片和定子叶片的推力，推力为负意味着阻力；Q_r 和 Q_s 分别表示转子叶片和定子叶片上的力矩；K_{Td}、K_{Tr}、K_{Ts}、K_{Qr} 和 K_{Qs} 分别表示转子叶片、定子叶片、导管的推力系数和转子叶片、定子叶片的力矩系数(量纲为一)；K_T 和 K_Q 分别为泵喷的总推力系数和力矩系数。由于转子是泵喷的唯一功率输入部件，泵喷效率采用有效输出功率和输入功率的比值，化简后计算效率时采用总推力系数和转子力矩系数，而不是泵喷的总力矩系数。因转子和定子均产生力矩，定义泵喷的力矩平衡性能评估方式：

$$
\Delta K_Q = \left| K_Q \right| / K_{Qr} \times 100\%
\tag{3-38}
$$

水动力实验在中国船舶科学研究中心的水洞进行(图 3-5)，推进轴系采用套轴方案，前方存在长轮毂和导流帽结合在一起，导流帽内安装定子测力天平。水洞的工作段为直径 0.8m 的圆柱段，长 3.2m，动力仪的力和力矩最大量程为 4000N 和 200N·m，精度均为 0.2%，动力仪轴承转速输出的偏差小于 0.1%。定子测力天平的最大量程为 500N 和 30N·m，精度小于 0.1%。粒子图像测速

图 3-5　泵喷实验模型、水洞和 PIV 流场测试

(particle image velocimetry，PIV)主要测试泵喷尾流场，直接利用水中存在的细小杂质颗粒作为示踪粒子，每两高速相机快照确定一个瞬态流场。

3.2.2　计算域和网格

根据泵喷的推进方向，采用中心轴和推进器轴重合的圆柱形计算域，见图 3-6，因需精细化捕捉泵喷附近流场和设置声学渗透面，泵喷周围区域被划分为圆柱形子域。同时，为了便于划分网格和模拟转子旋转，定子和转子附近区域也被划分为子域，不同子域通过交界面连接。整个计算域包含外域 1、外域 0、定子域和转子域，其中转子域作为旋转域用于模拟转子旋转。外域 1 直径为 $10D_r$，泵喷的尺寸相对较小，流域阻塞比很小，此外根据 Baltazar 等[132]的研究，计算域直径大于 5 倍螺旋桨直径后，对性能的影响可以忽略。推进器上游距离为 $10D_r$，远大于推进器对流场上游的诱导距离；推进器下游距离为 $20D_r$，以适应推进器的高速尾流。泵喷附近加密区在计算流场时暂定为长度为 $3.7D_r$(其中转子盘面后方 $2.5D_r$)，径向直径为 $1.6D_r$ 的圆柱。

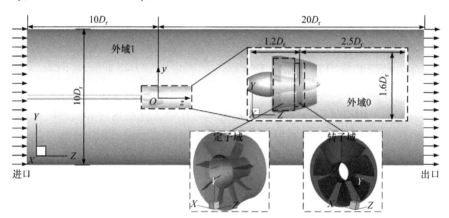

图 3-6　泵喷的数值计算域及其尺寸和边界条件
其中大域(外域 1)的侧壁面为远场

根据导管的环向结构、转子和定子的叶栅结构，采用结构化网格离散计算域。泵喷推进器表面网格和流场域内网格见图 3-7，为细密(fine，F)程度网格。因导管和转子之间存在叶顶间隙，对叶片外半径区域进行了局部加密。转子下游网格也进行了局部加密，以便更好地捕捉转子尾流和叶顶间隙流动，同时导管外侧近随边区域也被加密。泵喷尾迹区最大网格控制在流向小于 $1.5\%D_r$、径向和环向同时小于 $1.0\%D_r$。湍流边界层黏性底层的 y^+ 在 5 以内，因此取 y^+ 值为 1 进行估计。然后根据估计值和泵喷不同壁面，适当调整壁面第一层网格的高度。对于细密网格，最终转子叶片和转子轮毂的壁面第一层网格高度为 3×10^{-6}m，其余

壁面为 5×10^{-6} m ，壁面网格的法向增长率不大于 1.25。

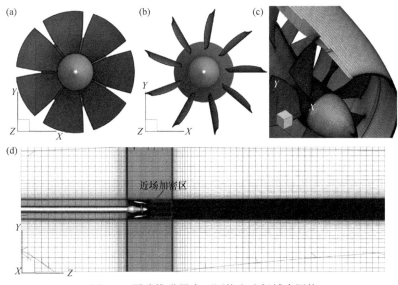

图 3-7　泵喷推进器表面网格和流场域内网格
(a) 转子；(b) 定子；(c) 导管；(d) 流场内部网格

　　图 3-8 为不同网格加密比下的泵喷推进器表面和流场网格，网格加密比 r_g 为 1.3。在网格细密的基础上，进行全局稀疏或加密，生成了网格稀疏(coarse，C)和网格中等(medium，M)两组。为更精细地捕获导管流场和泵喷的尾流场，对导管域(外域 0)和远外场域(外域 1)加密，生成网格致密(very fine，VF)组。表 3-4 为各个子域在不同网格密度下的网格数量。

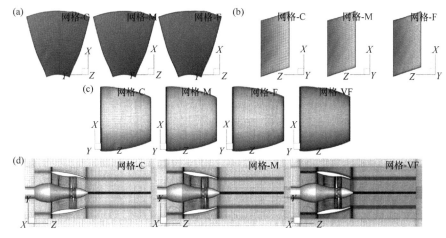

图 3-8　不同网格加密比下泵喷推进器表面和流场网格
(a) 转子叶片；(b) 定子叶片；(c) 导管；(d) 近场域网格

表 3-4　不同网格密度下泵喷计算域网格数量　　　　(单位：万)

网格	网格数量				总量
	转子域	定子域	外域0	外域1	
网格-C	125	117	164	38	444
网格-M	296	266	371	86	1019
网格-F	683	614	815	189	2301
网格-VF	683	614	2063	570	3930

3.2.3　数值模拟方法验证

由图 3-9 可见，给定的壁面第一层网格高度 y_{w} 达到了设定的 y^+。y^+ 的大小取决于壁面流动速度和 y_{w}，在定子和导管壁面，壁面流动速度主要是来流速度和转子对水流抽吸产生速度的合速度，显著小于转子表面和叶顶间隙速度。因此，尽管有更大的 y_{w}，但壁面的 y^+ 是小于 1 的。在叶顶间隙附近，虽然 y^+ 接近 1，但给定的网格解析至壁面边界层的黏性底层($y^+ \leqslant 5$)，且此范围相对很小。进一步提高转速，仍能够保证 y^+ 在黏性底层，有利于壁面边界层流动求解。

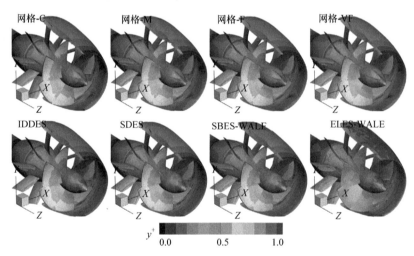

图 3-9　不同网格密度(第一行)和湍流模型(第二行，网格-VF)下 y^+ (J=1.0)

泵喷推进器的敞水性能见图 3-10(a)。在不同网格尺寸影响下，RANS 方法计算的性能差异较明显的工况为 J=1.2，包括 K_{Td}、K_{Tr}、K_{Qr} 和 K_{Qs}，但整体差异很小，尽管网格总数从最稀疏到细密相差近 6 倍。网格-F 的数值模拟结果和实验结果分别见图 3-10(b)和(c)，转子的力和力矩模拟值和实验值有一定差异，在 J=0.5～1.0，水动力模拟值与实验值较为接近。由于在 J=0.6 附近，定子和导管的推力系数很小，所以相对误差大。仅分析转子的推力和力矩，误差在 6%～10%，高进速系数下误差较大，不过此处为定常结果。误差一方面是水动力测试时，测力部件和数值计算中力积分面存在差异且无法统一导致，另一方面是 RANS 方法的不足和 CFD 理论本身存在不足导致。

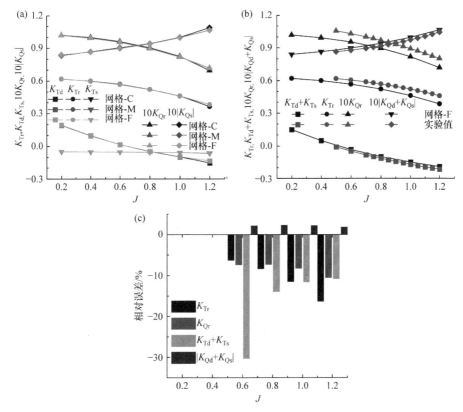

图 3-10　不同网格密度下泵喷推进器的性能

(a) 敞水性能；(b) 数值模拟结果；(c) 网格-F 实验结果

3.2.4　网格和时间步无关性验证

ITTC 规定真值和预测值之间的误差包含模型误差和数值误差两部分，其中数值误差一般受迭代步数、网格尺寸、时间步等参数影响。数值误差的验证主要考虑误差的大小、符号及对应的不确定度。仅考虑网格密度影响时，常见方法有三种：Roache 方法、Stern 和 Wilson 等提出的方法(后简称 Stern 方法)以及 Celik 方法。

(1) Roache 方法[133,134]。其基于 Richardson 插值，某组细密网格的误差可以用其相邻网格组的数值结果进行评估，如相邻的网格组为稀疏组，则细密网格和

稀疏网格组(此处的稀疏为相对概念)下某变量 ϕ 的求解值分别为 ϕ_1 和 ϕ_2，两组网格之间对应的比较误差定义为 $\varepsilon_{21} = \phi_2 - \phi_1$，则细密网格组和相对稀疏的网格组的估计误差分别为 $E_1^{\text{fine}} = \varepsilon_{21}/\left(1 - r_g^{p_k}\right)$ 和 $E_2^{\text{coarse}} = r_g^{p_k} E_1^{\text{fine}}$，其中 p_k 为该方法精度的规范阶数，一般取 2。基于 Roache 方法不确定度，U_g 用网格收敛指数(grid-convergence index，GCI)表示为 $\text{GCI}_1^{\text{fine}} = F_s \left| E_1^{\text{fine}} \right|$，$\text{GCI}_2^{\text{coarse}} = F_s \left| E_2^{\text{coarse}} \right|$，其中 F_s 为安全因子，以界定数值误差，建议值为 3。

(2) Stern 方法[135-137]。其需要的网格至少为三组。先对收敛性条件进行考察，如对前述网格-F、网格-M 和网格-C 下的某求解变量 ϕ 分别用下标 1、2、3 进行区分，收敛因子 R_g 定义为 $R_g = \varepsilon_{21}/\varepsilon_{32}$。根据 R_g 可将收敛情况归为三类：① $0 < R_g < 1$，单调收敛；② $R_g < 0$，振荡收敛；③ $R_g > 1$，发散。再根据收敛情况计算误差和不确定度。满足单调收敛条件时，广义 Richardson 外插方法用于计算误差，对于细密网格组(对应序号为 1)有评估误差 $\delta_{\text{RE},1}^*$ 和精度阶数 p_k，分别为

$$\delta_{\text{RE},1}^* = \frac{\varepsilon_{21}}{r_g^{p_k} - 1}$$
$$p_k = \frac{\ln\left(\varepsilon_{32}/\varepsilon_{21}\right)}{\ln r_g} \tag{3-39}$$

当三组网格的加密比不等时，精度阶数 p_k 为

$$p_k = \frac{\ln\left(\varepsilon_{32}/\varepsilon_{21}\right)}{\ln r_{g,21}} + \frac{1}{\ln r_{g,21}}\left[\ln\left(r_{32}^{p_k} - 1\right) - \ln\left(r_{21}^{p_k} - 1\right)\right] \tag{3-40}$$

当采用修正因子 C_k 计算不确定度 U_g 时，有修正后的不确定度 $U_{g,C}$：

$$\begin{cases} U_{g,C} = \left| C_k \delta_{\text{RE},1}^* \right| + \left| (1 - C_k)\delta_{\text{RE},1}^* \right| \\ C_k = \dfrac{r_g^{p_k} - 1}{r_g^{p_k^{\text{est}}} - 1} \end{cases} \tag{3-41}$$

式中，p_k^{est} 为数值方法的理论精度阶数，一般取 2。但式(3-41)存在不足，相应修正公式见 Stern 方法[135-137]。当采用 Roache 方法中的安全因子，有 $U_{g,C} = (F_s - 1)\left| \delta_{\text{RE},1}^* \right|$，其中 F_s 为 1.25，本书采用此种方法。当振荡收敛时，取两个比较误差差值的一半，重新调节网格直至单调收敛。

(3) Celik 方法[138,139]。同样对于给定三组网格，网格尺寸 h 为

$$h = \left[\frac{1}{N}\sum_{i=1}^{N}(\Delta V_i)\right]^{1/3} \tag{3-42}$$

网格加密比 r_g' 指定为某两组网格尺寸的比值,如前述 1、2 组: $r_{g,21}' = h_2/h_1$。精度阶数 p_k 为

$$\begin{cases} p_k = \dfrac{1}{\ln r_{g,21}} \left| \ln\left| \varepsilon_{32}/\varepsilon_{21} \right| + q(p_k) \right| \\[2mm] q(p_k) = \ln\left(\dfrac{r_{g,21}^{p_k} - s}{r_{g,32}^{p_k} - s} \right) \\[2mm] s = 1 \cdot \operatorname{sgn}\left(\varepsilon_{32}/\varepsilon_{21} \right) \end{cases} \tag{3-43}$$

式中,sgn 为符号函数。有外插值、近似相对误差、外插相对误差和细密网格组 (对应标号 1)的 GCI 依次为

$$\begin{cases} \phi_{\text{ext}}^{21} = \dfrac{r_{21}^{p_k} \phi_1 - \phi_2}{r_{21}^{p_k} - 1} \\[3mm] e_a^{21} = \left| \dfrac{\phi_1 - \phi_2}{\phi_1} \right| \\[3mm] e_{\text{ext}}^{21} = \left| \dfrac{\phi_{\text{ext}}^{12} - \phi_1}{\phi_{\text{ext}}^{12}} \right| \\[3mm] \text{GCI}_{\text{fine}}^{21} = 1.25 \dfrac{e_a^{21}}{r_{21}^{p_k} - 1} \end{cases} \tag{3-44}$$

　　Roache 方法是相对简单的网格无关性评价方法,而 Stern 方法在计算结果满足单调收敛时可以顺利开展下一步,对初始数据要求较高,当不满足单调收敛时,重新调整网格进行计算直至满足单调收敛。Celik 方法略去对收敛条件的判定,可以直接进行网格无关性的评价,具有较好的普适性。此处采用 Celik 方法对 SR97 泵喷模型在 $J=0.6$ 和 $J=1.0$ 处的水动力数据进行网格无关性计算和分析。水动力结果和相关网格无关性分析结果分别见表 3-5、表 3-6,其中表 3-5 只给出了进行分析的工况的水动力数据。

表 3-5　不同网格密度下定常水动力

网格	工况	K_{Td}	K_{Tr}	$10 K_{Qr}$	K_{Ts}	$10 \left| K_{Qs} \right|$
网格-C	$J = 0.6$	0.015816	0.569915	0.960806	−0.052176	0.903540
	$J = 1.0$	−0.097261	0.460914	0.824191	−0.057647	0.998490
网格-M	$J = 0.6$	0.017313	0.567900	0.956412	−0.051866	0.900252
	$J = 1.0$	−0.095198	0.459926	0.820197	−0.057344	0.996501

续表

网格	工况	K_{Td}	K_{Tr}	$10K_{Qr}$	K_{Ts}	$10\left|K_{Qs}\right|$
网格-F	$J=0.6$	0.017354	0.566501	0.953404	−0.051631	0.897393
	$J=1.0$	−0.095048	0.459117	0.817883	−0.057141	0.994860

表 3-6　不同网格无关性分析结果

方法	参数	$J=0.6$			$J=1.0$		
		K_{Td}	K_{Tr}	K_{Ts}	K_{Td}	K_{Tr}	K_{Ts}
Celik	p_k	13.292494	1.350920	1.043034	9.717568	0.736507	1.474424
	ϕ_{ext}^{21}	0.017355	0.563324	−0.050910	−0.095036	0.455438	−0.056726
	e_{a}^{21}	0.002382	0.002469	0.004544	0.001574	0.001763	0.003554
	e_{ext}^{21}	0.000068	0.005641	0.014166	0.000123	0.008078	0.007321
	$\text{GCI}_{\text{fine}}^{21}$	0.000085	0.007011	0.017460	0.000154	0.010016	0.009085

方法	参数	$J=0.6$			$J=1.0$		
		$10K_{Qr}$	$10\left|K_{Qs}\right|$	—	$10K_{Qr}$	$10\left|K_{Qs}\right|$	—
Celik	p_k	1.403696	0.516438	—	2.021287	0.712780	—
	ϕ_{ext}^{21}	0.946877	0.878281	—	0.814695	0.987128	—
	e_{a}^{21}	0.003155	0.003187	—	0.002829	0.001650	—
	e_{ext}^{21}	0.006893	0.021760	—	0.003913	0.007833	—
	$\text{GCI}_{\text{fine}}^{21}$	0.008558	0.026621	—	0.004872	0.009715	—

表 3-6 中，Celik 方法下转子推力的不确定度在高进速系数时较大，而另外两种方法在不同的水动力系数之间的差异较小。此外，Celik 方法对于定子推力这种很小的数值，给出了很大的不确定度，与计算值处于一个量级。网格在细密网格程度时，计算结果是可靠的，进一步需要考虑流场湍流建模方法的影响。不同于水动力，流场更易受到网格和湍流模拟的影响。只考虑网格尺寸影响时，网格尺寸对流场的影响在 RANS 下讨论，然后在细密网格上考察不同湍流模拟方法对水动力和流场的影响，并结合实验 PIV 进行对比。

图 3-11 为 $J=1.0$ 时基于网格-F 不同湍流模型及 DDES 下基于网格-VF 的水动力系数对比，数据取第 7 和第 8 两个周期的时均值。可见，理论上湍流解析能力更好的模型不一定能获得更接近实验的结果。首先转子、定子和导管三者流场的差异增大了同一湍流模型给出均较好预测的难度，加密网格也不一定能取得改善。其次，

实验和数值计算存在不可消除的差异，如湍流黏性比的影响、来流条件偏差、推进器安装方式、流场压力积分、CFD 模型误差等。考虑到上述因素，数值计算的结果是具有较高可信度的，数值结果太接近实验值，反而是误差带来的巧合。

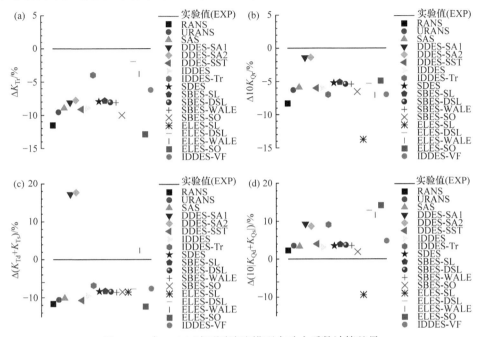

图 3-11 在 J=1.0 时不同湍流模型水动力系数计算差异

(a) 转子推力系数；(b) 转子力矩系数；(c) 定子和导管的推力系数；(d) 定子和导管的力矩系数
URANS 为瞬态 RANS，SA1 和 SA2 表示 DDES 中 RANS 区域 S-A 湍流生成项形式，SST 表示 RANS 区域为
SST k-ω 模型，其余混合 RANS/LES 的 RANS 区域均为 SST k-ω 模型，Tr 表示考虑转捩，SL、DSL、WALE
和 SO 表示四种亚格子模型，VF 表示网格密度为网格-VF

　　DDES-SA1 和 DDES-SA2 的水动力系数误差相对较大，且在预测导管和定子的推力时呈现近 20%的误差。SAS 的结果和 DDES-SST、IDDES、SDES、SBES 等误差水平相近，但当 SBES 采用 SO 亚格子模型时，除导管和定子的推力计算误差与其余模型的接近外，水动力系数误差更大。IDDES-Tr 虽然在推力的误差更小，但在力矩的误差更大。ELES 由于边界层区域是直接采用亚格子模型计算的，和 SBES 的有很大不同。不同亚格子模型结果差异很大，其中 SL 亚格子模型结果最差，SO 亚格子模型给出的转子推力系数误差扩大，其余 2 个亚格子模型水动力系数的计算值均接近。综上，除 DDES 的 RANS 模型为 SA1 和 SA2 及 ELES 外，混合 RANS/LES 的计算结果都较为接近。然后以 IDDES 为准，基于网格-F 对比时间步大小的影响，结果见图 3-12。时间步减小，不同时间步下结果更接近，说明时间步对水动力系数预测结果影响很小，特别是时间步以 1/2 减小，计算量成倍增加，而精度并无显著提升。

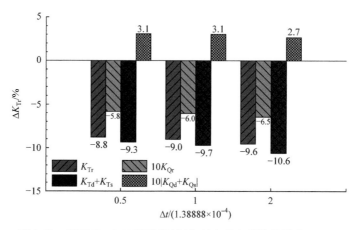

图 3-12　基于 IDDES 时不同时间步对水动力系数的影响(J=1.0)

3.3　湍流模型对泵喷推进器流场计算的影响

3.3.1　网格影响

　　首先考虑网格密度的影响，如图 3-13 所示，不同网格密度下的流场，包括 RANS 和 IDDES 结果，其中速度采用转子叶片最大运动速度 $\pi n D_{\mathrm{r}}$ 进行量纲为一转化(后面除特殊说明，量纲均为一)。可见 RANS 下网格密度达到一定的水平后，流场差异不再显著。同样网格密度，IDDES 比 RANS 捕获更多细节，进一步加密网格，流场的特征区域更加细致。

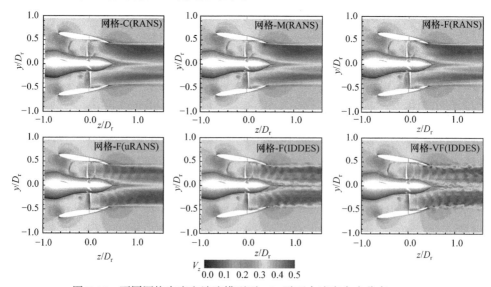

图 3-13　不同网格密度和湍流模型下 yOz 平面内速度大小分布(J=1.0)

3.3.2　湍流建模影响

图 3-14 和 3-15 分别给出了 $J=0.5$ 和 $J=0.8$ 流场轴向速度分布和同相位实验 PIV 的对比。对比 $J=0.5$ 和 $J=0.8$ 工况，主要差异在两个方面：一是轮毂尾迹区的速度，实验测试结果是轮毂尾迹随着进速系数的增加，尾迹的速度恢复加快，径向范围也变小；二是泵喷尾迹高速区和 PIV 的差异，高进速系数时，转子叶片周期旋转产生的高速尾迹在推进器尾流场内是可见的。在不同混合 RANS/LES 中，SDES 和 SBES 对转子轮毂尾迹的捕捉存在显著不合理性，即轮毂尾迹内存在显著的速度低至 0 的低速区，且延伸至下游 $1.0D_r\sim1.5D_r$，和 PIV 结果存在很大差异。IDDES 也存在类似的低速区，不过区域小很多($1.0D_r$ 以内)。

ELES 和 PIV 结果在轮毂低速区的速度大小很接近，但亚格子模型为 DSL 和 WALE 时，轮毂尾迹的径向尺寸和 PIV 差异显著，即轮毂尾迹径向范围缩小显著快于 PIV 结果，而亚格子模型为 SO 时吻合得更好。对于尾迹中的高速区，在推进器下游 $1.0D_r$ 以内，除 ELES-SO 外，其余湍流模型给出的结果和 PIV 更为接近；在下游 $1.0D_r\sim1.5D_r$，除 ELES-SO 的尾迹速度较 PIV 低外，其余湍流模型都预测较高，在 $J=0.8$ 时，此情况更明显。考虑以上两区域差异，IDDES 和 ELES-SO 优于其他方法，但 ELES-SO 的水动力和实验值相差较大。

图 3-16 为两个进速系数下 IDDES 和 ELES-SO 所获得的时均尾流场(也即环向的角度平均)，时均速度的分布进一步说明了上述分析结果。IDDES 结果虽然显示轮毂后方有较大的低速区，但是对于轮毂尾迹的宽度及其轴向变化趋势和尾流场高速区，在两个进速系数下与实验值的吻合度都优于 ELES-SO 方法。

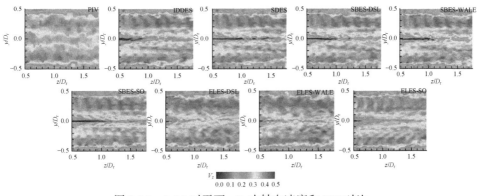

图 3-14　$J=0.5$ 时平面 yOz 内轴向速度和 PIV 对比

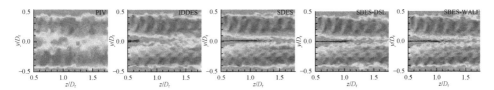

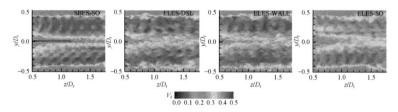

图 3-15 J=0.8 时平面 yOz 内轴向速度和 PIV 对比

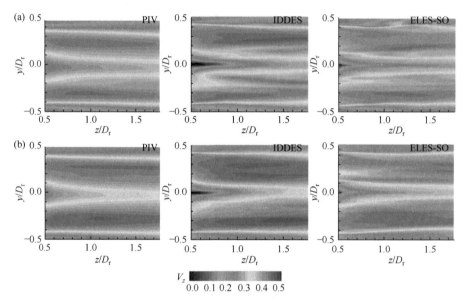

图 3-16 平面 yOz 内时均轴向速度 V_z 和 PIV 对比

(a) J=0.5;(b) J=0.8

图 3-17 和图 3-18 分别为平面 yOz 内 z =1.0D_r 处瞬态和时均轴向速度与实验值的比较。可见,不同进速系数下,各个湍流模拟方法均能给出接近的速度分布,尾迹的径向大小和实验给出的范围是吻合的,特别是时均速度的分布。与前述速度分布云图一样,在轮毂后方的尾迹区,SDES 和 SBES 给出的轴向速度接近 0,甚至小于 0,而 IDDES、SBES-SO 和 ELES-SO 和 PIV 更接近。

基于网格-VF 和 IDDES 考虑时间步对推力和力矩脉动的影响,如图 3-19 所示,其中脉动量指计算瞬态值和时均值的差值。Δt 表示转子旋转 1°对应的时间,为基础时间步。转速为 20 r/s 时, Δt =1.38888×10^{-4} s。不同时间步下,除导管推力的脉动有明显差异,以及定子的推力和力矩的脉动相位一定程度上受时间步影响,总体上推力和力矩的脉动范围受时间步的影响较小。不考虑初始相位问题和尽量减少不必要的计算,初步确定后续瞬态计算时间步为 Δt 。

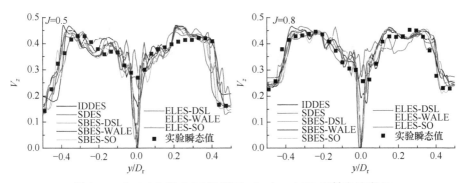

图 3-17　在 $J=0.5$ 和 $J=0.8$ 时平面 yOz 内 $z=1.0D_r$ 处轴向速度 V_z

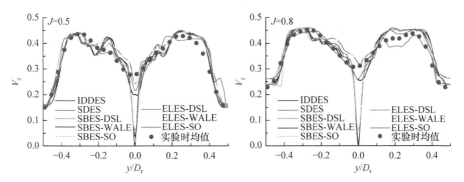

图 3-18　在 $J=0.5$ 和 $J=0.8$ 时平面 yOz 内 $z=1.0D_r$ 处时均轴向速度 V_z

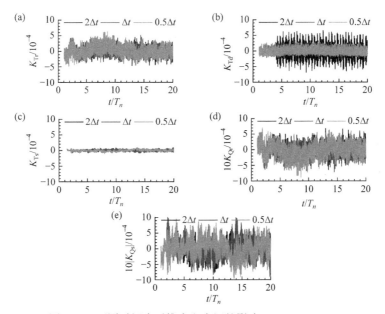

图 3-19　不同时间步对推力和力矩的影响($J=1.0$，IDDES)

(a) K_{Tr}；(b) K_{Td}；(c) K_{Ts}；(d) $10K_{Qr}$；(e) $10|K_{Qs}|$

第4章 泵喷推进器流场特性

4.1 泵喷推进器水动力性能

4.1.1 敞水性能

泵喷推进器的敞水性能曲线如图 4-1 所示。转子是泵喷推进器推力主要来源，定子的阻力受工况影响很小，而导管因转子和来流的影响，不同进速系数下水动力差异显著，远大于转子推力的变化。在 J=0.2～1.2，导管推力系数的改变量为 0.34，远大于转子的 0.23，而定子的仅为 0.01。在 J=0.7 附近，导管推力变为阻力，达到导管推力为零的临界位置后，导管阻力随着进速系数增大迅速上升。在 J=0.6 附近，力矩平衡性最好，高进速系数下力矩平衡性很差，在 J=1.2，定子力矩已超转子力矩近 60%。高进速系数下转子需克服导管和定子的阻力大，在 J=1.2，转子推力的近 50%用于平衡定子和导管的阻力。

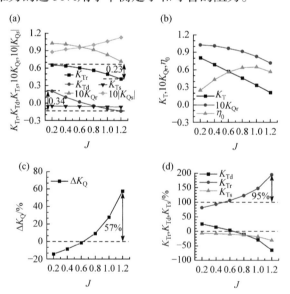

图 4-1 泵喷推进器敞水性能曲线

(a) 各部件力和力矩；(b) 总推力和效率；(c) 力矩平衡性；(d) 推力占比

4.1.2 泵喷推进器推力脉动

转子推力系数的时均值 $\overline{K_{\text{Tr}}}$ 和脉动 K'_{Tr} 分别定义为

$$\begin{cases} \overline{K_{\mathrm{Tr}}} = \dfrac{1}{N}\displaystyle\sum_{i=1}^{N} K_{\mathrm{Tr}} \\ K'_{\mathrm{Tr}} = K_{\mathrm{Tr}} - \overline{K_{\mathrm{Tr}}} \end{cases} \tag{4-1}$$

式中，N 为统计的总时间步；i 表示统计内某个时间步。与此类似，单转子叶片的推力系数和脉动分别为 K_{Tb} 和 K'_{Tb}，定子的推力系数脉动为 K'_{Ts}，导管的推力系数脉动为 K'_{Tb}，转子的力矩系数脉动为 K'_{Qr}，定子的力矩系数脉动为 K'_{Qs}。采用类似均方根误差定义表示转子推力系数的脉动强度：

$$\sigma_{\mathrm{Kr}} = \sqrt{\dfrac{1}{N}\sum_{i=1}^{N}\left(K'_{\mathrm{Tr}}\right)^2} \tag{4-2}$$

则单转子叶片推力系数的脉动强度记为 σ_{Kb}，定子和导管推力系数的脉动强度分别记为 σ_{Kd} 和 σ_{Ks}，转子和定子的力矩系数脉动强度分别为 σ_{Qr} 和 σ_{Qs}。此外，后文所讨论的推力和力矩的脉动均为量纲为一系数水平。

图 4-2 为不同进速系数下转子的推力脉动。在 J=0.2 转子的推力脉动范围显著大于其他工况，且 J=0.2 时的推力脉动范围是 J=0.4 的近 4 倍。随着进速系数增大，转子推力脉动范围先显著减小，然后逐渐增大。其中，推力脉动范围在 J=0.8 和 J=1.0 时较小，在 J=1.2 时和 J=0.4 时相当。

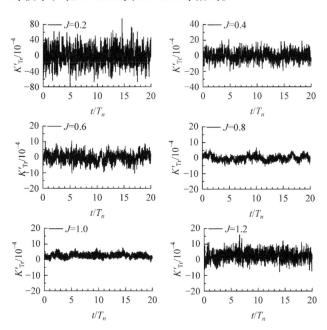

图 4-2　不同进速系数下转子的推力脉动

图 4-3 为不同进速系数下，所有单转子叶片的推力脉动。单转子叶片的推力脉动范围和转子的推力脉动范围随进速系数变化规律一致，不过前者在 $J=0.6$ 时先到极小值。低进速系数下，虽然单转子叶片的推力脉动范围小，但叶片之间的推力脉动差异很大，在不同相位差下，转子推力脉动降低不显著；高进速系数下，各单叶片的推力脉动范围基本一致，主要差异为相位。因此，转子的推力脉动显著降低。

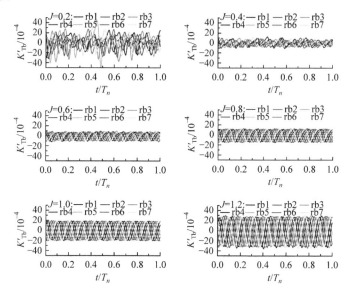

图 4-3　不同进速系数下所有单转子叶片的推力脉动

rb 表示单转子叶片，后同

　　不同进速系数下定子和导管的推力脉动分别见图 4-4 和图 4-5。可以看出，定子的推力脉动随进速系数增大而持续降低，但幅度相对较小。在 $J=0.2$ 时，定子的推力脉动显著小于转子和导管的推力脉动。导管推力脉动变化规律和转子推力脉动变化规律一致。从性能和推力脉动角度，定子推力及其脉动是次要的，而导管和转子相互作用强，不同进速系数下性能变化大，推力脉动强度也大，不可忽视。图 4-6 为不同进速系数下单转子叶片、转子、定子和导管的推力脉动强度。单转子叶片的推力脉动强度先减小后增大，$J=0.4$ 时脉动强度最小。因固定转速，定子尾迹强度随进速系数增大逐渐增大，$J=0.2$ 时的单转子叶片推力脉动说明转子来流的均匀性受到了破坏，考虑到此时远场来流速度很小，而转子抽吸作用基本不变，说明导管进口内侧可能发生了流动分离，进而增大了单转子叶片和转子的推力脉动。随着进速系数增大，不同单转子叶片的推力脉动曲线的相似度增大，这与转子来流中不同定子叶片尾迹的相似度增大有关，因为流体通过定子的流速增大，定子尾迹增强，所以更加稳定，同时缩短了到达转子的演化时间。但在高进速系数下，转子的推力脉动再次增大，有待进一步考察推进器的流场。

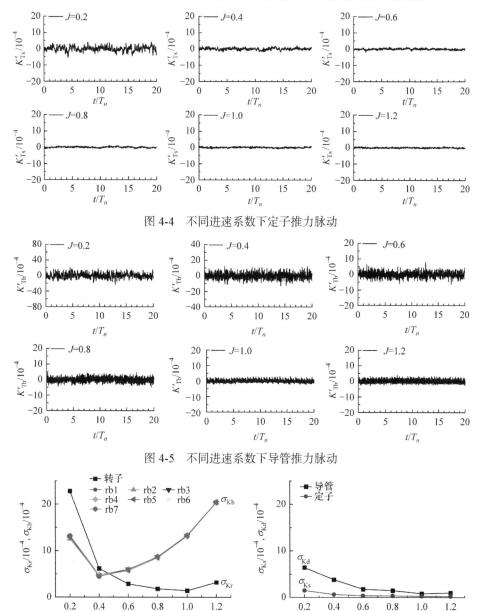

图 4-4　不同进速系数下定子推力脉动

图 4-5　不同进速系数下导管推力脉动

图 4-6　不同进速系数下推力脉动强度

相较而言，导管和定子的推力脉动强度随着进速系数增大而逐渐降低，不过定子的推力脉动强度在整个进速系数范围内都很小，导管在 0.6<J<1.0 时的推力

脉动强度较低，但和转子的相当。单从推力脉动强度看，转子和导管的推力脉动是设计和优化时的重点。

定义和转子转速相关的特征频率，包括转子轴频 f_A、转子叶频 f_r 和定子叶频 f_s：$f_A = 1/T_n$，$T_n = 1/n$，$f_r = Z_r f_A$，$f_s = Z_s f_A$，其中 T_n、Z_r 和 Z_s 定义见第 2 章。单转子叶片(rb1，见图 4-1)和转子的推力脉动频域曲线分别见图 4-7 和图 4-8。频域在特征频率处有显著离散峰，其余宽频部分的幅值极低($0.5×10^{-4}$ 以内，见放大图，仅 $J=0.2$ 时在 $1.0×10^{-4}$ 附近)。受定子尾迹影响，单转子叶片的主要离散峰在定子叶频及其谐频处，主导脉动的频率为 f_s，而在 $2f_s$ 和 $3f_s$ 的离散峰幅值明显降低，并且这种现象在高进速系数下更显著。在 f_s 处幅值随着进速系数增大先增加后降低，仅在 $J=0.2$ 时，出现了和 f_s 处幅值接近的 $2f_s$ 分量。

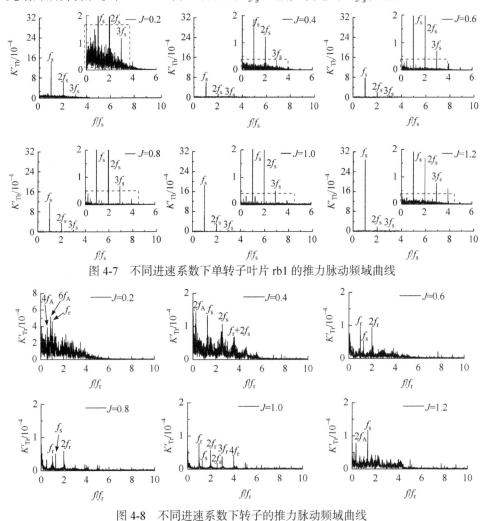

图 4-7　不同进速系数下单转子叶片 rb1 的推力脉动频域曲线

图 4-8　不同进速系数下转子的推力脉动频域曲线

转子的推力脉动频域曲线在不同进速系数下差异很大。在 J=0.2，幅值较大的离散峰主要在 $5f_r$ 内的转子轴频和叶频处，其中 $4f_A$、$6f_A$ 和 f_r 处幅值最大，同时，此频段内的宽频较强。在 J=0.4，定子叶频及其谐频处的离散峰显著，主要在 f_s 和 $2f_s$ 处。随着进速系数增大，转子叶频开始主导频域曲线，到 J=1.2 时，定子叶频又开始主导频域曲线。在 J=0.6，J=0.8 和 J=1.0 时，叶片在 f_r 和 $2f_r$ 的离散峰显著，同时 f_s 处离散峰也明显；在 J=1.2 时，显著的离散峰则位于 f_s 和 $2f_A$；此外，频域的宽带分量随进速系数增大先增大后减小。结合前述单转子叶片的推力脉动变化，虽然单转子叶片更大的推力脉动未在整个转子上体现，进而影响轴承振动，但这并未降低对叶片的强度和疲劳要求。

由前述脉动曲线，时域内定子的推力脉动相对于转子可以忽略，但导管的推力脉动显著，其频域曲线见图 4-9。频域特征峰的幅值与转子具有同等水平，宽带分量的变化趋势也和转子一致，即随着进速系数增大，宽带分量幅值减小，在 J=1.0 达到最小值，然后又有一定的回升。对于特征峰，随着进速系数增大，分布的频带变宽，并向高频移动。在 J=0.2 时，特征峰主要在 $2f_r$ 以内，且 f_r 以内的特征峰幅值显著高于其他频段，主要体现在 f_A 及其谐频和 f_r 处。对于其他进速系数，特征峰主要分布在 $3f_r$ 以内。导管推力脉动频域曲线的特征峰分布规律与转子相同，这和转子与导管之间的剧烈干扰密切相关，不仅是间隙区域，也包括转子尾流和导管之间强烈的相互作用。

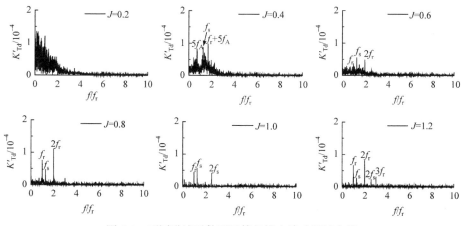

图 4-9 不同进速系数下导管的推力脉动频域曲线

4.2 泵喷流场涡系

4.2.1 流场涡系结构

泵喷的涡系比常规螺旋桨和导管螺旋桨复杂，如图 4-10 所示。根据涡系的存在位置以及相互干扰情况，分为两个子涡系(Ω 判据[140-143])：一是以间隙泄涡起始及其下游涡系为主的涡系Ⅰ，在间隙区及其下游和尾流场的混合区；二是以定子、转子和轮毂尾迹内涡为主的涡系Ⅱ，在叶片随边和轮毂的尾迹内，两子涡系的演化差异较大。

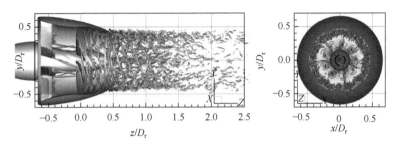

图 4-10　在 J=1.0，泵喷推进器流场涡系
蓝色为涡系Ⅰ，绿色为涡系Ⅱ
可扫描章前二维码，查看彩图

图 4-11 为两子涡系结构。涡系Ⅰ主要有间隙泄涡及其诱导涡、导管随边脱落的导管随边涡。间隙泄涡在转子下游受到导管收缩和转子出流的共同作用，短波不稳定性不断发展，导管随边涡在脱落起始就和间隙泄涡发生干扰，尾流场内间隙泄涡不断破坏，碎裂为大量二次涡，最终耗散。根据 Felli 的实验和对尾流区的判定[144]，可以根据叶梢涡的形态将泵喷尾涡结构划分为三部分：叶梢涡结构较为稳定不变的"稳定区"，叶梢涡结构开始抖动并伴有大量二次涡结构的"过渡区"，以及叶梢涡结构开始变得非常不稳定并溃灭成片状、条状和更小结构涡的"非稳定区"，也称为破碎区。

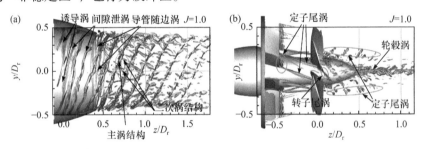

图 4-11　泵喷推进器流场主要涡结构
(a) 涡系Ⅰ；(b) 涡系Ⅱ

涡系Ⅱ主要有定子随边、转子随边和轮毂尾迹内的定子尾涡、转子尾涡和轮毂涡。定子尾涡主要是内半径大速度梯度形成的高强度涡，在向下游运动过程中被转子叶片切断和转子叶根的随边涡系干涉后持续到下游尾流场，与前述定子尾迹的速度分布一样，尾流场内定子尾迹涡系清晰。转子叶根随边涡进一步径向收

缩和轮毂涡干扰，与轮毂涡汇合后在尾流场内破碎演化。

图 4-12 给出了对应各种主涡区域的涡量云图，以分析各种涡的形成和运动机理，其中 V_c 为转子叶梢速度 $\pi n D_r$ 和来流速度 V_0 的合速度。图 4-12(a) 为定子随边涡区域 x 方向的涡量 ω_x 云图。在定子尾流区径向 span=0.3～0.9 展向处，这些涡呈相反的旋转方向交替向下游转子处流动。图 4-12(b) 为定子叶根处三个剖面的合成涡量 ω_c 云图。三个截面 S_1、S_2 和 S_3 分别位于 $z/D_r=-0.36$、-0.24 和 -0.12 处，定子叶根涡位于 0.1～0.25 展面处。

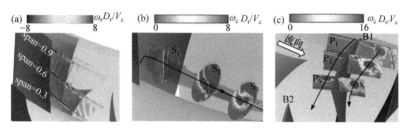

图 4-12　泵喷局部区域涡量
(a) 定子随边；(b) 定子叶根；(c) 转子叶梢

图 4-12(c) 为转子叶梢处的涡量云图，叶片旋转方向为从下到上。可以看到，在 B1 叶片处，叶片两侧巨大的压差导致叶面处部分流体越过间隙，与上游流体相遇，在 P1 靠近叶背的位置开始生成叶梢涡。随着叶片的旋转，该涡做反方向的运动，一直发展到 P3 处，并进一步向 B2 叶面处运动。不难推断，B1 下游处的涡是由上一级叶片梢涡发展而成。这些涡呈螺旋状向下游运动。此外，这些涡均呈逆时针方向运动，即根据右手定则朝图中下方。这是因为梢涡是由下游高速流体逆流而上并与上游流体相遇，压迫上游流体卷曲形成。

以上分析表明定子内半径的叶根涡是泵喷复杂涡结构中的第二显著涡结构。推测该涡可能是流体经过定子前方导流帽区和定子锥形桨毂时，并不完全沿着定子毂处流动，造成紧邻轮毂位置的压力较大，才又卷起的叶根涡。另外，也可能是定子出流角过大导致。因此，下面将对比定子没有出流角时的涡结构。图 4-13 给出了定子攻角为 0° 时的直定子叶片结构和原定子叶片外形，直定子叶片每个径向截面都是等厚度、等弦长的无攻角对称翼型。图 4-14 为根据叶元体理论预先估计的两种定子叶片下转子在 $0.35D_r$ 处截面的攻角。相比原泵喷的转子叶片，直定子叶片泵喷(记为直定子泵喷)的转子叶片攻角在不同半径处均减小，最大降幅为 6°。

图 4-15 为直定子泵喷在 $J=0.8$ 时不同 Q[145] 值下的涡结构，其中 V_z 为 z 方向速度。当 $Q=5\times10^4\ s^{-2}$ 时，泵喷尾流场内涡系仅有叶梢涡，并在下游一定距离处才出现大量二次涡结构。当 $Q=1\times10^4\ s^{-2}$ 时，转子随边涡可见，但两种 Q 值下均未出现定子叶根涡，由此验证了该涡的形成与定子出流角较大有关。

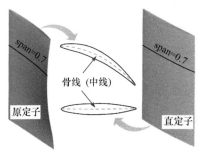

图 4-13　不同定子叶片翼型

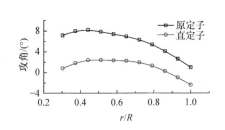

图 4-14　不同定子泵喷的转子攻角

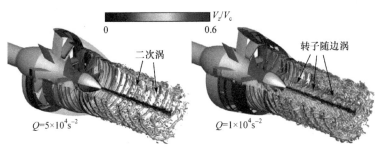

图 4-15　直定子泵喷不同 Q 值下的涡结构

　　图 4-16 为直定子泵喷不同轴向处(间隔 0.06m)的涡量云图。在 z_2 处仍存在定子随边涡，但涡强太小在图 4-16 无法完整显示，在 z_4 处仅有转子随边涡和叶梢涡。发展到 z_6 处，转子随边涡因能量耗散，强度大幅降低。在 z_8 处，耗散作用更强。相比原模型，叶梢涡在 z_6 和 z_8 处更加稳定，仅转子随边涡与其相连。图 4-17 为原泵喷和直定子泵喷的流场。相比原泵喷的速度云图，因转子攻角减小，转子的加速能力明显变弱。例如，原泵喷尾流场的速度最高达到 $0.6V_c$，但直定子泵喷最高仅为 $0.4V_c$。尾流场的速度分布也有明显差别，直定子泵喷尾迹在下游存在径向扩展。从压力云图中可以看出，两者在梢部及下游有连续的低压涡核。相比原泵喷，直定子泵喷的叶梢低压核心排列较规整，说明叶梢涡受到的扰动减弱。

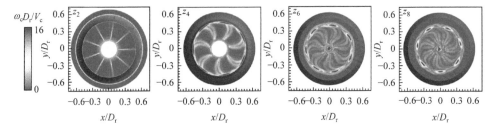

图 4-16　直定子泵喷不同轴向处涡量云图

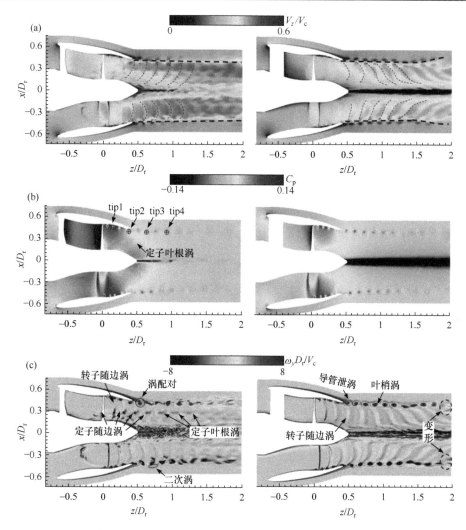

图 4-17　两种泵喷的流场(左为原泵喷，右为直定子泵喷)

(a) 速度云图；(b) 压力云图；(c) 涡量云图

图 4-17(c)中比较了 y 方向的涡量云图，原泵喷的定子尾迹(包括随边涡和叶根涡)向下游传递，强度在 $z=1.5D_r$ 附近明显减弱。转子随边涡紧邻叶梢涡，在随着叶梢涡向下游发展的过程中与发展到高半径的定子随边涡相遇并融合在一起。直定子泵喷的尾流场只有转子随边涡与叶梢涡联结，未有任何定子尾迹。相比原泵喷，直定子泵喷的转子梢涡更稳定，$z=1.8D_r\sim2D_r$ 出现梢涡的变形，是网格尺寸出现突变导致。另外，从三种变量的云图均可以看到直定子泵喷尾流场的轮毂区低速流动一直延伸到下游远处，这是因为原泵喷的涡丰富，毂部碎小涡较多，相互耗散了大部分能量，而直定子泵喷的涡较单一，一直向下游传递能量，造成

尾部低压且流向速度较低。

4.2.2　涡系结构演化

图 4-18 为不同进速系数下的泵喷流场内涡系。涡系 I 中，J=0.2 时的间隙泄涡出导管前就发生大扭曲以致断裂，受导管随边涡干扰后，泄涡主涡结构很快被破坏，出现大量二次涡结构，不同于高进速系数，这些二次涡在尾流场内的耗散很慢，耗散距离取决于泄涡的强度。J=0.2 时导管随边涡显著弱于高进速系数下，但间隙泄涡在出导管前就发生大扭曲和断裂，来流不均匀性增强导致泄涡生成时不稳定性显著，更重要的是低进速系数下泄涡强度更大，泄涡间的互感效应更显著，这和文献[144]的结论一致，互感效应也是在短波不稳定基础上加速泄涡结构变形和破坏的另一个重要因素。

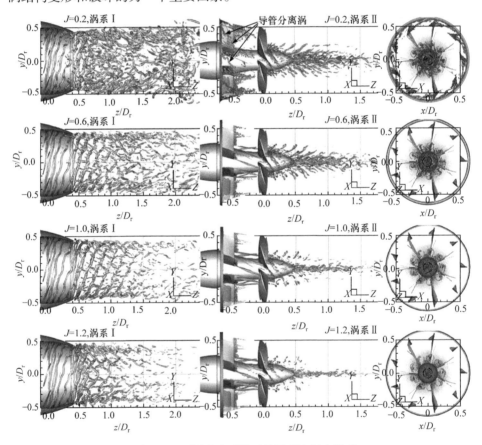

图 4-18　不同进速系数下的泵喷流场内涡系

在 J=0.6～1.2，间隙泄涡的短波不稳定性积累和互感效应并未导致其出导管前发生大扭曲和断裂，泄涡结构的破坏发生在泄涡和导管随边涡的干扰后，同时二次涡的出现、不断生成和发展，再逐步破坏主涡结构，使泄涡全部破碎为二次涡，最终耗散在泵喷尾流内。尾流场的高速流，增大了耗散过程的速度和强度。导管随边涡随着导管出口速度增大而增强，在 $J=1.2$ 时，间隙泄涡的变弱和导管随边涡的变强，导致泄涡在尾流场内的主涡结构持续时间变短，彻底破碎为二次涡结构过程被加速。

子涡系Ⅱ中，流道内主要是定子和转子的随边涡。转子负载越大，其尾涡越强，而定子尾涡取决于定子绕流速度，速度越大，涡越强。在低进速系数时，定子尾涡很弱，在较大的判据下，几乎没有定子尾涡到下游转子，但是在转子后方的涡系内有显著的以定子叶数为环向分布特征的二次涡结构，其演化距离和强度远远大于高进速系数时定子尾涡形成的二次涡分布；在高进速系数时，定子尾涡显著增强，但是其在转子下游的演化距离明显减小，可见定子尾涡在被转子叶片切割后再和转子尾涡的干涉影响了二者的强度分配和空间分布特征。轮毂涡和上游径向收缩的转子叶根尾涡快速融合，在尾迹内出现明显分支和波动，逐渐分裂为二次涡。在 $J=0.2$ 时，导管前缘内侧流动分离，生成较强分离涡，在内流道外半径的演化距离大于定子尾涡，也影响了间隙泄涡的短波不稳定性。

图 4-19 为不同进速系数下的间隙泄涡和导管随边涡的干涉、定子尾涡和转

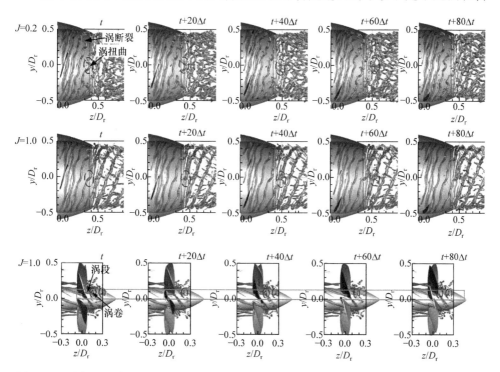

图 4-19　不同进速系数下的间隙泄涡和导管随边涡干涉、定子尾涡与转子叶片及其随边尾涡干涉

子叶片及其随边尾涡的干涉。短波不稳定性导致涡扭曲甚至涡断裂后，泄涡和导管随边涡的干涉导致主涡演化为二次涡的速度加快，导管随边涡是影响二次涡大量出现的要因。定子尾涡在被转子叶片切割为涡段后受到转子叶根尾涡的诱导而扭曲，涡段进一步变短。

图 4-20 为不同进速系数下涡系 I 和涡系 II 的相均结构。J=0.2，更强的不稳定性导致泄涡在出导管前的断裂位置不固定，不同于中高进速系数下泄涡出导管前的空间位置，以及中高进速系数下导管随边涡更强，其生成和间隙泄涡泄出导管时间具有更大的关联性。

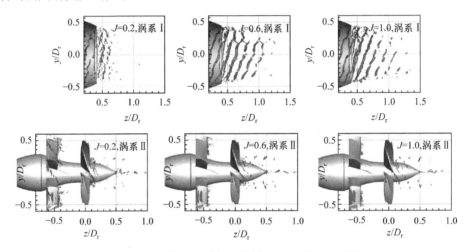

图 4-20　不同进速系数下涡系的相均结构(5 个周期)

综上，泵喷流场内主要存在两类涡-涡干扰系统：涡系 I 以间隙泄涡伴随着短波不稳定性的螺旋丝态开始，短波不稳定性不断发展到间隙泄涡出现大扭曲变形，在导管随边涡干扰下破碎出现二次涡，二次涡进一步导致主涡破碎，最终使初始的涡结构全部演化为二次涡，进而耗散在尾流场核心区和自由流间的混合区为主要演化过程；涡系 II 以定子尾涡向下游演化，被转子叶片切割并和转子随边尾涡干涉而破碎成二次涡，并伴随转子叶根涡在轮毂下游的收缩及其和轮毂涡的融合，在泵喷尾流场内进一步破碎耗散为主要演化过程。

4.2.3　转子-定子干扰流场

为进一步了解转子和定子的流场干扰，在图 4-21 给出的监测点位置对流场内部的时变信息进行记录，其中轴向点共 5 个(a1～a5)，径向点共 13 个(r1～r13)，限于图片尺寸，仅标出其中 5 个点，其中 r7 和 a3 是同一点，且位于转子上游不远处。图 4-21(b)中标记了环向的 10 个位置，其中红色点位于 $z=0$ 的间隙中部。在转子背后的白色点为径向点，为便于观察，仅标出了 r7 及其沿环向阵列复制的 9 个点。其他各点也均沿环向阵列复制。根据图中标号将红色点命名为 ct1~ct10。白色点依据径向位置和环向位置命名，如位于 4 号位置的 r7 命名为 c4r7，其他点以此类推。

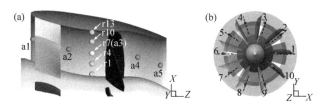

图 4-21　泵喷推进器流场内的监测点
(a) 径向和轴向监测点；(b) 间隙环向监测点
可扫描章前二维码，查看彩图

　　图 4-22 为 span=0.5 时不同轴向位置的速度时频分布。相较于 a1 和 a2，a3~ a5 的波动幅度明显大得多，且有明显的 7 个波峰。从 a1 和 a2 放大图中可以看到，a1 距离转子最远，脉动和波峰数量非常小。a2 位于定子后方依然具有 7 个波峰，说明转子周期性的旋转是造成流场扰动的关键因素，但远离转子区域受扰动较小，且速度变化不如附近区域监测点更具有规律性和周期性，说明该处也受定子尾迹和其他因素影响。图 4-22(b) 只展示了 a3~a5 频域内的速度脉动幅度，可以发现各监测点受转子旋转影响，速度变化的频率均与 f_r 有关。监测点 a3 位于上游，紧邻转子，定子尾涡较弱，因此仅含 f_r 的频率成分；下游点 a4 和 a5 受泵喷尾迹强涡影响，速度变化频率更快，因此其他谐频分量增加。

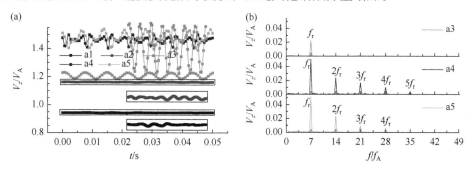

图 4-22　不同轴向位置的速度时频分布
(a) 时域；(b) 频域

　　图 4-23 为 5 个径向点对应各环向位置的速度时频云图。左列为最后一个转子旋转周期内速度随时间变化结果，右列为对应的频域结果。可以看到，所有测点的速度都呈周期性波动，但周期数各有所不同。每个径向点的云图中，大部分环向位置周期数为 7，少部分环向位置周期数较大，且瞬时速度相对较小，存在不规律脉动，整体瞬时速度随半径的增大而增大。对于 r1，其环向位置速度都为

7 个周期，故频域中只有 f_r 的信息($7f_A$)。

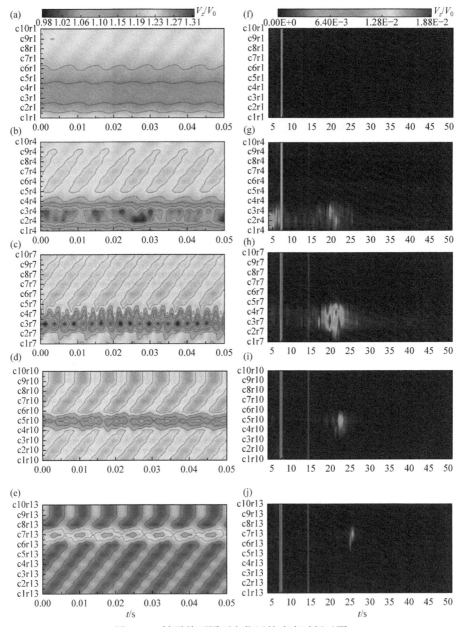

图 4-23　转子前不同环向位置的速度时频云图
(a)~(e) 时域结果；(f)~(j) 频域结果

对于 r4，在 c2~c4，速度变化不再规律，对应该处位置的频谱信息复杂。在 span=0.5，即 r7 时，环向 c2~c4 的速度周期数约为 21，在频域中表现为 $3f_r$，且附近频率存在较高幅度。随着半径的增大，这种非常规的脉动对应的环向位置增加，其脉动幅度逐步变小。综合比较，受定子尾迹影响，环向监测点与定子相对位置不一，造成不同的脉动规律，定子尾迹在不同半径处偏转位置不同，表现为环向不同的脉动特性。但总体来看，脉动受转子影响较大，主频为 f_r，较高半径处存在 $2f_r$ 的谐频，且随半径增大，主频幅度增大。

图 4-24 为 r1～r13 在 10 个环向位置处，对应主频 f_r 的脉动幅度和相位角。正如前文所说，半径增大，整体脉动增大，但同一半径处，脉动幅度随环向位置变化的规律不统一。从图 4-24(b) 可以看出，各环向位置的速度相位角大不相同，点 c1 处相位角最小。大部分环向位置，半径越大，相位越滞后。

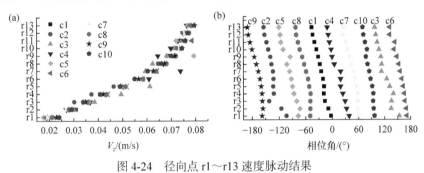

图 4-24　径向点 r1～r13 速度脉动结果
(a) 幅度；(b) 相位角

图 4-25 为转子间隙处不同环向监测点的压力分布，其中压力用叶梢速度进行量纲为一转化。在时域上，每个点的压力曲线变化规律完全一致，但各条曲线互相错开一定的距离。说明这些点的压力波动振幅相同，仅仅是相位不同。图 4-25(b) 中可以明显看到压力脉动峰值位于 f_r 及其谐频处，且在 f_r 达到最大值。

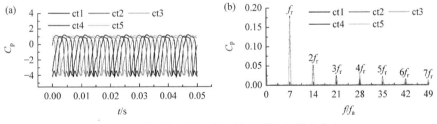

图 4-25　转子间隙处不同环向监测点的压力分布
(a) 时域；(b) 频域

4.3　泵喷流场模态分析

4.3.1　流场模态分析理论

流场模态分解主要有两大类，即数据驱动和算子驱动，前者基于流场输出数据进行处理分析，而后者基于线性化的 NS 方程进行计算。目前大多数方法基于数据驱动，包括本征正交分解(proper orthogonal decomposition，POD)法、谱本征正交分解(spectral POD，SPOD)法、动力学模态分解(dynamic mode decomposition，DMD)法，以及由这些方法衍生出的其他方法。POD 法由 Lumley 提出[146,147]，用于流场模态分析，主要原理是寻求一组正交的本征函数来表达高阶、时域内平均化的非线性流场。后来在其基础上发展了 SPOD 法，与 POD 法相比，SPOD 法可以在时域和频域内同时分解，得到不同频率下各阶模态的变量。DMD 法由 Schmid 提出[148]，其本质是将系统线性近似，得到表征流场的具有单一频率和增长率的低阶模态，因此与结构力学类似，可反应动力学特征。总体来看，SPOD 法和 DMD 法都具备将流场在空间和频域分解的功能。Towne 等[149]指出了两种方法的内在联系，SPOD 法相当于是 DMD 法对非线性系统的最优近似结果，因为 SPOD 法保持了 POD 中法的能量最优性。

1. 动力学模态分解理论

DMD 法是一种数据降维方法，可用来重构和预测数据，基本思想就是针对非线性系统作无限的线性变换。在用于流场分析之前，需要对不同时间序列的非定常流场进行排序。定义流场变量为 u_i，下标表示不同时刻，空间点共有 M 个。根据流场序列号，首先定义两组流场数据 X 和 Y 分别为

$$\begin{cases} X = \left[u_1, u_2, \cdots, u_{N-1}\right] \\ Y = \left[u_2, u_3, \cdots, u_N\right] \end{cases} \tag{4-3}$$

且 X 和 $Y \in [M \times (N-1)]$。假设 u_{i+1} 可以通过 u_i 线性变换得到，那么 X 和 Y 有 $Y = AX$。DMD 的目的是求解矩阵 A，提出主要的特征值和特征模态，这也是其基本思想。根据线性动力学假设，矩阵 A 及其一系列后续变换过程的求解方法有两种，一种为引入友矩阵直接求解，另一种为利用奇异值分解求解相似矩阵得到低阶表达。两种方法都可以很好地完成流场分解和重构，但是后一种方法具有稳定性强，计算成本低等优点，应用更多。因此本书主要针对后一种方法展开介绍。

根据奇异值分解，可得到 $X = U \Sigma V^H$，其中 U、V 分别是左右矩阵，V^H 表示 V 的共轭矩阵。Σ 是对角矩阵，对角线元素包含 r 个奇异值，在分解时可取前面几个重要的值而截断剩余的，从而降低计算量和数值噪声。分解得到的矩阵满足 $I = UU^H = VV^H$，矩阵 I 为单位矩阵。矩阵 A 的相似矩阵可写为 $A = U\tilde{A}U^H$，而求解矩阵 A 的过程可看作是求最小二范数，即 $\min_A \| Y - AX \|_F^2$。进一步可写为 $\min_A \| Y - U\tilde{A}\sum V^H \|_F^2$。此时矩阵 A 就可以近似为

$$A \approx \tilde{A} = U^{\mathrm{H}} Y V \Sigma^{-1} \tag{4-4}$$

接下来求矩阵 $\tilde{A}$ 的特征值 μ_j 和特征向量 w_j，记第 j 个 DMD 模态为

$$\varphi_j = U w_j \tag{4-5}$$

值得注意的是，一些文献[150,151]认为上面公式只包含 X 的信息，没有用到 Y 的数据，因此公式改进为

$$\varphi_j = Y V \Sigma^{-1} w_j \tag{4-6}$$

考虑到传统算法的稳定性，本章仍采用式(4-5)为模态计算公式。对应的增长率 g_j 和圆频率 ω_j 定义为

$$\begin{cases} g_j = \mathrm{Re}\big(\ln(\mu_j)\big)/\Delta t \\ \omega_j = \mathrm{Im}\big(\ln(\mu_j)\big)/\Delta t \end{cases} \tag{4-7}$$

式中，Δt 为不同快照之间的时间间隔；Re 和 Im 分别表示复数的实部和虚部；$\omega_j = 2\pi f_j$，f_j 为频率。定义模态振幅为 $\alpha = W U^{\mathrm{H}} u_1$，其中 W 为包含特征向量 w_j 的矩阵，模态振幅表示该模态对初始流场的贡献，任意流场就可以预测为

$$X = [u_1, u_2, \ldots, u_{N-1}] = \Psi B \mathcal{V} = \begin{bmatrix} | & | & & | \\ \varphi_1 & \varphi_2 & \cdots & \varphi_r \\ | & | & & | \end{bmatrix} \begin{bmatrix} \alpha_1 & & \\ & \ddots & \\ & & \alpha_r \end{bmatrix} \begin{bmatrix} 1 & \mu_1 & \cdots & \mu_1^{N-1} \\ \vdots & \vdots & & \vdots \\ 1 & \mu_r & \cdots & \mu_r^{N-1} \end{bmatrix} \tag{4-8}$$

式中，Ψ 为包含模态的矩阵；B 为模态振幅组成的对角矩阵；$\mathcal{V}$ 是由特征值 μ_j 组成的范德蒙德矩阵；$B\mathcal{V}$ 为模态系数。第 j 个模态对应的流场，或者第 j 个模态随时间变化的矩阵为

$$\ell_j = \begin{bmatrix} | \\ \varphi_j \\ | \end{bmatrix} \alpha_j \big[1, \mu_j, \cdots, \mu_j^{N-1} \big] \tag{4-9}$$

该模态的能量即为 ℓ_j 中每个元素的平方和，且 $\ell_j \in (M \times N)$。所有模态对应的流场变量矩阵 ℓ_j 叠加即可组成原始流场 X，即 $X = \sum \ell_j$。DMD 法的求解过程可以表达为图 4-26。

2. 本征正交分解理论

定义流场变量为 $q(x,t)$，其中 x 表示三维空间，t 为时间。由于 POD 分析中流场变量都是脉动值，因此在进行分析之前需要将变量减去时均值，即 $q' = q - \bar{q}$，其中 q' 和 $\bar{q}$ 分别为脉动值和时均值。下文为书写方便，不再特意标

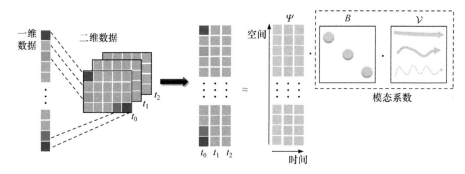

图 4-26　DMD 法求解过程示意图

注，默认 q 为脉动值。

POD 分析的本质是寻找一组正交的函数 ϕ_i，使得不同时刻的变量与这些函数组成的子空间上的投影误差范数最大[152]，其表达式可写为

$$G_{\max} = \frac{E\left(\left\langle q(x,t), \phi_i(x) \right\rangle_x\right)^2}{\left\| \phi_i(x) \right\|_x^2} \tag{4-10}$$

式中，E 为期望函数；"$\langle\ \rangle$" 为求内积。该式可以通过式(4-11)进行求解：

$$\int_\Omega C(x,x') W(x') \phi(x') \mathrm{d}x' = \lambda \phi(x) \tag{4-11}$$

式中，$C(x,x')$ 为相关张量；$W(x')$ 是一个权重矩阵，可以为 1，也可以采用不同空间点的网格尺度占全局比例，或是多个变量同时进行分解时根据其量纲关系所进行归一化的相关公式；$\phi(x)$ 为特征函数，即模态基(POD 基)；λ 为特征值，也即模态能量，大小表示对应模态的能量，因此模态基一般根据特征值由大到小按顺序排列。相关张量的表达式为

$$C(x,x') = E(q(x,t)q(x',t)) \tag{4-12}$$

且 POD 基具有正交性并满足如下公式：

$$E(\phi_i(x)\phi_j(x)) = \delta_{ij} \tag{4-13}$$

即有且仅当两个模态基相同时，其点积才不为 0。反之，当两个模态基不同时，其点积则为 0。另外，时间系数公式可表达为变量和模态基的内积：

$$a_j(t) = \left\langle q(x,t), \phi_j(x) \right\rangle_x \tag{4-14}$$

通过式(4-13)可得

$$E(a_i(t)a_j(t)) = \lambda_j \delta_{ij} \tag{4-15}$$

这样原变量就可以通过时间系数和模态基进行重构，即

$$q(x,t)=\sum_{j=1}^{N} a_j(t)\phi_j(x) \tag{4-16}$$

以上是 POD 的基本理论。当给定一组离散变量时，POD 通过以下的矩阵方式求解。首先定义一组属于 Z 集的流场数据，即 $q=(q_1,q_2,\cdots,q_N)$，其中下标 1，2，$\cdots$，N 表示时间快照的数量，而维度为 M，也就是每个时刻对应有 M 个数据。需要注意的是，这些变量都是经过去平均化处理的，即都代表脉动量。这样就有一个待处理的数据样本 Q：

$$Q = \begin{bmatrix} \vdots & \vdots & & \vdots \\ q^{(1)} & q^{(2)} & \cdots & q^{(N)} \\ \vdots & \vdots & & \vdots \end{bmatrix}, \quad Q \in \mathbb{Z}^{M\times N} \tag{4-17}$$

相关张量的离散形式，也就是相关矩阵可写为

$$C = \frac{1}{N-1}QQ^{\mathrm{T}} \tag{4-18}$$

此时，C 的维度为 $M\times M$，那么 POD 基和能量可以通过式(4-19)计算：

$$CW\Phi = \Phi\Lambda \tag{4-19}$$

式中，W 为权值，可取单位矩阵，也可以根据所在点网格尺度占全局网格平均尺度的比例来填充矩阵，且该矩阵是 M 阶矩阵。Φ 和 Λ 分别为特征向量和特征值矩阵，可写为

$$\Phi = \begin{bmatrix} \vdots & \vdots & & \vdots \\ \phi^{(1)} & \phi^{(2)} & \cdots & \phi^{(N)} \\ \vdots & \vdots & & \vdots \end{bmatrix}, \quad \Lambda = \begin{bmatrix} \lambda_1 & & & \\ & \lambda_2 & & \\ & & \ddots & \\ & & & \lambda_N \end{bmatrix}, \quad \Phi \in \mathbb{Z}^{M\times N} \tag{4-20}$$

非零特征值的个数取决于 M 和 N 的最小值。如果数据维度小于时间序列 $M<N$，那么以上方法可以用来求解 POD。只是 Φ 的维度应该为 $M\times M$，且 Λ 为 M 阶对角矩阵。

但是一般情况流场的维度要远大于时间序列，即 $M \gg N$，此时矩阵 C 的阶数将特别大，进行矩阵计算时耗费大量时间，计算还可能由于条件数过高数值误差较大。因此需要重新建立求解特征向量的核心矩阵。通过分析样本数据可以发现，矩阵 C 的信息是包含在矩阵 Q 的，那么特征向量矩阵可表达为 $\Phi = Q\Psi$，式(4-20)可写为

$$\frac{1}{N-1}UU^{\mathrm{H}}WU\Psi = U\Psi\Lambda \tag{4-21}$$

$$\frac{1}{N-1}Q^{\mathrm{H}}WQ\Psi = \Psi\Lambda_{nz} \qquad (4\text{-}22)$$

这样就可以得到新的矩阵 Ψ 和特征值 Λ_{nz}，与之前相比，原式从 $M \times M$ 矩阵问题转变为求解 $N \times N$ 矩阵的特征向量问题，并且理论上特征值全部为非零值，极大地减小了计算量。原始的特征向量可以通过 $\Phi = Q\Psi$ 计算得到。

3. 谱本征正交分解理论

POD 中得到的特征向量仅是一组按照能量大小排序的模态基，并未在时域和频域上表征其流动相干结构，因此也被称为 "space-only POD" 或者 "classical POD"。考虑到其在时域分解上的缺陷，在其基础上发展了兼顾空间和时域的 POD，即 "spectral POD"，又称 "snapshot POD"。多种形式的称呼，导致 SPOD 在众多文献中表示的意义不一样，至今这一概念仍不清晰统一。甚至一些文献将 "snapshot POD" 所表示的 "SPOD" 表达为数量较少的时间序列的 POD，其本质还是传统的 POD 算法。因此特别强调，本书所研究的 SPOD 为 "spectral POD"，即谱本征正交分解法。SPOD 法求内积最大化的方程变为

$$G_{\max} = \frac{E\left(\left\langle u(x,t),\phi_i(x)\right\rangle_{x,t}\right)^2}{\left\|\phi_i(x)\right\|_{x,t}^2} \qquad (4\text{-}23)$$

与 POD 类似，同样可以转化为求解式(4-24)：

$$\iint_{\Omega} C\left(x,x',t,t'\right)W(x')\phi\left(x,x',t,t'\right)\mathrm{d}x'\mathrm{d}t' = \lambda\phi(x,t) \qquad (4\text{-}24)$$

其中协方差张量转化为

$$C\left(x,x',t,t'\right)=E\left\{u(x,t)u(x',t')\right\} \qquad (4\text{-}25)$$

通过将协方差张量的时域进行分析，即 $C\left(x,x',t,t'\right) \to C\left(x,x',t-t'\right)$，就可以转化为求解频谱上的特征值问题，也就是在对应的一个频率上求解若干种 POD 问题。将其进行傅里叶变换，可以得到互谱密度，即

$$S(x,x',f) = \int C(x,x',\tau)\mathrm{e}^{-i2\pi f\tau}\mathrm{d}\tau \qquad (4\text{-}26)$$

式中，$\tau = t - t'$。上述是求解 SPOD 的基本理论。在实际计算中，还需要通过构造分块矩阵进行计算。实际上，是借助 Welch 方法将原有不同时刻的数据拆分，得到多个重叠的时间序列的矩阵。也就是把 N_t 个数据分成 N_{blk} 个块，且每个块之间部分数据重合，并采用 Hanning 窗将不同块之间的数据平滑连接。首先将数据分割成数个块，定义 $u^{(k)}(t_j)$ 为某个数据块中第 k 个数据，并且时间为 t_j，假设这个数据块的周期为 T，且含有 N_{FFT} 个数据，那么 $t_j = t_0 + jT/N_{\mathrm{FFT}}$，其中

$j=1,2,\cdots,N_{\text{FFT}}$，$t_0$ 是任意一个时间起点。经过傅里叶和逆傅里叶变换后的值为

$$\hat{q}^{(k)}\left(f_m\right)=\sum_{i=0}^{N_{\text{FFT}}-1}q^{(k)}\left(t_{j+1}\right)\mathrm{e}\varphi^{-i2\pi jm/N_{\text{FFT}}},\quad k=-N_{\text{FFT}}/2+1,\cdots,N_{\text{FFT}}/2 \quad (4\text{-}27)$$

$$q^{(k)}\left(t_{j+1}\right)=\frac{1}{N_{\text{FFT}}}\sum_{m=-N_{\text{FFT}}/2+1}^{N_{\text{FFT}}/2}\hat{q}^{(k)}\left(f_m\right)\mathrm{e}^{i2\pi jm/N_{\text{FFT}}},\quad j=0,\cdots,N_{\text{FFT}}-1 \quad (4\text{-}28)$$

为与时域进行区别，频域数据顶端加符号"^"，并且 $f_m=mN_{\text{FFT}}/T$，$m=-N_{\text{FFT}}/2,\cdots,N_{\text{FFT}}$。但实际流场中不包含负频率，因此结果仅考虑正的单边谱。当计算得到不同数据块的频率后，将数据重新整理，把同一频率的数据 $\hat{u}^{(k)}$ 整理在一起，并在各个频率处分别做 POD 计算。后面的计算过程参考 POD 计算，整个计算过程可用图 4-27 表示。

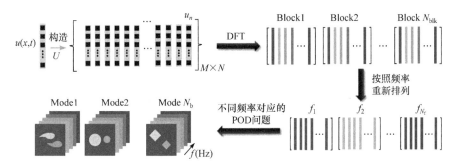

图 4-27　SPOD 法求解过程示意图
DFT 为离散傅里叶变换

综上，尽管传统 POD 法应用较多，并且很多学者表明该方法与 DMD 法同样能识别流场相干涡结构[153-155]，但是 SPOD 法能在空间和时间上揭示流场的相干演化过程，说明 SPOD 法更适用于识别流场的相干涡结构。因此，后续内容仅就 DMD 法和 SPOD 法两种同样具备时域和空间域模态分解的方法进行研究。

因前述算例网格精度较高，且流场模态分解需输出大量时间步数据，考虑数据读写和存储空间限制，难以完全输出全流场数据，此处仅选定了与涡结构演化过程相关的多个方向的面源输出数据。图 4-28 为涵盖了定子不同展面(span=0.1~0.9)、不同轴向断面(z_2~z_8)以及子午面($Y=0$)的数据面，分别用来研究定子尾迹、泵喷尾涡在轴向断面和子午面的发展规律。其中，轴向断面轴向坐标如图 4-28 所示。另外，从相关理论可以发现，模态分析实际上是将二维平面或三维区域的数据压缩成一维数据，并将其处理为多个时间步的数据。因此，这些数据点的空间位置应该在各个时间步中保持不变。然而，转子区域叶片旋转导致不同瞬时下平面上数据点的空间位置发生变化，因此图 4-28 中所有数据面均不涉及转子域。

图 4-28　数据输出面分布

4.3.2　尾流场 DMD 分析

分析前首先需确定输出时间间隔和时间步。考虑数据量较大，计算中每两步输出流场，共输出 4 个转子旋转周期，时间为 0.2s，频率分辨率为 5Hz，共 720 个快照，以保证 DMD 求解后频域的分辨率也为 5Hz。相应地，由于相邻快照的时间间隔增大为原来的两倍，有效截止频率缩减为原来的一半。

图 4-29 为最后一个时间步子午面 xOz 的速度云图，其中 V_z' 为 V_z 去平均值后的速度。相对于原始数据，去平均化的速度场具有明显的速度起伏特征，尤其是在与叶梢和毂部同一高度的位置。尾部混合涡所在的中间高度处的颜色较浅，说明该区域流场脉动相对较弱。图 4-30 为对两种流场的快照作 DMD 变换后的所有特征值与单位圆位置对比。原始流场和脉动流场的结果分别称为 DMD1 和 DMD2。根据式(4-7)可知，通过特征值计算的频率和增长率在图中有所反映。即频率与相位横轴的夹角有关，当虚部为正，原点和特征值位置连线与横轴夹角为 0°～180°时，频率为 0～$f_{\max}$，且 $f_{\max}$ 为 1800Hz；虚部为负，特征值共轭，频率为负。增长率与特征值和单位圆的距离有关。当特征值在圆上，增长率为 0；特征值在圆外，增长率为正；特征值在圆内，增长率则为负。如果分布在单位圆外，则说明增长率为正，为不稳定流动。从图 4-30 中可以看到，DMD1 中大部分特

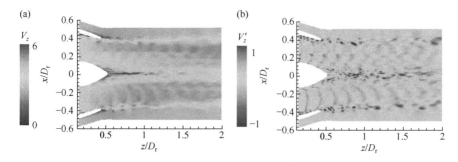

图 4-29　平面 xOz 内速度云图

(a) 原始数据；(b) 去平均化数据

征值分布在单位圆附近或其上，少数红色点与单位圆存在较大的偏差，这部分模态的增长率绝对值相对较大，振幅也相对较大，是不符合线性增长的线段特征的模态，一般可认为是数值计算误差导致的伪模态。DMD2 中所有特征值均分布在单位圆上，即增长率全部为 0，等效于将原始数据剔除平均值后的傅里叶变换。

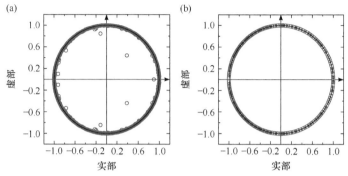

图 4-30 所有模态的特征值与单位圆位置对比
(a) DMD1；(b) DMD2
可扫描章前二维码，查看彩图

图 4-31 为根据能量排序后前几阶模态的频率和增长率分布，其中颜色越深，表示能量越低，所处阶数越大。每个频率不为 0 的模态均有与之相对的共轭模态，其增长率相同，但频率值正负相反。DMD1 中所有的模态均为负增长率，说明模态系数的幅值随时间逐渐减小。增长率的绝对值越大，则幅值下降速度越快。同时，注意到 1 阶模态，其频率为 0 和增长率在两组数据中均为 0，一般称为背景模态。2 阶模态对应的特征值为在图 4-30(a)中横轴靠近单位圆的红色点，这里也将具体讨论该模态。3 阶模态频率位于 f_r 处。$2f_r$ 对应的模态能量较低，为 13 阶模态。DMD2 所有模态增长率如前所述，全部为 0。这说明模态系数的幅度保持不变，并且该组数据在进行 DMD 分析前，各空间点已去除时均值，因此没有背景模态。这也导致图中没有零频模态，1 阶模态即位于 f_r 处，2 阶模态则位于 $2f_r$ 处，三阶模态位于 $2f_A$。

图 4-32 比较了不同模态的能量。图 4-32(a)展示了不同频率处的能量，可以发现，DMD2 的结果相对 DMD1 离散峰谱更明显，且都分布在 f_r 及其谐频处，说明去平均的流场主要与 f_r 对应的模态有关。DMD1 的结果则相对复杂，离散频谱不仅在 f_r 谐频处，而且分布在多个整数倍轴频 f_A 处，而 f_s 的谐频处虽均存在能量峰值，但能量值相对较小。图 4-32(b)为前 12 阶模态能量占比(σ)。从 DMD1 和 DMD2 的结果中可看出，1 阶模态能量占比均最大，不同的是 DMD1 中 1 阶模态能量占比高达 98%以上，其他模态能量占比不超过 0.5%。DMD2 得到的 1 阶模态能量占比有所下降，为 73%，其他模态能量占比均有提升，其中 2 阶模态达到 7%，3 阶为 3%，其他依次减小。

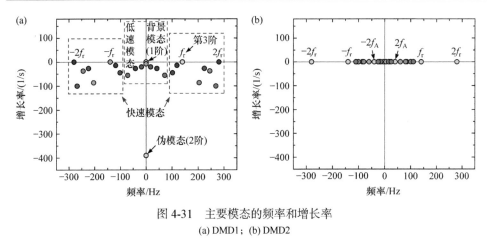

图 4-31　主要模态的频率和增长率
(a) DMD1；(b) DMD2

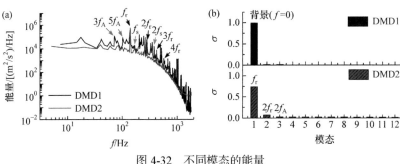

图 4-32　不同模态的能量
(a) 频率-能量；(b) 前 12 阶模态能量占比

图 4-33 和图 4-34 为 DMD1 和 DMD2 的前 6 阶模态。DMD1 中的 1 阶模态对应频率为 0，即可视为平均流场。2 阶模态虽然频率也为 0，相对于 1 阶模态没有大面积出现较高的速度，但存在较大的增长率，使得能量相对较大，模态排序相对靠前。值得注意的是，3 阶模态与 DMD2 中的 1 阶模态频率相对应。在叶梢附近、中间区域和轮毂处均存在明显的速度起伏特征，速度分布几乎一致，说明原始数据的模态分解在相关频率处也可以看作是傅里叶变换后的结果。4～6 阶模态对应的频率与 f_r 无关，但是可以明显看到叶梢和毂部区域的速度起伏接替向下游发展，而中间区域的速度则接近于 0。另外，从 DMD2 中的 2 阶模态可以发现，流场向下游发展中间的速度分布主要与 $2f_r$ 的频率有关。

前 6 阶模态的模态系数见图 4-35。DMD1 中的背景模态为频率为 0 的平均流场，随时间变化几乎无变化，2 阶模态由于较大的衰减率，起初幅值较大，随后快速下降并保持不变，其他模态均呈现从较高幅值到较低幅值逐渐演变的过程，表明了模态的增长率为负。DMD2 中所有的模态均随着时间作同振幅、无衰减的正弦周期性变化，且 1 阶模态的幅值最大，其他模态幅值均较小。这也是 1 阶模态能量最大的原因。

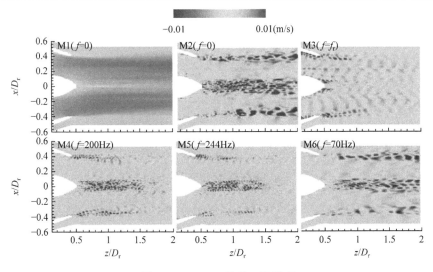

图 4-33　DMD1 的前 6 阶模态

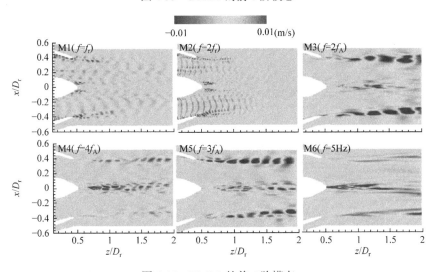

图 4-34　DMD2 的前 6 阶模态

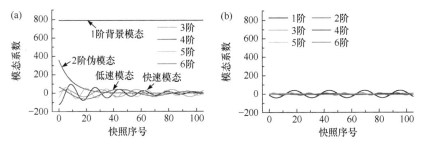

图 4-35　前 6 阶模态的模态系数
(a) DMD1；(b) DMD2

　　图 4-36 为采用前 6 阶模态重构的速度场(DMD1)。采用前 2 阶模态重构的流场与平均流场几乎无异。更多模态叠加，流场趋于原始状态。3 阶模态的对应频率为 140Hz，可见前 3 阶重构的流场已经接近原始流场，4～6 阶模态的加入对流场的改变较小，说明原速度场主要由前 3 阶模态主导。图 4-37 为去平均后的重构速度场 (DMD2)，采用 1 阶模态重构的脉动速度场与前 6 阶模态重构的结果接近，不同的是，重构使用的模态多，叶梢尾部未完全耗散的速度较明显，毂部的速度脉动也比 1 阶模态的更明显，这是因为 1 阶后的模态主要与毂部和叶梢尾迹相关。

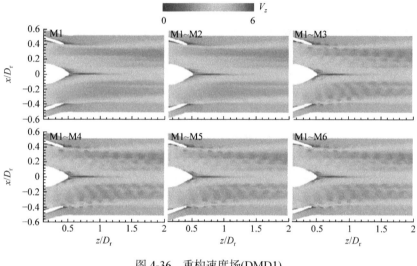

图 4-36　重构速度场(DMD1)

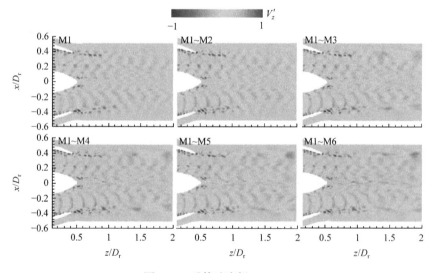

图 4-37　重构速度场(DMD2)

　　总体来看，两种数据形式下，能量占比大的前几阶模态可以最大程度还原流场，尤其是频率对应为 f_r 的模态，其他模态的加入可以更多地补充流场细节，尤其是毂部和叶梢尾部的速度特征，均可由更高阶的模态叠加而重现。

　　通过以上两组数据的对比分析，发现去平均后的数据通过 DMD 可有效将其在频率范围分解，其过程与傅里叶变换类似。原始数据的模态分析可获取更多关于模态系数随时间变化的信息。因此后续 DMD 分析中将继续对原始数据进行研究。此外，从能量占比和重构流场图的对比中也发现，相对靠前一定数量的模态主导流场。为减少计算量，后续 DMD 计算中将截取前面能量占比达 0.9999 的模态。

　　图 4-38 为压力场的 DMD 分析结果，其中截断的特征值共 197 个。从图 4-38(a) 中可以看到，能量占比相对靠前的模态都分布于右半部分，分布在频率相对较低的区域。除个别特征值外，大部分分布于单位圆附近，说明压力场的变化相对稳定，呈周期性变化。图 4-38(b) 中前 3 阶模态分别为背景模态、频率为 f_r、$2f_r$ 的模态，且增长率基本接近于 0，而其他高阶低能模态的增长率逐渐转为负值。从图 4-38(c) 中的前 6 阶模态系数可以看出，前几阶模态几乎作周期性变化。

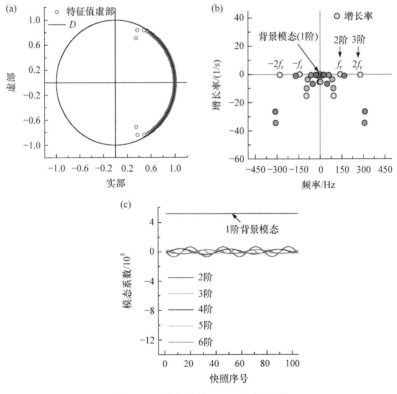

图 4-38　压力场的 DMD 分析结果

(a) 特征值分布；(b) 频率-增长率；(c) 模态系数

图 4-39 为位于定子叶频及其谐频处的模态特征值和模态系数，其中虚线连接的特征值为共轭模态。与定子叶频相关的模态几乎分布在单位圆上，但因能量较低，f_s 和 $2f_s$ 的模态分别排在 24 阶和 72 阶，对应图 4-39(b)中的模态系数呈周期性变化，其值远低于图 4-38(c)的前 6 阶模态系数。

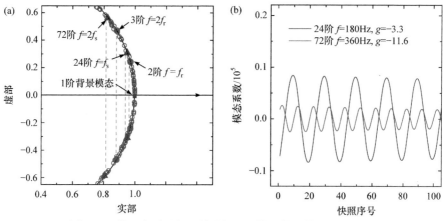

图 4-39　位于定子叶频及其谐频处的模态特征值和模态系数
(a) 特征值；(b) 模态系数

图 4-40 为压力场的前 6 阶模态。在 1 阶模态中，$z<0.5D_r$ 区域的压力，对应了模态能量最大的主导区域。2 阶模态和 3 阶模态的叶梢尾迹有明显的压力演化衰减特征，其中 3 阶模态相对 2 阶模态的压力起伏分布更为紧凑。5 阶模态的频率为 5Hz，尾迹分布与 1 阶平均压力场类似，呈"长条"向外延伸特征，但转子后方的压力与推进器尾流场的压力接近。

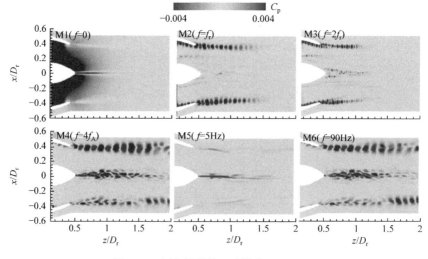

图 4-40　压力场的前 6 阶模态(M1～M6)

　　图 4-41 为压力场在 f_s 和 $2f_s$ 频率处的模态。叶梢和毂部的压力具有高低起伏的特征，且 $2f_s$ 模态相对 f_s 模态的起伏更为紧密。说明泵喷尾流场的压力在频率为 f_s 和 $2f_s$ 有重要特征，尤其是叶梢和毂部区域，但模态靠后的原因是其对应的模态幅值较低，能量也小。

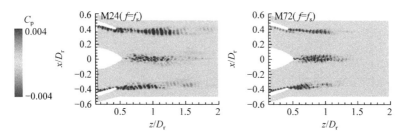

图 4-41　压力场在 f_s 和 $2f_s$ 频率处的模态

　　图 4-42 为原始压力场和重构压力场的对比，其中 recon1 为使用背景模态、f_s 和 $2f_s$ 对应模态重构的压力场，recon2 为在其基础上增加了 f_r 和 $2f_r$ 对应的模态。可以发现，recon2 能基本重构原始压力场，但存在不足。例如，原始压力场的毂部"低压带"在下游一定距离如 $z=0.9D_r$ 时，出现变形并逐渐消失。recon2 的结果在毂部表现为一条向下游持续延伸的"低压带"，这一特征在 recon1 中已重构实现，加入 f_r 和 $2f_r$ 未对重构原流场有实质提升，说明毂部尾迹除了 f_s 和 f_r 的模态以外，还存在其他频率的低能主导模态。

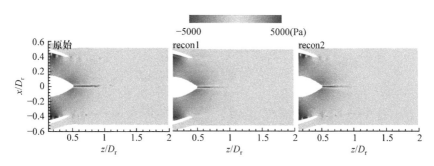

图 4-42　原始压力场和考虑不同模态重构压力场的对比

　　图 4-43 为涡量场 DMD 分析结果。相对于压力场，涡的复杂性使其在相同能量范围内 DMD 分析获得的特征值较多，共 261 个特征值。图 4-43(a)所示的红色区域为远离单位圆的特征值，对应的模态可视为伪模态。图 4-43(b)中展示了不同模态的频率和增长率。与速度和压力场一样，能量较高的模态分布在增长率较低的区域，随时间呈周期性变化。其中 $f=0$ 的模态为 2 个，且按能量排序位于前 2 阶，分别称为背景模态和漂移模态，后者体现了线性动力学发展中平均流场

随时间的变化。图 4-43(c)为模态系数的变化，2 阶模态系数以缓慢速度逐渐变小，而1阶模态保持不变，3～5 阶模态系数呈周期性变化，6 阶模态系数的幅值逐渐减小。

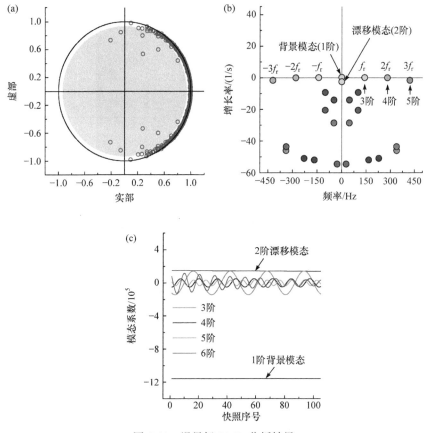

图 4-43　涡量场 DMD 分析结果

(a) 特征值分布；(b) 频率-增长率；(c) 模态系数

可扫描章前二维码，查看彩图

　　图 4-44 为涡量的前 6 阶以及 36 阶、90 阶模态，其中后两组对应频率分别为 f_s 和 $2f_s$。1 阶模态和 2 阶模态均表示涡量的平均值，前者在叶梢和毂部的涡量较小，后者相对较大，但从前面的分析中可知其随时间缓慢减小。3～5 阶模态分别对应频率为 f_r、$2f_r$ 和 $3f_r$，可以看到泵喷尾部涡的相干结构，位于中间呈"波状"向外扩散的随边涡和叶顶涡在高阶谐频处相对较多，并且毂部尾迹的涡相干结构逐渐变得丰富。6 阶模态对应频率为 340Hz，与 $2f_s$ 接近。此外 f_s 和 $2f_s$ 对应模态涡量在毂部区域相对 f_r 处的模态要丰富得多，说明毂涡由包括 f_s 谐频在内多个频率模态所主导。

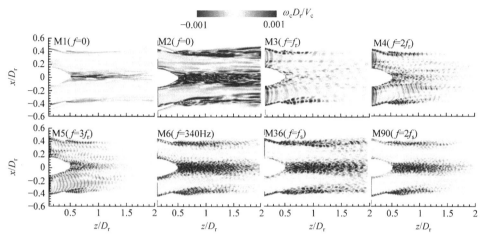

图 4-44 涡量场前 6 阶以及 36 阶、90 阶模态

图 4-45 为原始涡量场和重构涡量场对比。相比原始涡量场，考虑所有模态的重构相对仅前 6 阶模态的重构更详细，尤其是毂部和梢部下游($z > D_r$)区域。但仅前 6 阶模态可以很好地描述叶梢涡和随边涡，说明了低阶高能模态对流场的主导作用。

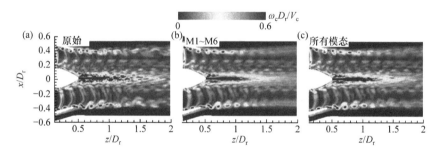

图 4-45 原始涡量场和不同模态数量重构涡量场的对比
(a) 原始涡量场；(b) 仅前 6 阶模态重构；(c) 所有模态重构

选取流向上对应定子尾迹(z_2)、转子出口(z_4)、导管出口(z_6)、尾迹涡充分发展(z_8)四个位置的流场进行时空分解。图 4-46 为速度和涡量两个变量在不同轴向位置的特征值分布。涡量的特征值相对较多，涡的复杂性使 z_4 和 z_8 处存在远离单位圆的特征值，对应模态系数作衰减性运动。速度的分布则靠近单位圆，因此速度场一般呈现周期性运动。相同能量占比下，涡量特征值在左边圆中也有部分特征值，如 z_6 和 z_8，说明其部分模态存在相对较大的频率，为高速模态。在 z_2 处的速度场和涡量场均仅有背景模态和频率 f_r 模态，充分说明定子尾迹涡相对稳定。

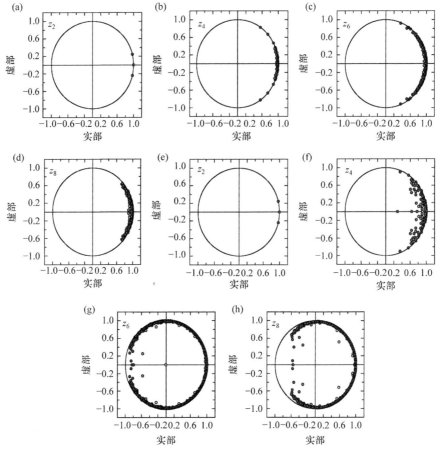

图 4-46　不同流向位置的特征值

(a)~(d) V_z 分布；(e)~(h) ω_c 分布

图 4-47 为 z_2 处 DMD 分析结果。与前文一致，定子尾迹在环向仅有与其对应的 9 个均匀分布的低速、强涡区。通过背景模态(M_1)和 f_r 模态(M_2)重构的流场，与原始流场一致。图 4-48 为其他位置处的原始速度场。

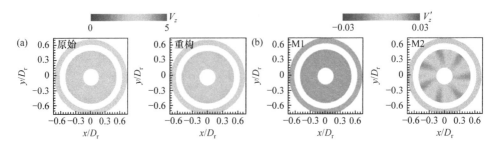

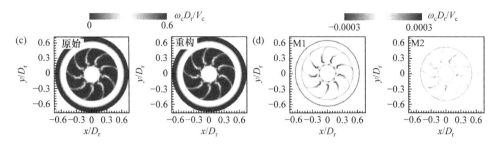

图 4-47　轴向 z_2 处原始流场、重构流场和 DMD 模态

(a) 原始和重构速度场；(b) 速度场的 M1 和 M2 模态；(c) 原始和重构涡量场；(d) 涡量场的 M1 和 M2 模态

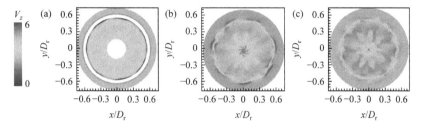

图 4-48　其他位置处原始速度场

(a) z_4；(b) z_6；(c) z_8

图 4-49 和图 4-50 分别为其他位置处速度场和涡量场的模态。在靠近转子出口位置处(z_4)，除了背景模态外，2~4 阶模态对应频率分别为 f_r、$2f_r$、$3f_r$。随频率增加，在梢部和毂部之间的区域，沿环向均匀分布的高速和强涡带从 7 个逐渐增加到 14，再增加到 21。叶梢涡和毂涡也随频率和模态阶数的增加有明显的增多趋势。这说明该位置处的速度场和涡量场主要由转子的随边涡和叶梢涡主导。流场发展到靠近导管出口时(z_6)，1 阶、2 阶模态对应频率仍为 f_r、$2f_r$，对应的环向高速和高强度涡区域发生扭曲，揭示了流场在向下游演化过程中不同涡之间的干扰。速度场和涡量场的 4 阶模态对应频率分别为 80Hz 和 40Hz，径向中间的环向区域没有明显的特征，仅存在叶梢涡和毂部碎涡。在尾涡充分发展的 z_8 处，2~4 阶涡量场模态均与 f_r 无关，仅速度场的 1 阶模态对应频率为 f_r，在叶梢和毂部存在明显的"高、低速"和"强、弱涡"交织融合的区域。另外，无论是速度

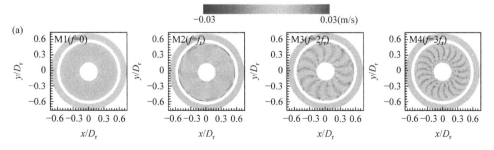

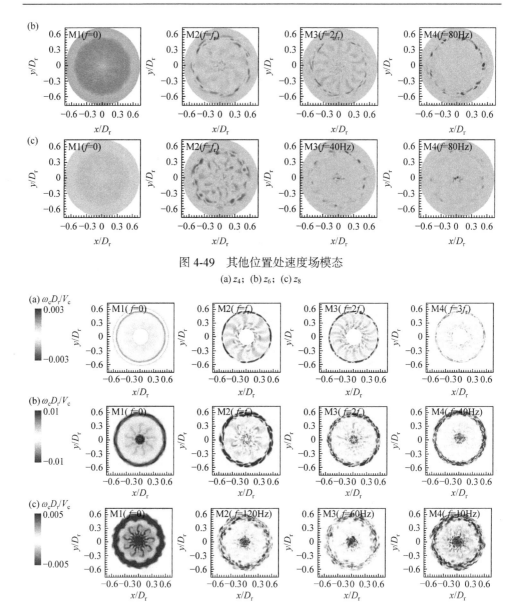

图 4-49　其他位置处速度场模态

(a) z_4；(b) z_6；(c) z_8

图 4-50　其他位置处涡量场模态

(a) z_4；(b) z_6；(c) z_8

场还是涡量场，1 阶模态在 z_6 和 z_8 处的环向有明显的 9 个高变量值或低变量值区域，说明定子尾迹在泵喷尾流场一直存在影响，且其特征不随时间变化。

4.3.3　定子流场 DMD 分析

图 4-51 为速度场特征值和频率-增长率分布。在 span=0.1 处，特征值仅有四

个，包括背景模态、漂移模态和共轭模态。随着半径增大，特征值数量呈先增加后减小的趋势，并在 span=0.5 处达到最多。这说明 span=0.5 处的速度场相对复杂。所有展面处，除了背景模态(部分有漂移模态)外，下一阶模态均对应频率为 f_r，而在其后的模态所对应频率均不一致。另外，在 span 为 0.1、0.7 和 0.9 时，增长率几乎接近于 0，说明对应位置处的流动几乎为周期性流动。

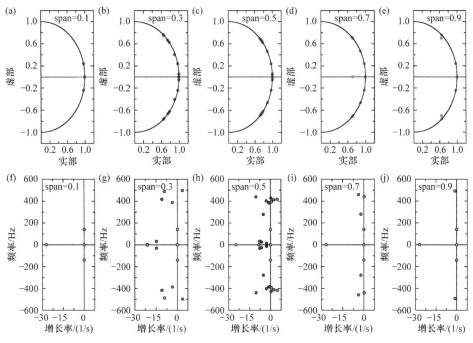

图 4-51　速度场特征值和频率-增长率分布

(a)~(e) 特征值；(f)~(j) 频率-增长率分布

图 4-52 为 span=0.1 处速度场的 1 阶、3 阶模态和重构结果，视图方向为朝向 +Y 轴。此处 1 阶模态几乎没有任何明显的特征，仅在翼型尾迹有些许可分辨的低速区。f_r 对应的模态高低起伏的速度特征存在于定子下游紧邻转子的区域。通过这三种模态的重构，几乎可以还原初始流场。

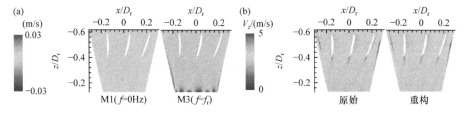

图 4-52　径向 span=0.1 处速度场的模态和重构结果

(a) M1 和 M3 模态；(b) 重构结果

图 4-53 为其他径向展面速度场。除 span=0.5 以外，其余展面定子后方均形成连续延伸的低速带。图 4-54 为其他径向展面速度场模态，可以看出，所有展面在 f_r 对应的模态与 span=0.1 处相同，即在紧邻转子域位置存在高低起伏的速度区，且都分布着三个高速区和四个低速区。下一阶模态中主要特征则体现在定子尾迹不连续的间隔分布的高速和低速区，且对应频率在 400Hz 上下，揭示了定子尾迹的主导频率和对应模态的速度场分布。

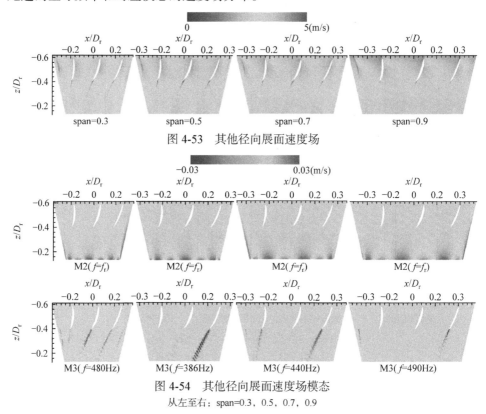

图 4-53　其他径向展面速度场

图 4-54　其他径向展面速度场模态
从左至右：span=0.3，0.5，0.7，0.9

图 4-55 为涡量场的特征值、频率-增长率。涡量场的特征值相对速度场减少较多。其中 span=0.1 仅有背景模态和漂移模态；span=0.3 处除背景模态外，仅有靠近其分布的低速模态；span=0.5 和 span=0.7 的特征值相对较多；span=0.9 除背景模态外还存在两个增长率绝对值极大的漂移模态，考虑到其不符合线性变化的规律，可视为伪模态将其剔除。从频率-增长率分布可以看出与速度场最大的不同，即 f_r 处没有对应模态，且所有半径处的高能模态均在非常小的频率范围内，即都为低速模态，高速模态为 400Hz 附近，且都为低能模态。

图 4-56 为 span=0.1 和 span=0.3 时的 1 阶和 2 阶模态。在 span=0.3 的涡量稍高于 span=0.1，2 阶模态在任意位置处的速度量均一致，只有 1 阶模态才有尾迹

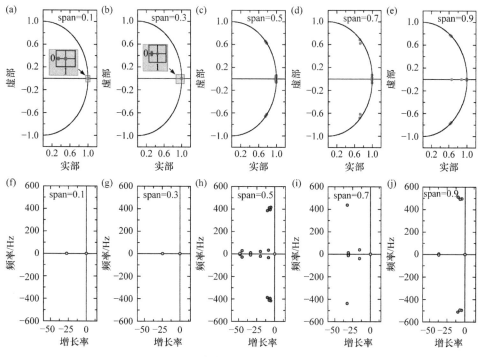

图 4-55 涡量场特征值和频率-增长率分布
(a)~(e) 特征值; (f)~(j) 频率-增长率分布

特征。图 4-57 为这两处原始和重构的涡量场。定子尾迹在 span=0.1 为 z 方向涡量的叶根涡,因此其尾迹在平面上表现为"连续长条涡",仅有的背景模态和漂移模态还原的涡量场与原始结果非常相近。但 span=0.3 处为随边脱落涡,涡量不连续,而还原后的定子尾迹表现为连续涡,并不能表征脱落这一特征。说明 DMD 计算中采取能量占比为 0.9999 的模态不足以描述一些位置的定子尾迹涡。图 4-58 为其他展面处的原始涡量场,均可以看到脱落涡的特征,以 span=0.5 处最明显。

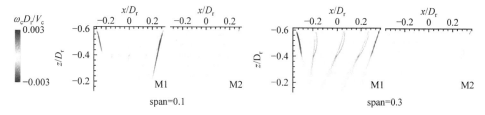

图 4-56 在 span=0.1 和 span=0.3 处涡量场的 M1 和 M2 模态

图 4-59 为其他展面处的涡量场模态。span=0.5 处前几阶模态频率接近于 0,整个流场的涡量几乎一致。定子尾迹涡脱落的特征均在 400Hz 附近或以后对应的

模态才开始显现，以 span=0.5 处的最为明显。这些排序靠后的模态往往具有较小的增长率，其模态系数也相对较小，随时间做周期性运动。

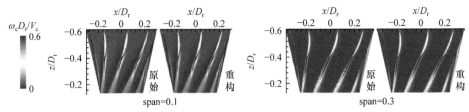

图 4-57　径向 span 为 0.1 和 0.3 时的原始和重构涡量场

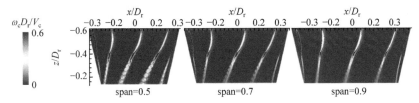

图 4-58　其他展面原始涡量场

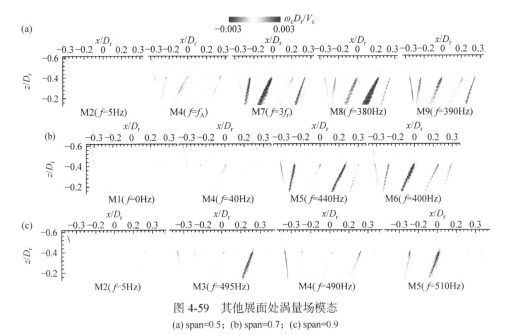

图 4-59　其他展面处涡量场模态

(a) span=0.5；(b) span=0.7；(c) span=0.9

4.3.4　流场 SPOD 分析

1. 轴向流场

从前述理论分析中可知，SPOD 变换需要首先确定相关参数，如傅里叶变化

数据长度 N_{FFT}、重叠数据 N_{ovl}，前者采用 2 的指数次幂，后者采用重叠系数为 0.5，也就是重叠数据长度为 $0.5N_{\mathrm{FFT}}$。下文将以子午面的速度场为基础，采用不同数据长度对 SPOD 结果作分析。表 4-1 列出了 N_{ovl} 分别为 128、256、512 和 1024 时对应的其他参数，其中 M 为子午面的空间点数量，N_{t} 为数据总长度，共有 3600 步，该系列数据为在前文 DMD 使用的数据。分割后的数据块共有 $N_{\mathrm{blk}}=(N_{\mathrm{t}}-N_{\mathrm{ovl}})/(N_{\mathrm{FFT}}-N_{\mathrm{ovl}})$，$N_{\mathrm{blk}}$ 即为各频率处对应的模态数量。时间间隔和 DMD 分析的一致，因此最大有效频率 $f_{\max}$ 仍为 1800Hz。频率分辨率和 N_{FFT} 有关，即 $\Delta f=1/(N_{\mathrm{FFT}}\Delta t)$，频域中有效的频率数量为 $N_{\mathrm{f}}=f_{\max}/\Delta f$。权重矩阵 W 采用对应空间点所属单元的面积占总面积的比值。

表 4-1　子午面速度场 SPOD 分析的不同参数

Case	M	N_{t}	N_{blk}	N_{ovl}	N_{FFT}	$f_{\max}$/Hz	Δf/Hz	N_{f}
1			17	128	256		14.06	129
2	66322	3600	13	256	512	1800	7.03	257
3			6	512	1024		3.52	513
4			2	1024	2048		1.76	1025

图 4-60 为不同案例下各阶模态的能量曲线，模态均按照能量大小进行排序，1 阶和 2 阶模态进行了着色突出。能量曲线最直观的特征为 f_{r} 及其谐频处的

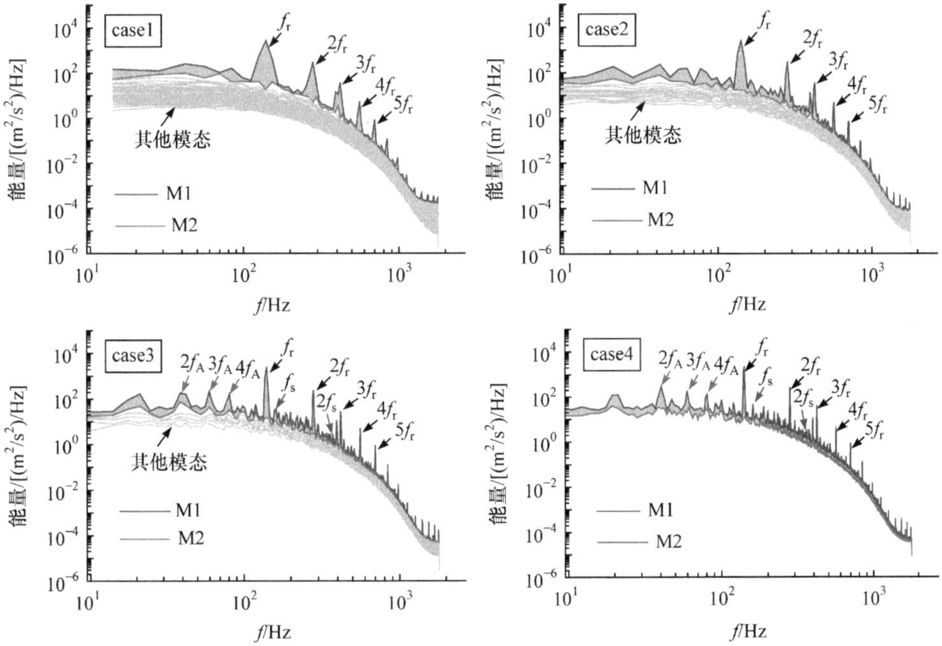

图 4-60　不同案例下各阶模态的能量曲线

离散谱，这些峰值在 1 阶模态的能量远大于 2 阶模态和其他模态。随着 N_{FFT} 的增加，频率分辨率变小，case3 和 case4 均出现 $2f_A$、$3f_A$ 和 $4f_A$ 处对应的离散谱，在 f_s 和 $2f_s$ 也存在较小的峰值。

图 4-61 为不同 N_{FFT} 时的 1 阶模态。1 阶模态 f_r 处的速度分布几乎一致，均在叶梢、桨毂和二者径向中间区域存在明显的速度脉动，不断向下游传递和衰减。第二行中前两幅为 case3 和 case4 中 $2f_A$ 的速度，后两幅为对应 case 在 f_s 处的速度。虽然特征区域相同，但是其分布和速度波动有差异。例如，在 $2f_A$ 处，case3 的速度在下半部分对应位置的高速核对应为 case4 中的高速核，且在上半部分区域中，特征速度区域相对较大。f_s 处存在明显的特征速度分布，揭示了流场脉动中也存在与定子叶频有关的成分，但是 case3 和 case4 中叶梢处特征速度对应的形状指向不同。另外，桨毂尾迹中存在不同的向下游发展的具有复杂形状的高速和低速分布区。

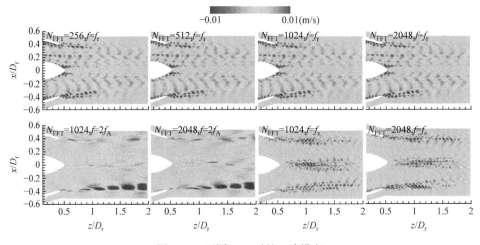

图 4-61　不同 N_{FFT} 时的 1 阶模态

从能量曲线看，case3 中 1 阶模态分辨率已经可以描述 case4 中对应模态的频率特性，且能反映 case1 和 case2 中所没有的频率。在对应速度分布中，虽然定子叶频 f_s 和轴频谐频 $2f_A$ 处的速度分布稍有不同，但特征速度分布一致，最高能量对应频率 f_r 处的模态几乎一致，不受 N_{FFT} 影响。因此后续将采用 case3 中的 N_{FFT}=1024 开展研究。

图 4-62 为一些特征频率处模态。第一行为频率 f_r 处的 2～5 阶模态，对比图 4-60 中 N_{FFT}=1024 时 f_r 处的 1 阶模态，可见速度分布均类似，仅 5 阶模态速度的绝对值较小。对比图 4-34 中 DMD 变换的去平均速度场，可见对应频率模态中的速度均向下游扩散，且叶梢处的低速区和高速区均为间断分布，紧密程度相似。在前几阶轴频处，如 $3f_A$ 和 $4f_A$ 对应模态，叶梢处的低速核和高速涡核均变大变疏。当频率增加

到 $2f_r$ 和 $3f_r$ 时，DMD 和 SPOD 的结构出现较大区别，具体表现为，前者中间半径处呈波状扩散，而后者虽有可分辨的扩散，但不明显，依旧表现为更紧密叶梢和毂部区域的特征速度的间断分布，但很快在下游消失。虽然 1 阶模态能量最大，但同一频率处不同阶模态分布均区别较小，对应频率处模态与 DMD 变换的结果在部分频率处较为相似，证明了两种方法均可以很好地将流场数据时空分解。

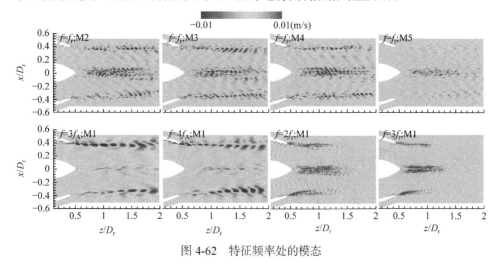

图 4-62 特征频率处的模态

图 4-63 为重构速度场，此处重构流场仍为脉动量，图中加入了平均量。与原始速度场对比，即使采用全阶数和频率的模态重构流场，轮毂低速区仍不能完全还原，尤其是 $z=D_r$ 的下游区域。对比第一行不同阶数的模态，发现在 1 阶模态重构的流场与所有模态的结构接近，加入其他阶模态后，速度场并未发生实质性的改变。因此子午面速度场由 1 阶模态主导。第二行为采用 1 阶模态不同频率

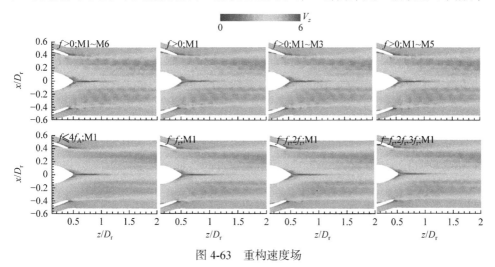

图 4-63 重构速度场

得到的重构流场。采用 $4f_A$ 以内频率，结果接近于平均速度场。采用 f_r 的模态，流场还原度稍强于前者，但中间半径处流场仍存在细微差别。随着 $2f_r$ 和 $3f_r$ 模态的加入，速度分布更接近原流场。

图 4-64 为压力场 SPOD 后各阶模态的能量曲线和能量占比。图 4-64(a) 中其他模态的能量曲线介于绿色填充曲线之间。图 4-64(b) 中能量占比的计算公式为

$$\begin{cases} \sigma(f_i) = \sum_{j=0}^{\infty} \kappa(f_i, M_j) \bigg/ \sum_{i=0,j=0}^{\infty} \kappa(f_i, M_j) \\ \sigma(M_j) = \sum_{i=0}^{\infty} \kappa(f_i, M_j) \bigg/ \sum_{i=0,j=0}^{\infty} \kappa(f_i, M_j) \end{cases} \tag{4-29}$$

式中，$\kappa(f_i, M_j)$ 为对应频率和模态下的能量。

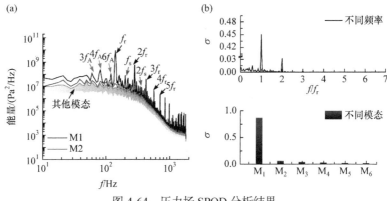

图 4-64　压力场 SPOD 分析结果
(a) 能量曲线；(b) 能量占比
可扫描章前二维码，查看彩图

　　可见，压力场的能量谱与速度场类似，均在 f_r 处达到最大能量，且在轴频、定子叶频和转子叶频的谐频处存在峰值。但是定子叶频和轴频相关的分量能量分布较小。另外，从能量占比中也可看出，f_r 能量占比最高，次之为 $2f_r$，其他频率几乎接近于 0。对于模态，1 阶模态占 0.86，二阶模态大幅下降，仅为 0.05，其他依次减小。考虑到 1 阶模态能量占比大，图 4-65 仅比较不同频率中 1 阶模态的压力分布。类似地，这些脉动压力在叶梢和毂部同样存在高压核和低压核的间断分布，且向下游扩散。在如 $3f_A$、$4f_A$、$6f_A$ 等较低频率处，特征压力区域较大，存在低压核和高压核直到 $z=2D_r$。随着频率升高，低压核和高压核变小，且在轴向变得更紧密，相干结构更靠近上游分布，如 f_r 谐频处模态。另外在定子叶频 f_s 处同样存在明显的相干结构，由于频率比 f_r 大，特征压力核心区分布更紧密，且在毂部拥有更多的相干结构。图 4-66 为重构压力场，由于 M1 和 f_r 对应模态的高能特征，采用频率 f_r 以内的 1 阶模态可以基本还原子午面压力场。

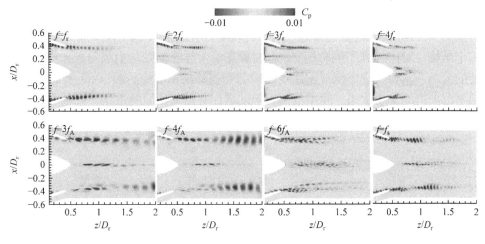

图 4-65　不同频率下的 1 阶模态压力分布

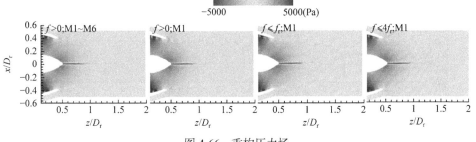

图 4-66　重构压力场

图 4-67 为涡量的 SPOD 分析结果。图 4-67(a)的能量分布频谱特性与速度和压力一致。图 4-67(b)的 f_r 能量占比相对压力场下降较多，但不可忽略，次之为 $2f_r$、$3f_r$ 处能量占比有所增加，其余接近于 0。1 阶模态的能量占比相对压力场的有所下降，为 0.68，2 阶及其后高阶模态均有所提高。图 4-68 为涡量的几组模

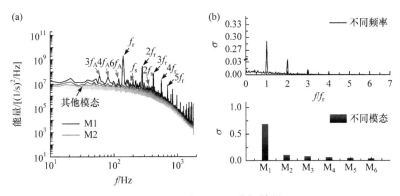

图 4-67　涡量场 SPOD 分析结果

(a) 能量曲线；(b) 能量占比

态，其中第一行为不同频率的 1 阶模态，第二行为 f_r 处不同阶模态。涡量在轴频的谐频 $3f_A$、$4f_A$ 和 $6f_A$ 处的模态相对于在转子叶频的谐频 $2f_r$ 处的更能代表毂部的相干结构。对比 f_r 处不同阶模态，1 阶模态只主导叶梢以及梢部和毂部径向中间处的流场，其他阶模态则显示出更多毂部和梢部相干结构。图 4-69 比较了不同频率范围内的流场重构，频率范围上限的增加有助于还原随边涡、叶梢涡和毂涡的细节。

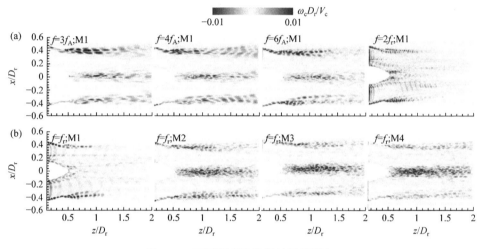

图 4-68　不同频率和阶数的涡量模态
(a) 不同频率 1 阶模态；(b) 同频率不同阶模态

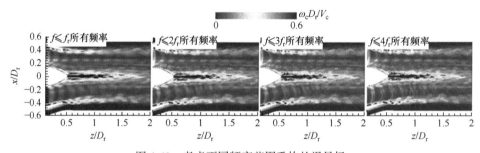

图 4-69　考虑不同频率范围重构的涡量场

图 4-70 为不同轴向平面(z_2、z_4、z_6、z_8)的能量曲线。在 z_2 的能量谱级相对其他平面小，除 f_r 和 $2f_r$ 峰外，86Hz 处为第一大峰值，此峰值在定子尾流 span=0.3～0.7 处也存在，是定子尾迹主导的模态，其附近包含其他频率的能量峰值。在 z_4～z_8 平面处能量谱曲线主要位于 f_A 和 f_r 的谐频，并在这些频率之间伴随着 f_S 谐频的峰值，这与子午面流场变换的结果一致。随着向下游发展，f_r 处峰值逐渐下降。由于 z_2 处能量和模态特殊，首先研究该平面速度模态，如图 4-71 所示。在 f_r

的 1 阶模态环向均匀分布 7 个低速区和高速区，2 阶模态能量虽然相对较低，特征速度分布也杂乱，但还可以分辨出 7 个叶片所产生的相干结构。在 386Hz 时，1 阶模态只有一个定子叶片存在尾迹，从 2 阶模态开始其他定子叶片尾迹显示更多相干结构。图 4-72 为其他轴向平面 1 阶模态，其中 z_4 处速度分布相对均匀，且随着谐频增加，环向特征速度分布区域呈倍数增加。在 z_6 处，中间半径的速度分布变得不规则，但仍可分辨出规律数目的速度尾迹，轮毂和叶梢的速度相干结构分布复杂，且随叶频的增加变密。在 z_8 处，特征速度区更密集，毂部速度区无明显规律。

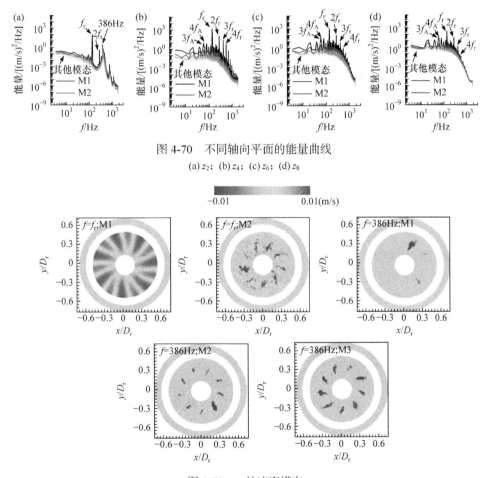

图 4-70　不同轴向平面的能量曲线

(a) z_2；(b) z_4；(c) z_6；(d) z_8

图 4-71　z_2 处速度模态

2. 径向流场

对比流场轴向的速度、压力和涡量的 SPOD 结果，三者的谱特性均相同，但

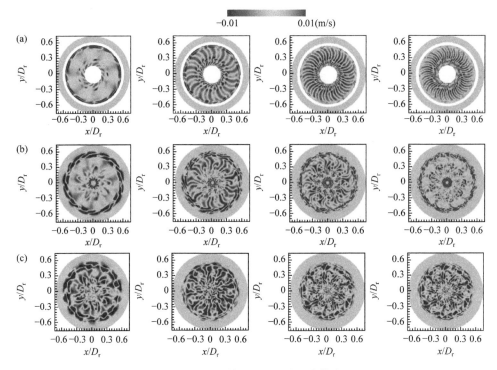

图 4-72　其他轴向平面 1 阶速度模态
(a) z_4；(b) z_6；(c) z_8
从左至右：$f=f_r$、$2f_r$、$3f_r$、$4f_r$

各阶模态和不同频率模态能量占比稍有差别。子午面流场的模态分布规律表明，频率的增大使相干结构特征区域范围扩大，且轴向变得更加紧密。考虑定子展面处流场的 SPOD 结果，因速度、压力和涡量三者相互对应，结果相似，以下仅考虑速度。

图 4-73 为定子不同展面处的能量曲线，所有展面处包含 f_r 的谐频信息。从 span=0.3 开始，能量谱在 386Hz 达到除 f_r 以外的第二大峰值，且其附近有较多的离散峰值，一直到 span=0.7 处有所减小。该频率介于 $2f_s$ 和 $3f_r$ 之间。span=0.7 处该频率变为 442Hz，在 span=0.9 则变为 492Hz。另外，在 span=0.1 处，二阶模态整体谱级虽然远低于 1 阶模态，但 f_r 处的峰值与 1 阶对应频率峰值接近。其他展面则与之相反。1 阶模态能量占比仍最大，均在 0.8 以上。其中 span=0.9 处模态能量占比最高，几乎接近 1，而 span=0.5 处模态能量占比相对较低，稍微超过 0.8，2 阶和其他阶模态能量占比相对较高。图 4-74 为径向 span=0.1 处涡量场不同阶数模态。由于 1 阶和 2 阶能量接近，均在紧靠下游接近转子区域看到 3 个低速核和高速核。3 阶和 4 阶模态则表现为定子尾流区域杂乱的低速区和高速区，这两个模态仅仅为数学意义上与前面正交的模态，无实质物理意义。

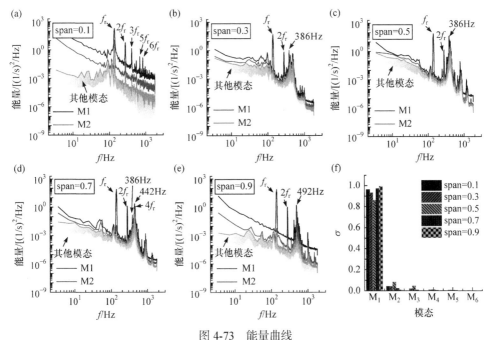

图 4-73　能量曲线

(a)~(e) 不同频率模态能量；(f) 不同模态能量占比

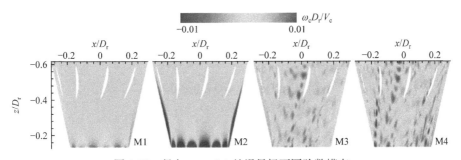

图 4-74　径向 span=0.1 处涡量场不同阶数模态

　　图 4-75 为其他径向位置的涡量场模态。比较第 1 行中其他展面处在 f_r 的 1 阶模态，可见其与 span=0.1 处规律相同，均在靠近转子区域存在相同形态和数量的相干结构，与前文 DMD 分析中的 f_r 对应模态的分布规律相同。说明定子展面处与转子叶频相关的模态主导靠下游靠近转子区的流场。观察第 2~4 行中其他特征频率的不同阶模态，其相干结构均给出了定子尾流的不连续速度分布，1 阶模态仅为一个或两个明显的尾迹，2 阶和 3 阶模态才出现其他定子的尾迹。说明 span=0.3~0.9 区域的定子分离涡由除转子叶频以外的其他频率主导，这些频率成分不仅包括图中所展示的频率，而且包括其附近的其他频率，如 f_s 的谐频。同时也解释了图 4-70 中 span=0.1 仅含有与 f_r 有关的能量峰值，这是因为该位置没

有分离涡，仅包含 z 方向的叶根涡。

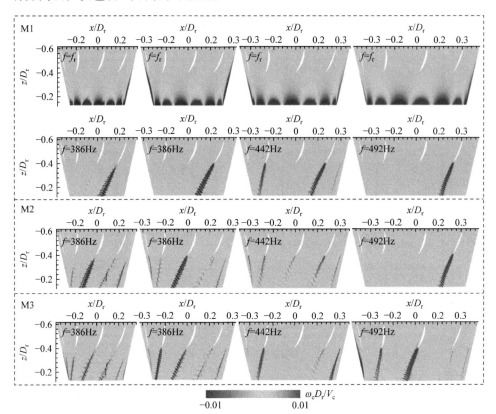

图 4-75　其他径向位置涡量场模态
从左到右：span=0.3，0.5，0.7，0.9

第5章 导管对泵喷推进器流场影响

5.1 导 管 参 数

导管为环向旋成体，其剖面为翼型或类翼型，剖面的尺寸和位置决定了导管的三维尺寸。图 3-4 展示了研究的导管参数，包括两部分：一是决定剖面几何尺寸的参数，如轴向长度 L_{da}、最大厚度 TH_{dm}、导管的进口直径 D_{in} 和出口直径 D_{out}；二是决定导管剖面位置的参数，如导管的倾角 α_d 和导管转子间隙尺寸 D_{gap}。需注意的是，部分导管参数间是耦合的，如更改导管的倾角，对导管的进口直径和出口直径有一定的影响。间隙区域的导管线型若不进行处理，也会改变间隙尺寸。为便于研究，本章只考虑主动调整的导管参数，不考虑间接影响的参数。例如，更改导管倾角时，对人为控制倾角而间接使导管进口直径和出口直径变化不做分析。

导管类推进器的间隙通常指转子叶顶和导管内壁距离，因此控制间隙尺寸包括移动导管剖面径向位置和切削转子最大直径两种方式，本章研究以导管为中心，则考虑径向移动导管，间隙控制以倍数增长。改变导管倾角时，间隙处的导管直径是固定不变的以保证间隙尺寸的唯一性，因此间隙区域导管剖面的局部线型会有轻微变化，但不影响导管主要参数。对于导管最大厚度，因内流道设计是为了服务转子，所以保证内流道的导管线型不变，通过改变导管剖面中弦线外侧厚度来控制，见图 5-1。导管长度则考虑导管的轴向长度，直接进行缩放，由于原模型的定子位于导管进口附近，因此只考虑延伸导管。延伸导管还会使定子轮毂前的导流帽进入导管包裹的内流道，因此对定子轮毂进行同等比例的轴向延伸，并径向移动定子以保持定子和轮毂连接的位置相对不变。对于进口直径和出口直径，将导管剖面的三段主要线型表达为轴向坐标的函数，其中导管内侧为 $f_1(z)$ 和 $f_2(z)$，导管外侧为 $f_3(z)$，见图 5-1。控制进口直径时，以转子工作段直径为参考，径向缩放 $f_1(z)$ 来改变，此时对应的导管外侧在 $f_3(z)$ 基础上加入 $f_1(z)$ 的变化量。同样，对于出口直径，通过调整 $f_2(z)$ 来控制。不同参数下的导管剖面见图 5-2，参数取值见表 5-1。不同参数下的导管表面网格见图 5-3，网格密度基于第 3 章基础模型 SR97 的网格-VF。

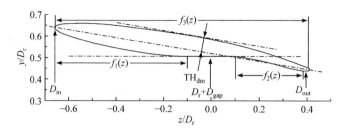

图 5-1 导管剖面线型参数化

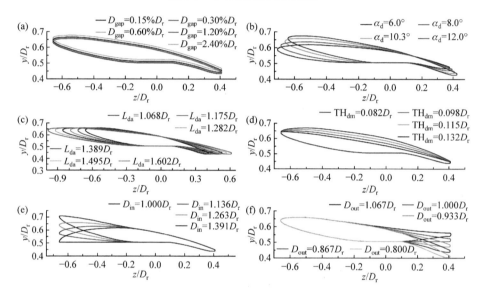

图 5-2 不同参数下的导管剖面

(a) D_{gap} ; (b) α_d ; (c) L_{da} ; (d) TH_{dm} ; (e) D_{in} ; (f) D_{out}

表 5-1 导管参数的取值

$(D_{gap}/D_r)/\%$	$\alpha_d/(°)$	L_{da}/D_r	TH_{dm}/D_r	D_{in}/D_r	D_{out}/D_r
0.15	6	1.068	0.082	1.000	0.800
0.30	8	1.175	0.098	1.136	0.867
0.60	10.3	1.282	0.115	1.263	0.933
1.20	12	1.389	0.132	1.391	1.000
2.40	—	1.495	—	—	1.067
—	—	1.602	—	—	—

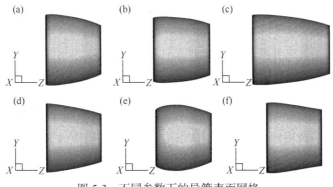

图 5-3　不同参数下的导管表面网格

(a) D_{gap} ; (b) α_d ; (c) L_{da} ; (d) TH_{dm} ; (e) D_{in} ; (f) D_{out}

5.2　不同导管水动力特性

5.2.1　水动力性能

　　泵喷间隙影响水动力、流场和空化等，此处简单讨论间隙对水动力和涡结构的影响，重点分析间隙对流噪声特性的影响。图 5-4 为不同间隙 D_{gap}/D_r 下的水动力性能。间隙对导管推力的影响较小，但高进速系数下，由于转子尾流对导管的冲击变弱，改善了导管的推力。间隙对转子性能的影响较大，根据间隙的变化规律，水动力与间隙接近线性变化。间隙对定子的力矩也有显著影响，大间隙下定子的力矩变小，并且在低进速系数下，改变量更大。总体而言，小间隙有利于改善泵喷敞水效率，但当间隙过大时，间隙对效率的影响不再显著，很大程度上是因为间隙过大后，导管对转子表面压力分布的影响显著变弱。

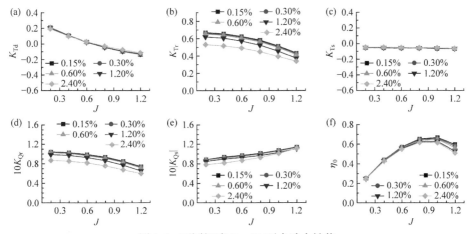

图 5-4　不同间隙 D_{gap}/D_r 下水动力性能

(a) K_{Td} ; (b) K_{Tr} ; (c) K_{Ts} ; (d) $10K_{Qr}$; (e) $10|K_{Qs}|$; (f) η_0

　　导管倾角是另一个影响导管剖面位置的参数，图 5-5 为不同导管倾角 α_d 下的水动力性能，其中 $\alpha_\mathrm{d}=10.3°$ 为基础模型。减小导管倾角改善导管推力，增大导管倾角降低导管推力并改善转子推力，但当导管倾角过大时，继续增大导管倾角会导致高进速系数时导管推力大幅降低，转子推力降低。转子力矩和转子推力的变化趋势基本一致。不同于间隙，增大导管倾角，定子推力会有相对显著的改变，而定子力矩会明显减小，最大减小量在 $J=0.8$ 时达 35.8%，且和转子力矩的范围更加接近，利于泵喷的力矩平衡。但过大倾角下，转子和导管的推力损失巨大，导致推进器在高进速系数时效率为负。考虑推进器的效率，导管倾角应尽可能小，但这会使定子力矩剧增，使其在很大的进速系数范围内都远大于转子力矩。定子力矩变大，不利于定子结构。

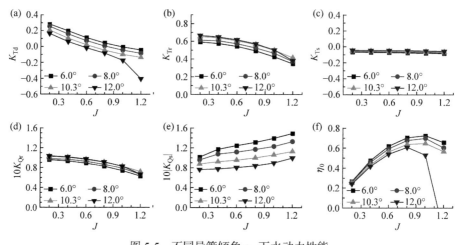

图 5-5　不同导管倾角 α_d 下水动力性能

(a) K_{Td}; (b) K_{Tr}; (c) K_{Ts}; (d) $10K_{\mathrm{Qr}}$; (e) $10|K_{\mathrm{Qs}}|$; (f) η_0

　　不同于间隙和导管倾角，导管长度、最大厚度、导管的进口和出口直径反映了导管剖面形状的变化。图 5-6 为不同导管长度 $L_{\mathrm{da}}/D_{\mathrm{r}}$ 下的水动力性能。导管的轴向长度对导管和定子上的力和力矩影响很小，主要影响转子性能，特别是转子推力。加长导管显著降低转子推力，特别是高进速系数时，尽管此时导管推力损失很小，但转子推力降低明显，最终导致泵喷总推力的损失大于转子力矩，效率显著降低。

　　不同导管最大厚度 $\mathrm{TH}_{\mathrm{dm}}/D_{\mathrm{r}}$ 下的水动力性能见图 5-7。导管过薄会导致高进速系数下导管和转子推力的巨大损失，甚至使总推力出现负值。对于其他情况，导管厚薄在整个进速系数范围内对推力和力矩的影响很小。导管在高进速系数下发生流动分离，而导管外侧变薄会进一步加剧此分离流动，导致推力在高进速系数时急剧变小，最终推进器性能显著降低。

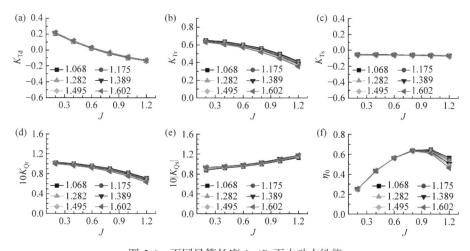

图 5-6　不同导管长度 L_{da}/D_r 下水动力性能

(a) K_{Td}；(b) K_{Tr}；(c) K_{Ts}；(d) $10K_{Qr}$；(e) $10|K_{Qs}|$；(f) η_0

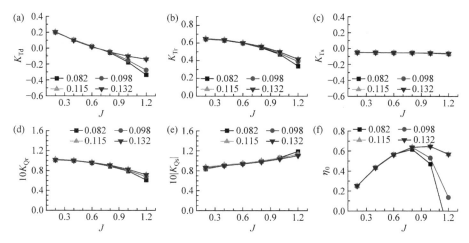

图 5-7　不同导管最大厚度 TH_{dm}/D_r 下水动力性能

(a) K_{Td}；(b) K_{Tr}；(c) K_{Ts}；(d) $10K_{Qr}$；(e) $10|K_{Qs}|$；(f) η_0

不同导管进口直径 D_{in}/D_r 和出口直径 D_{out}/D_r 下的水动力性能分别见图 5-8 和图 5-9。相对其他参数，导管进口直径和出口直径对性能影响很大，在总推力中占比很小的定子推力都具有显著的变化趋势，相对变化幅度大，同时不同进口直径下水动力的规律性很差。低进速系数时，仅在进口直径为特殊值 D_r 时水动力性能出现显著变化；中高进速系数时，仅此处讨论的最大进口直径下水动力性能出现显著变化，其余情况变化较小。敞水下导管进口直径过大是不合理的，会导致导管在中高进速系数时产生极大的阻力。对于转子推力和力矩，进口直径的影响则具有明显规律性，较小进口直径会增加推力和力矩，特别是会使中低进速系数时推力和力矩剧增，进口直径过大则导致在中高进速系数下推力和力矩骤减。对于定子而言，较大的进口直径有利于减小定子上的阻力和力矩。定子的阻力和力矩与流经定子的流体速度以及定子尺寸正相关，因此进口直径小会增大流经定子的流体速度，但定子直径减小的影响更显著，会使定子力矩减小。基于上述推力和力矩的变化，敞水下过大或过小的导管进口直径都不利于效率，特别是过大直径，导致泵喷中高进速系数下效率显著降低乃至为负值。

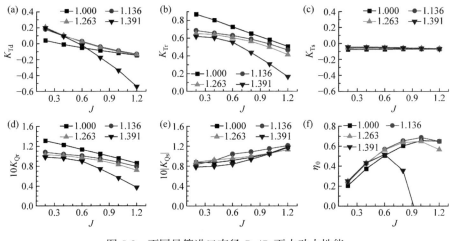

图 5-8　不同导管进口直径 D_{in}/D_r 下水动力性能
(a) K_{Td} ; (b) K_{Tr} ; (c) K_{Ts} ; (d) $10K_{Qr}$; (e) $10|K_{Qs}|$; (f) η_0

不同导管出口直径 D_{out}/D_r 下的水动力性能见图 5-9。相对而言，导管出口直径对性能的影响具有显著规律性。减小出口直径，转子推力和力矩增大，同时导管推力也显著减小。定子推力变化不大，但出口直径小可改善定子推力，同时定子力矩显著降低，其变化幅度与转子相当。导管出口直径过小会导致 $J=1.2$ 时导管推力突降，这和导管尾缘流动分离有很大关系。综合来看，导管和转子的性能变化趋势相反，通过降低导管出口直径来提升转子性能需兼顾导管推力损失，且存在性能提升边际效应，当直径大于 D_r 后，导管性能提升不明显。因此，就敞水效率而言，存在最优值，且不同进速系数下，最优值的工况有差异。为了更高的推进效率，在低进速系数范围，导管出口直径越大越好，但直径超过 D_r 后，效率提升可以忽略。在高进速系数范围，最佳效率受进速系数和导管出口直径的共同影响，随着进速系数增大，最佳效率的出口直径减小。总体上，导管出口直径对高进速系数工况的效率影响更大，最佳效率出口直径的确定需根据实际的工况要求进行调整。

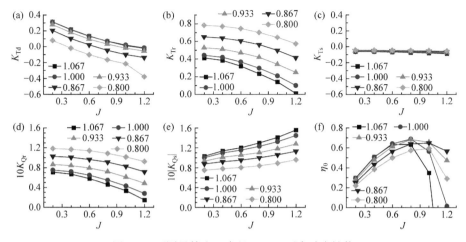

图 5-9　不同导管出口直径 D_{out}/D_r 下水动力性能

(a) K_{Td} ; (b) K_{Tr} ; (c) K_{Ts} ; (d) $10K_{Qr}$; (e) $10|K_{Qs}|$; (f) η_0

图 5-10 为不同导管下总推力的变化趋势。总推力在不同间隙、不同长度、不同导管出口直径下不会出现骤变。大间隙、长导管和大出口直径都会减小总推力，其中出口直径的影响最大。相对于基础模型，改变 1%相关参数，整个进速系数范围内，间隙导致的最大总推力系数改变量达 0.00046，而导管长度为0.00118，导管出口为 0.01521。导管倾角对总推力的影响在以外情况时几乎可以忽略，对于导管最大厚度也是如此，即当导管和转子没有发生推力突变时，倾角和最大厚度对总推力的影响可以忽略。对于导管的进口直径，其总体趋势是降低进口直径会改善总推力。

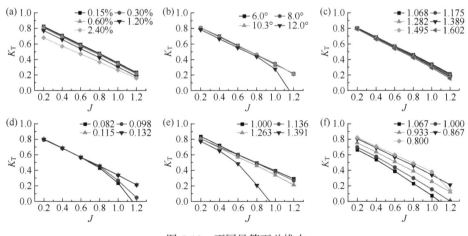

图 5-10　不同导管下总推力

(a) D_{gap}/D_r ; (b) α_d ; (c) L_{da}/D_r ; (d) TH_{dm}/D_r ; (e) D_{in}/D_r ; (f) D_{out}/D_r

　　进一步给定航速和推力需求来对比不同导管。在航速为 3.05m/s，推力需求为 120N 下，不同导管下等推力点见图 5-11，进速系数 J_i 和转速 n_i 见表 5-2。与总推力的变化一致，总推力较小的参数意味着等推力点的进速系数较小。大间隙、长导管、薄导管、大进口直径和大出口直径都会使推进器工作在较低的进速系数。导管倾角存在最优值，但其和邻近角度的对应进速系数很接近，在整个进速系数范围内差异不明显。当导管厚度和倾角未导致性能突降时，对工作点影响很小，如厚度 $0.115D_r$ 和 $0.132D_r$，倾角 $6°$、$8°$ 和 $10.3°$ 情况。

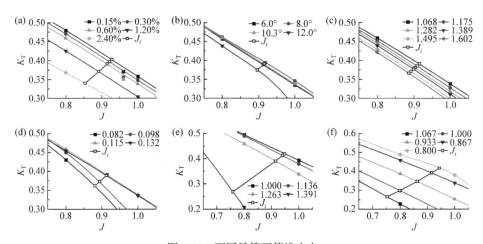

图 5-11　不同导管下等推力点

(a) D_{gap}/D_r；(b) α_d；(c) L_{da}/D_r；(d) TH_{dm}/D_r；(e) D_{in}/D_r；(f) D_{out}/D_r

表 5-2　不同导管下的等推力点进速系数 J_i 和转速 n_i

D_{gap}/D_r	J_i	n_i/(r/min)	α_d/(°)	J_i	n_i/(r/min)	L_{da}/D_r	J_i	n_i/(r/min)
0.15%	0.92838	1184.6	6	0.91221	1205.6	1.068	0.91502	1201.9
0.30%	0.92192	1192.9	8	0.91869	1197.1	1.175	0.90867	1210.3
0.60%	0.91502	1201.9	10.3	0.91502	1201.9	1.282	0.90337	1217.4
1.20%	0.89143	1233.7	12	0.89564	1227.9	1.389	0.89894	1223.4
2.40%	0.85332	1288.8	—	—	—	1.495	0.89150	1233.6
—	—	—	—	—	—	1.602	0.88590	1241.4

TH_{dm}/D_r	J_i	n_i/(r/min)	D_{in}/D_r	J_i	n_i/(r/min)	D_{out}/D_r	J_i	n_i/(r/min)
0.082	0.88016	1249.5	1.000	0.94831	1159.7	0.800	0.75285	1460.8
0.098	0.89404	1230.1	1.136	0.94013	1169.8	0.867	0.79895	1376.5
0.115	0.91502	1201.9	1.263	0.91502	1201.9	0.933	0.86188	1276.0
0.132	0.91282	1204.8	1.391	0.75898	1449.0	1.000	0.91502	1201.9
—	—	—	—	—	—	1.067	0.94416	1164.8

图 5-12 为不同导管下等推力点的进速系数和敞水效率。不同导管下进速系数分布在同一条直线上，但因导管变化对总推力影响不一，进速系数的分布有显著差异，如间隙、导管进口和出口在等推力点的进速系数跨度很大。图 5-12(b)进一步说明不同导管下等推力点处进速系数的变化规律。首先间隙和长度几乎线性变化；其次厚度和出口直径在参数值较小时近似线性，在参数值较大时变化放缓；再者进口直径随着参数线性增大，等推力点进速系数加速减小；最后导管倾角先增后减，有局部最大值。对于敞水效率，间隙越小，效率越高；倾角小，效率高，和等推力点进速系数不同；导管短，效率高；进口直径和出口直径影响下的效率存在最优值，厚度过薄或过厚均导致效率降低。

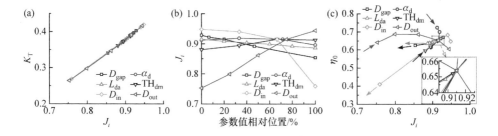

图 5-12　不同导管下等推力点的进速系数和敞水效率
(a) 等推力点，J_i 为不同导管下等推力点进速系数；(b) J_i 变化，参数相对位置表示某参数值在其参数范围内相对于最小值的线性位置；(c) 效率变化，箭头为参数值的增长方向

图 5-13 为等推力时不同导管下转子、导管和定子的推力占比。改变间隙尺寸和导管长度时，各推力占比的变化较小。减小间隙，导管阻力轻微增大，转子推力的增量有一部分用于克服新增的导管阻力。增大导管长度有相同的规律。导

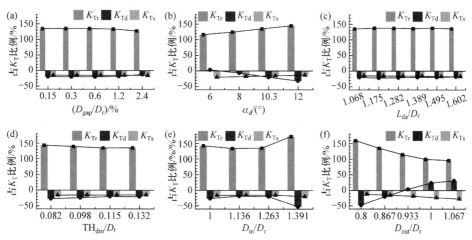

图 5-13　等推力点转子、导管和定子的推力占比
(a) D_{gap}；(b) α_d；(c) L_{da}；(d) TH_{dm}；(e) D_{in}；(f) D_{out}

管倾角的变化会显著改变转子和导管的推力占比，大倾角时有相当比例的转子推力用于克服导管阻力，同时转子力矩增加，尽管定子推力有轻微增加，但这不利于改善效率。对于导管厚度，减小导管厚度和大导管倾角影响相似。导管进口直径在一定范围内具有最小的导管推力占比，而改变导管出口直径会使大导管出口直径下导管推力从负推力到正推力。虽然大出口直径的导管提供推力，但对于定子，则是出口直径大，阻力大，抵消了导管推力，降低了效率，导致改变导管出口直径时存在最佳效率。

综上，从水动力的角度，即以效率高为基本要求，可以给出敞水下泵喷导管的设计准则：保证工艺可行性的情况下，采用小间隙、小导管倾角，保证定子位置的情况下，采用短导管，均有助于改善推进器效率；对于最大厚度，以主要工况不发生流动分离的前提下最薄为好；对于导管进口直径，越接近转子直径越好；对于导管出口直径，根据工况需求存在最优值，若不考虑特定工况最优，则为 0.85~1.0 倍转子直径较好，保证效率兼顾推力。

5.2.2　转子和导管的推力脉动

为定量比较，在等推力条件下比较不同导管参数对推力脉动的影响。图 5-14 为不同导管下等推力点转子推力脉动时域曲线。等推力下，转子推力脉动差异很大，特别是部分导管参数的取值过大或者不合理时。例如，间隙尺寸过大，导致转子推力的脉动显著增加；导管倾角较小虽有助于水动力效率，但会导致极大的转子推力脉动；导管过薄导致转子出现长周期波动，脉动范围显著增大；导管进口直径等于转子直径时，可能会导致推力脉动增加两个数量级；导管出口直径过大，会加剧转子的推力脉动。

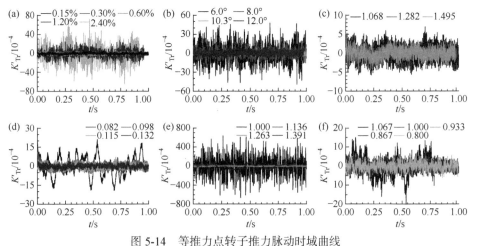

图 5-14　等推力点转子推力脉动时域曲线

(a) D_{gap}/D_r；(b) α_d；(c) L_{da}/D_r；(d) TH_{dm}/D_r；(e) D_{in}/D_r；(f) D_{out}/D_r

不同导管下转子、导管、定子和单转子叶片的推力脉动强度见图5-15。分析可知：

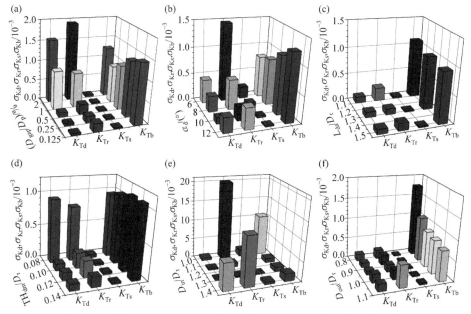

图 5-15　等推力时，转子、导管、定子和单转子叶片的推力脉动强度

(a) D_{gap} ; (b) α_d ; (c) L_{da} ; (d) TH_{dm} ; (e) D_{in} ; (f) D_{out}

(1) 单转子叶片推力脉动随着间隙增大先减小后增大，过大间隙导致单叶片推力脉动增大，但对于整个推进器，转子、导管上的推力脉动都随间隙增大呈增大趋势，间隙大于 1.2%时，推力脉动显著增大。

(2) 降低导管倾角，改善了单叶片的推力脉动，但就转子和导管而言，推力脉动先减小后增大，最佳效率不对应最小转子推力脉动。此外，倾角过小还会导致定子本来轻微的推力脉动显著增大到与导管的推力脉动相当。

(3) 增加导管的长度可轻微改善单转子片以及转子的推力脉动，但对导管自身的推力脉动几乎无影响，且长导管不利于效率。

(4) 单叶片的推力脉动随导管厚度的降低而减小，较厚导管有利于减小转子推力脉动，导管过薄引起转子推力脉动剧增。

(5) 导管进口直径对推力脉动影响很大，当进口直径为 1 倍转子直径时，叶片和转子的推力脉动存在量级上的增大。虽然导管进口直径较大时，单叶片推力脉动只是轻微增大，但转子和导管的推力脉动存在量级上的增大。

(6) 导管出口直径增大，单叶片推力脉动增大。对于转子，导管出口直径过小时推力脉动会显著增大，较大导管出口直径时推力脉动也会轻微增大。对于导管，过大和过小导管出口直径时推力脉动均有轻微增大。

图 5-16 为等推力点单转子叶片的推力脉动频域曲线。尽管存在某个导管参数使特征频率之外的推力脉动显著增强，但不同导管下的主特征峰仍在 f_s 和 $2f_s$ 处。对于每个导管参数：

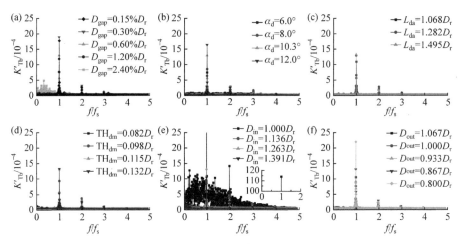

图 5-16　等推力点单转子叶片推力脉动频域曲线

(a) D_{gap}；(b) α_d；(c) L_{da}；(d) TH_{dm}；(e) D_{in}；(f) D_{out}

(1) 导管转子的间隙过小，会导致 f_s 和 $2f_s$ 处特征峰升高，但间隙过大会导致 f_s 以内的频段出现大量的特征峰，根据第 2 章的分析结果，这些特征峰并不会像 f_s 和 $2f_s$ 处的特征峰那样有所抵消。

(2) 较小的导管倾角会降低 f_s 和 $2f_s$ 处的特征峰，但在此特征峰之间的其他分量会有所增加。

(3) 不同于前两者，改变导管长度基本只影响特征峰的幅值，增加导管长度时不利于降低 f_s 和 $2f_s$ 处的特征峰。

(4) 增加导管厚度，f_s 处特征峰升高而 $2f_s$ 处特征峰幅值轻微增大，但其他非特征频率处的幅值减小。

(5) 导管进口直径等于转子直径时，不仅 f_s 处的特征峰幅值存在量级上的增大，其他非特征频域处的幅值也显著增大，这些频率处幅值与其他进口直径时特征频率处的幅值在同一水平，说明导管进口直径过小时，转子进流的不均匀性存在急剧增大的情况，并且进口直径过大时，f_s 和 $2f_s$ 特征峰幅值虽有明显减小，但低频处脉动幅值增大，在相位差不能很好地抵消这些幅值时，会增大转子在低频内的推力脉动。

(6) 对于导管出口直径，主要影响单叶片的特征峰，出口直径过小，会增大 f_s 和 $2f_s$ 处特征峰的幅值。

图 5-17 为等推力点转子推力脉动的频域曲线。过大的导管转子间隙、过小的导管倾角、过小的导管进口直径、过大的导管出口直径以及过薄的导管均会使频域内大量特征峰外的高幅值峰出现。导管过薄、导管进口直径和出口直径过大也会导致在轴频量级的频率附近的强推力脉动。此外，导管倾角过大会导致 f_r 处特征峰显著升高，过薄导管也不利于降低 f_r 处的推力脉动，与图 5-14 的时域脉动曲线一致，这些低频是因为时域曲线出现了长周期脉动，说明此时流场内除了转子和定子的干扰外，还存在显著的分离流动。

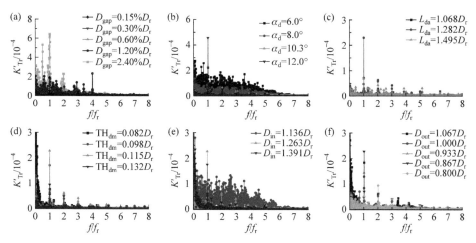

图 5-17　等推力点转子推力脉动频域曲线
(a) D_{gap} ; (b) α_d ; (c) L_{da} ; (d) TH_{dm} ; (e) D_{in} ; (f) D_{out}

等推力点导管的推力脉动频域曲线见图 5-18。在 f_r 及其谐频处的特征峰是

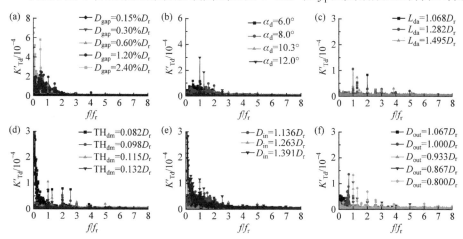

图 5-18　等推力点导管推力脉动频域曲线
(a) D_{gap} ; (b) α_d ; (c) L_{da} ; (d) TH_{dm} ; (e) D_{in} ; (f) D_{out}

显著低于转子的，但在 f_r 内的推力脉动显著，特别是在轴频量级的频率附近。例如，当导管最薄和进口直径最大的情况下，低频脉动极强，说明除了转子上有长周期大脉动，导管上也同样存在。结合间隙对导管推力脉动的影响，当间隙尺寸不小于 1.2%转子直径时，推力脉动显著，不论从推进性能角度还是推力脉动角度，大间隙尺寸均不合适。导管倾角则是过小不合适，追求效率的同时带来的推力脉动增大也不可忽略。对于导管长度，长度变化对推力脉动的影响微小，实际中采取短导管较好。对于导管的最大厚度，在保证内流道导管线型不变的情况下，轻微增大导管厚度较好。对于导管进口直径，过小导致频域内大量的特征峰脉动，过大导致长周期低频脉动。对于导管出口直径，则是不要选择扩张型导管，但出口直径不宜过小，结合性能与推力脉动，本章算例中，出口直径在 $0.867D_r \sim 1.000D_r$ 时较好。

5.3　不同导管泵喷流场

5.3.1　导管和转子表面压力

图 5-19 为导管-转子间隙影响下不同导管剖面压力分布。间隙主要影响该区域以及转子前后流场压力，并且在 $J=0.2$，大间隙还增大了导管前缘流动分离导致的局部低压，而对导管外侧的压力影响几乎没有。相对于转子推力和力矩的显著变化，导管的间隙区域部分在轴向的投影面积小，对导管的推力贡献很小。在

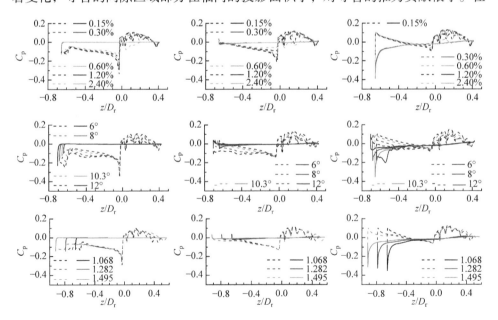

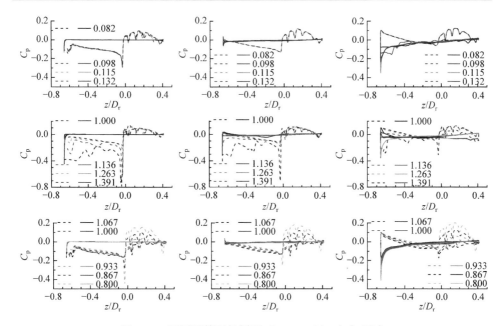

图 5-19　不同导管下的剖面($\theta=90°$，正 y 方向)压力

上至下行分别对应 D_{gap}/D_r、α_d、L_{da}/D_r、TH_{dm}/D_r、D_{in}/D_r、D_{out}/D_r，左至右列分别对应 $J=0.2$，0.6，1.0，其中虚线为导管内侧压力

转子下游，间隙过大时，泄流携带的低压在导管壁面上的轨迹不再明显，转子尾流对导管的高压同步减小，改善了导管在高进速系数时的推力。

导管倾角增大，导管外侧压力降低，特别是高进速系数时，大倾角形成了大范围低压区；同时导管内侧压力显著增大，特别是导管进口的定子区域和转子下游的导管收缩区域，进而在大倾角时导管推力显著减小，变化幅度甚至大于转子推力。此外，倾角增大后导管轴向投影面积增大，压力积分轴向贡献增大，再一次减小导管的推力。

导管最大轴向长度的变化对导管外侧压力分布规律几乎无影响，主要影响压力分布的轴向范围，对轴向推力的影响基本可以忽略。转子尾流造成的高压不存在强度上的差异，主要是轴向分布范围扩大，对导管推力的影响也基本可以忽略。但导管变长会增大摩擦阻力，导致导管推力下降。整体上，导管长度对导管推力的影响很小。

导管最大厚度主要影响高进速系数时导管外侧的压力分布，而对导管内侧的压力分布影响很小。当导管很薄时，进口下游存在很大的低压区域，使推力在高进速系数时显著减小。

不同进口直径下压力变化主要在导管内侧，高进速系数下过大进口直径也会导致导管外侧的压力明显下降，推力显著减小。进口直径变小会导致进口下游以及定子区域极低的压力，但是进口收缩会导致该部分低压对推力的贡献也变小，进而对推力的影响相对不大。当 $D_{in} = D_r$ 时，转子前方内侧导管对轴向力的贡献几乎为零，因此在整个进速系数范围内导管推力均减小。

改变导管出口直径，低进速系数(J=0.2)时主要影响导管内侧压力，出口直径变小，整个导管内侧压力增大，特别是导管进口处以及转子下游导管，而导管外侧主要差异体现在中高进速系数(J=0.6，1.0)时，随着出口直径减小，压力降低。导管出口直径变小，转子下游导管壁面压力显著增大，导管和转子尾流的相互作用急剧增大，加大了转子和导管之间的力消耗，而转子力矩增大，不利于效率。不同于间隙、导管倾角、导管轴向长度和最大厚度，进口和出口的直径对导管上的压力影响很大，可变范围有限，不合理取值时易在间隙和导管进口附近出现极值压力。

图 5-20 为等推力点下不同导管剖面压力。间隙变化主要影响导管在转子区域及其下游的压力，间隙增大，转子和导管之间的相互影响降低，且间隙过大时，间隙泄流在导管内壁产生的低压区域不再明显。导管倾角变化几乎改变整个导管的压力分布，以导管外侧的前半部分和导管内侧变化最为明显，增大倾角，导管前缘外侧出现极低压，而内侧压力升高，导致导管的推力显著减小。

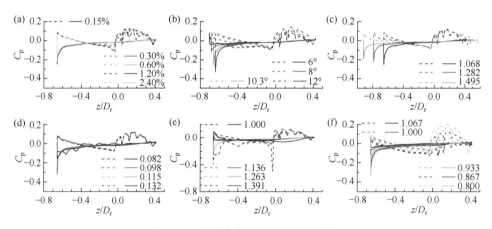

图 5-20　等推力点不同导管剖面压力

(a) D_{gap}/D_r ; (b) α_d ; (c) L_{da}/D_r ; (d) TH_{dm}/D_r ; (e) D_{in}/D_r ; (f) D_{out}/D_r

虚线表示导管内侧压力

不同导管长度下导管压力差异很小，但短导管时，进口外侧低压更低。改变导管最大厚度主要影响薄导管时的导管外侧压力，导管较薄会导致外侧前缘流动分离，改变压力分布，形成较大流向低压区，同时前缘的极低压消失。

当导管进口直径过小和过大时，导管的内外分别出现流动分离，进而形成较大局部低压区。特别是当导管进口直径等于转子直径时，导管前缘出现极低压，且转子梢部也出现极低压。当改变导管出口直径时，导管压力虽未出现突变，但压力变化显著。增大出口，导管内壁压力降低，同时导管外壁面压力升高，改善了导管推力，并且当出口较大时还会提高导管进口外侧低压区压力。

图 5-21 为等推力点不同导管下的转子叶片压力，其中压力根据不同导管下对应的转速进行量纲为一转化。等推力下，间隙产生的差异主要在叶面泄流影响区域以及叶背压力。间隙过小时，泄流在叶面梢部附近形成的低压区消失，而间隙过大，会导致间隙泄流在叶形成多个局部低压区。在叶背，间隙较小时压力分布差异很小，仅在间隙出现显著增大时(不小于 $1.2\%D_r$)会使叶背高压显著降低。改变导管倾角，转子表面压力差异很大，大倾角时整个叶背压力显著升高，而在叶面，主要是内半径区域的低压区压力升高。从叶面的压力分布来看，间隙过大、倾角过大，不利于空泡性能。当改变导管长度和最大厚度时，转子叶面表面的压力差异很小，但是导管较薄时会使泄涡在叶面形成更低的局部低压区，因流动分离，对转子推力需求增大。

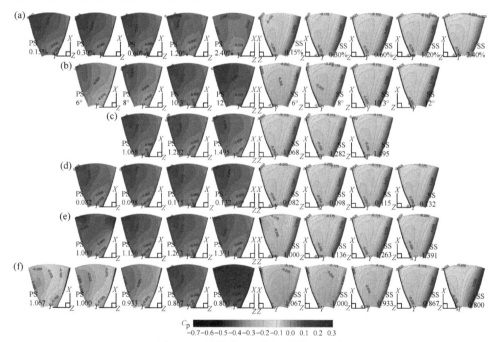

图 5-21　等推力点不同导管转子压力

(a) D_{gap}/D_r；(b) α_d；(c) L_{da}/D_r；(d) TH_{dm}/D_r；(e) D_{in}/D_r；(f) D_{out}/D_r

吸力面：SS；压力面：PS，下同

改变导管的进口直径和出口直径均会使转子压力分布产生差异。前者主要是进口直径等于转子工作段直径时出现，叶面压力与其他进口直径有很大区别，在导边靠近梢部出现极低压区，同时在叶背，导边靠近梢部区域出现极高压区，不再是其他进口直径下显示的局部低压区，导管设计应避免进口直径等于转子工作段直径。改变出口直径与改变间隙和倾角时的效果相似，均是叶片压力的整体变化。出口直径增大，叶面和叶背的压力会显著降低，特别是当出口直径不小于转子工作段直径时，叶面中部低压区会突然扩大，与此同时，叶背高压区从随边的梢部附近移到中部。

5.3.2　导管绕流场

图 5-22 为不同工况和导管下的推进器流量 Q_f 和最大敞水效率 η_0^{max}。不同工况下流量主要取决于转速。不同进速系数下流量有一定差异，高进速系数时流量较大，但远小于转速的影响。导管倾角和导管出口直径对流量有显著影响，导管进口直径也会使流量出现轻微变化。相对地，间隙、轴向长度、最大厚度对流量几乎无影响。可见，影响到导管出口时会使流量明显变化。等推力下，大间隙、小倾角、长导管、薄导管、大进口直径或大出口直径的导管，推进器需更大流量，转子输出功率更多用于水流动能。

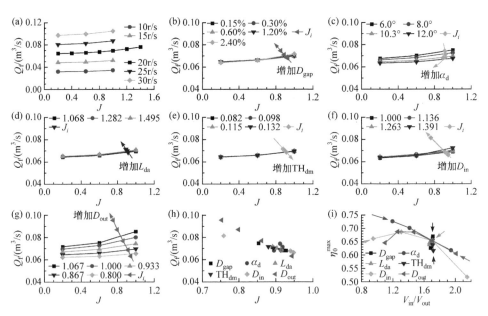

图 5-22　不同工况和导管下的推进器流量 Q_f 和最大敞水效率 η_0^{max}

(a) 不同转速 n；(b) D_{gap}/D_r；(c) α_d；(d) L_{da}/D_r；(e) TH_{dm}/D_r；(f) D_{in}/D_r；(g) D_{out}/D_r；(h)等推力点 J_i 处流量；(i) 最大敞水效率 η_0^{max} 与喷速比 V_{in}/V_{out} 关系

箭头为参数增大方向

对比不同导管下喷速比 V_{in}/V_{out} 和最大敞水效率 η_0^{max}，使流量差异最大的导管倾角、导管进口直径和导管出口直径变化时，喷速比变化范围最大，引起的最大效率变化幅度也最大。此外，敞水下导管倾角还未达到效率最佳值，可进一步降低倾角来提高 $\eta_0^{\max}$。

图 5-23 为不同间隙 $D_{\mathrm{gap}}/D_{\mathrm{r}}$ 下 yOz 平面内导管绕流场的速度。大间隙下流量大，导管前缘驻点处流线轻微向外半径方向移动，流量增加主要源于导管进流面积的增大，在 $J=0.2$，导管前缘流动分离随间隙增大而减弱，而 $J=1.0$ 下尾缘流动分离随间隙增大而加强。在间隙区域，间隙扩大增强了间隙泄流，但大间隙下转子尾迹远离导管壁面，和导管的作用强度降低，转子尾流在导管壁面产生的高压减小，同时导管对转子尾流的加速作用降低，尾流场的最大速度降低。因此大间隙下，会出现导管推力改善的情况。

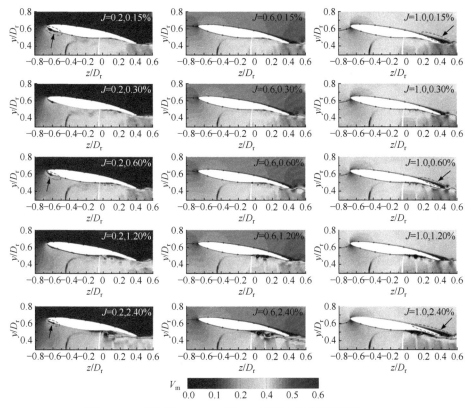

图 5-23　不同间隙 $D_{\mathrm{gap}}/D_{\mathrm{r}}$ 下 yOz 平面内导管绕流场的速度

图 5-24 为不同导管倾角 α_{d} 下 yOz 平面内导管绕流场的速度。不同于间隙，改变倾角，流场变化更大。减小导管倾角，导管前缘的驻点外移，推进器流量增大，导致 $J=0.2$ 时导管前缘内侧的流动分离加剧，而 $J=1.0$ 时导管外侧流动分离改善，驻点下游的高速区向下游移动，并且速度降低。当导管倾角过大，除导管

尾缘的流动分离增强，前缘外侧也出现流动分离，并且发展到整个导管外侧，此时性能显著下降，噪声增大。此外，倾角变小的另一个副作用就是通过定子的流体速度增大，前缘分离流动显著，不利于减小转子推力波动，还会增大定子力和力矩波动。结合噪声结果，进一步降低导管倾角虽然可以继续提高效率，但其他方面性能均变差。

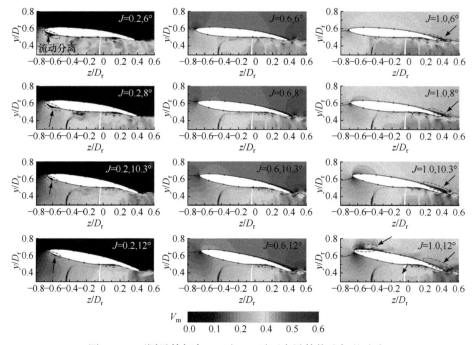

图 5-24　不同导管倾角 α_d 下 yOz 平面内导管绕流场的速度

不同导管长度 L_{da}/D_r 下 yOz 平面内导管绕流速度如图 5-25 所示。延长导管，流量增加，前缘驻点外移，使得 $J=0.2$ 时导管前缘流动分离变显著，而 $J=1.0$ 时，导管前缘驻点的外移缩小了驻点低速区并降低了驻点下游的高速区速度，驻点低速区的缩小和前移，降低了驻点对定子流场的影响，不过延长导管对于高进速系数下性能不利。

不同导管最大厚度下 yOz 平面内导管绕流场的速度见图 5-26。导管很薄时，导管外侧出现流动分离，形成低速流体，充斥在推进器的尾流和自由流边界附近，此低速流体主要来自于导管外侧流动分离。最大厚度对 $J=0.2$ 时的导管前缘内侧流动分离的影响也很小，主要影响高进速系数下导管外侧流动分离。不同于倾角，改变最大厚度几乎不影响导管尾缘流动分离，而是影响导管前缘流动分离，并且前缘流动分离发生，尾缘流动分离减弱或消失，导管外侧形成整个流向的大分离流。

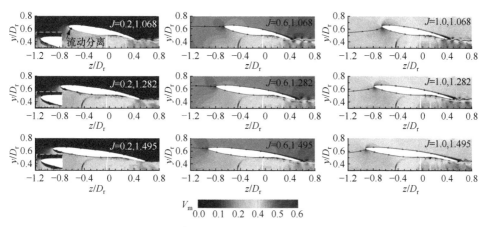

图 5-25　不同导管长度 L_{da}/D_r 下 yOz 平面内导管绕流速度

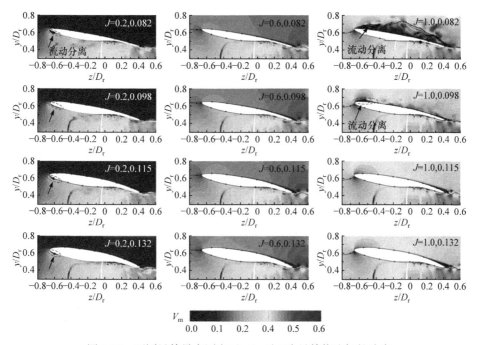

图 5-26　不同导管最大厚度下 yOz 平面内导管绕流场的速度

　　导管进口直径对水动力性能影响很大，对推力脉动和流噪声影响也很大。流量及喷速比的变化，都说明进口直径对流场影响显著，流场变化很大，使喷速比从小于 1 到大于 2。如图 5-27 所示，导管外侧在 $J=0.6$ 和 $J=1.0$ 时存在显著流动分离。减小进口直径，导管前缘驻点明显后移，驻点下游的高速区也逐渐后移，在导管前缘内侧形成了剧烈的流动分离，影响到整个内流道。在 $D_{in}=D_r$ 时，从 $J=0.2$ 到 $J=1.0$，导管前缘均有显著的流动分离，已不能通过改变工况来避免流动分离。

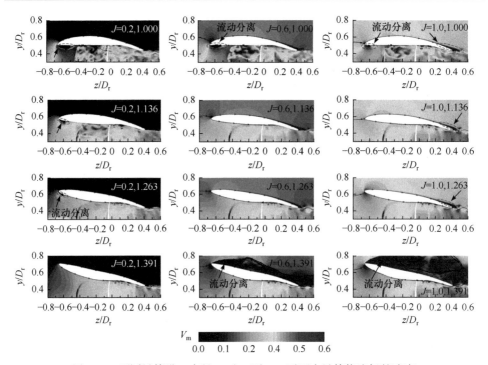

图 5-27　不同导管进口直径 D_{in}/D_r 下 yOz 平面内导管绕流场的速度

导管出口直径对流场影响也很大。图 5-28 为不同导管出口直径 D_{out}/D_r 下 yOz 平面内导管绕流场的速度。减小导管出口直径，可降低流量，使导管的前缘驻点内移，改善了 $J=0.2$ 时导管前缘的流动分离，但不利于导管尾缘外侧流动分离。当导管出口直径和转子工作段之间的收缩过快时，导管尾缘外侧的流动分离显著，流动分离发生的进速系数减小。增大导管出口直径，可改善导管尾缘外侧的流动分离，但当 $D_{out} \geqslant D_r + D_{gap}$ 时，导管尾缘内侧出现流动分离，因转子尾流的速度在整个进速系数范围内都很大，此流动分离几乎不受进速系数的影响。根据喷速比和最大效率，导管的出口应有一定的收缩。结合不同导管对流量、尾流场和导管绕流的影响，设计导管时应重点考虑导管的倾角、进口直径和出口直径，这关系到导管上的流动分离。导管最大厚度应以不出现流动分离下的薄导管为目标，对于间隙和轴向长度，则不是首选设计参数。

等推力点导管绕流场的速度见图 5-29。间隙变化影响间隙泄流和整个导管流场。间隙增大，流量增大，导管外侧驻点下游的加速区范围缩小，而导管前缘驻点的影响范围扩大，驻点低速区对定子流场的影响增强。不同导管倾角下，流量差异较小，但倾角增大时前缘驻点内移显著，增强了驻点低速区对定子流场的影响，同时会引起外侧驻点下游的高速区前移，增大高速区流速，导管尾缘处流动

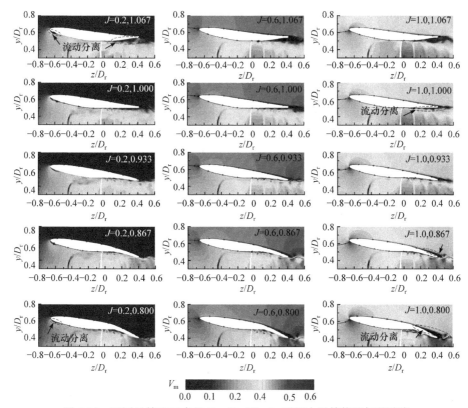

图 5-28 不同导管出口直径 D_{out}/D_r 下 yOz 平面内导管绕流场的速度

分离更加显著。

导管长度和最大厚度对导管绕流区域的速度分布影响较小。增长导管，增加前缘驻点流场对定子流场的影响，长导管下驻点低速区变小，使驻点低速区远离定子流场。导管最大厚度对驻点低速区的影响很小，减小最大厚度使导管外侧驻点下游的高速区范围变小，当导管过薄则出现了显著的导管前缘流动分离并覆盖整个导管。

导管进口直径增大，流量变化明显，导管前缘驻点从导管外侧到内侧显著移动，导管外侧驻点下游的高速区前移并缩小。进口直径过小时，驻点在导管外侧，导管进口内侧流动分离显著，转子叶片推力脉动强。导管进口直径过大时，驻点内移直接导致导管前缘出现覆盖到整个导管外侧的流动分离，驻点低速区增大。改变导管出口直径，流量变化同样很大，导管前缘驻点移动明显。减小导管出口直径，驻点内移，驻点低速区以及导管外侧驻点下游的高速区均扩大，同时导管尾缘的流动分离加剧。增大导管出口直径，减小导管前缘高速区的速度，有助于降低导管前缘低压。

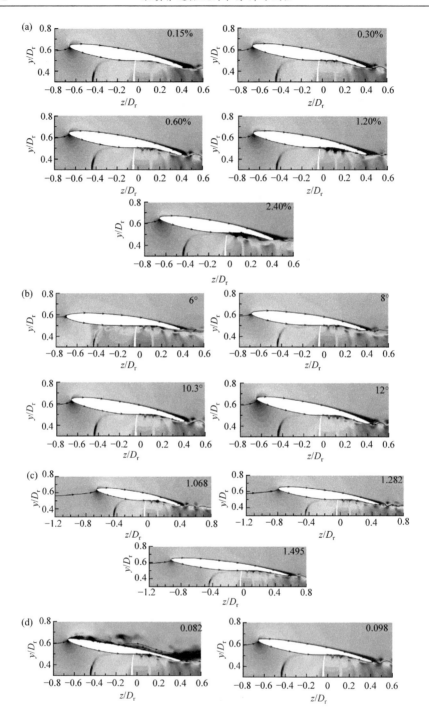

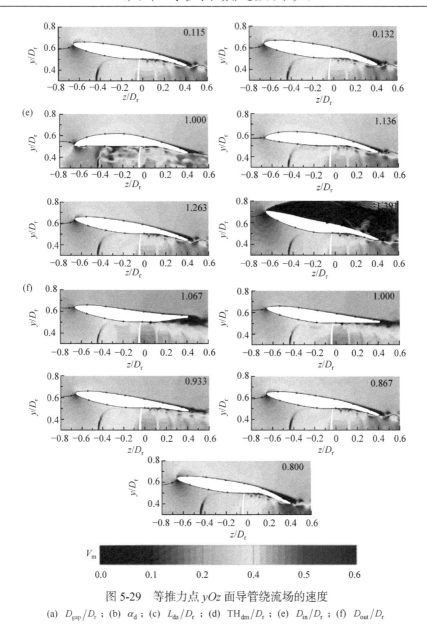

图 5-29　等推力点 yOz 面导管绕流场的速度

(a) D_{gap}/D_r ; (b) α_d ; (c) L_{da}/D_r ; (d) TH_{dm}/D_r ; (e) D_{in}/D_r ; (f) D_{out}/D_r

5.3.3　流场涡系演化

图 5-30 为不同导管的泵喷在 J_i 处间隙泄涡、泄流流线和梢部叶片压力，图 5-31 为间隙泄涡的核心结构，图 5-32 为导管前涡系和定子尾迹涡系。改变间隙主要影响转子间隙及其下游流场、推进器尾流场，而对导管进口以及定子流场

影响很小。增大间隙，叶片梢部低压区扩大、增强，泄涡增强，不同泄涡间干扰增强，泄涡更加不稳定；同时泄涡径向范围扩大，运动轨迹沿叶片表面流向后移，但泄涡外侧因导管壁面外移形成了大范围低速流体区，低速流体在下游和泄涡的作用下加速了泄涡结构破坏。

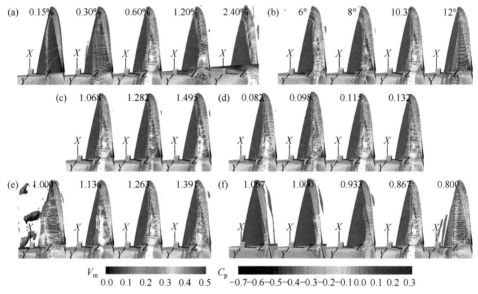

图 5-30　在 J_i 处间隙泄涡、泄流流线和梢部叶片压力($\Omega = 0.75$ ，流场切片为速度大小)
(a) D_{gap}/D_r ; (b) α_d ; (c) L_{da}/D_r ; (d) $\text{TH}_{\text{dm}}/D_r$; (e) D_{in}/D_r ; (f) D_{out}/D_r

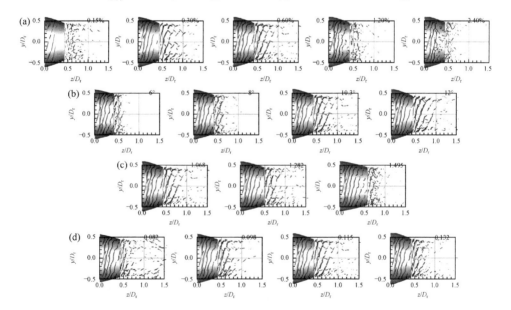

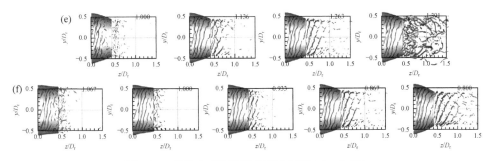

图 5-31 等推力点间隙泄涡核心结构($\Omega = 0.75$)

(a) D_{gap}/D_r ; (b) α_d ; (c) L_{da}/D_r ; (d) TH_{dm}/D_r ; (e) D_{in}/D_r ; (f) D_{out}/D_r

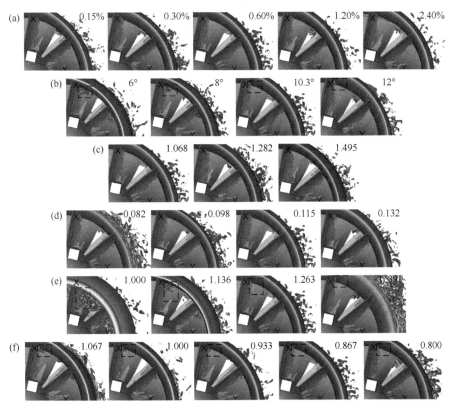

图 5-32 等推力点导管前涡系和定子尾迹涡系($\Omega = 0.52$)

(a) D_{gap}/D_r ; (b) α_d ; (c) L_{da}/D_r ; (d) TH_{dm}/D_r ; (e) D_{in}/D_r ; (f) D_{out}/D_r

考虑导管倾角影响时,因大倾角下转子负载高,叶片梢部低压更显著,间隙泄涡强,运动轨迹沿流向移动,其主结构在尾流场内的持续时间更长。导管倾角为 12°时等推力点未落在导管进口外侧发生流动分离的工况,不同导管倾角下仅定子尾迹涡系存在很大差异,小倾角下定子尾迹涡系显著,转子来流不均匀度高。

考虑导管长度和最大厚度的影响,叶片负载差异较小,间隙泄涡的差异也小。长导管下,泄涡在导管内侧的不稳定阶段长,和导管随边涡干扰前的变形和断裂严重。当导管过薄导致导管外侧流动分离时,形成的流动分离涡加速了泄涡出导管后的破碎。

改变导管进口直径,转子的进流及其负载变化显著,改变了间隙泄涡的强度和行为。当导管进口段无收缩时,叶片梢部低压区显著缩小,但转子来流存在的大量分离涡破坏了间隙泄涡的生成,使泄涡在下游极不稳定,出导管前就破碎为大量二次涡。当进口直径过大引起导管外侧出现大分离涡系时,分离涡系直接加速破坏了流出导管的间隙泄涡。可见,进口直径小,定子尾迹涡系强,导管进口内侧可能出现分离涡系;进口直径大,导管外侧易出现大分离涡。

不同导管出口直径下转子负载差异大,间隙泄涡变化明显,定子外半径的尾迹涡系也受到影响。大出口直径时,因流量增大,经过定子流体的速度增大,定子尾迹涡系增强,同时因转子负载减小,泄涡变弱,在尾流场的持续范围缩短。当出口为扩张型时,导管尾缘内侧的流动分离进一步加速了泄涡出导管前的破碎程度。

对比等推力点的推力脉动和辐射噪声,可见,导管上的分离涡系均使辐射噪声和推力脉动增强,但内侧涡系对推进性能影响不大。

5.3.4　流场压力脉动

图 5-33 为泵喷流场内部的速度和压力监测点,考虑不同导管等推力时 $P_{1,4}$ 和 $P_{4,3}$ 处的压力脉动时频域特性。

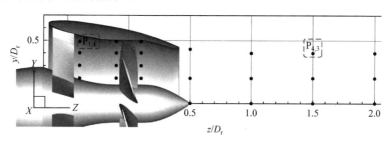

图 5-33　泵喷流场内部的速度和压力监测点

图 5-34 为不同 D_{gap}/D_r 下等推力时 $P_{1,4}$ 和 $P_{4,3}$ 处的压力脉动时频域曲线。在定子后方 $P_{1,4}$ 处,大间隙下的压力脉动增强,低频分量升高。在尾流场 $P_{4,3}$ 处,压力脉动先随间隙增大而增大,在间隙超过 $0.6\%D_r$ 后,压力脉动范围增大 50% 以上,但间隙过大时泄涡的主结构被破坏,脉动的叶频分量反而降低,低频分量增强。总体而言,大间隙下流场压力脉动强。

不同导管倾角时的压力脉动时频域曲线见图 5-35。在定子后方 $P_{1,4}$ 处,压力脉动随着倾角增大而减小。在倾角为 6°时，压力脉动的急剧增大与导管前缘出现的流动分离有关，对应频域内各频率下分量均有明显增大。在尾流场内 $P_{4,3}$，压力脉动水平差异很小，但是倾角增大使叶频内低频分量增强，这和导管外侧流动分离有关。小倾角的导管设计虽然有利于性能，但不利于减小流场压力波动。

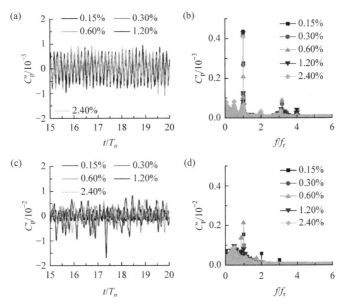

图 5-34 不同 $D_{\mathrm{gap}}/D_{\mathrm{r}}$ 下等推力时 $P_{1,4}$(a，b)和 $P_{4,3}$(c，d)处的压力脉动时频域曲线

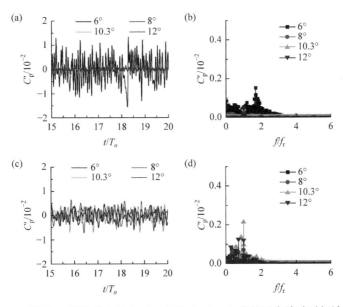

图 5-35 不同 α_{d} 下等推力时 $P_{1,4}$(a，b)和 $P_{4,3}$(c，d)处的压力脉动时频域曲线

不同导管长度下的压力脉动时频域曲线如图 5-36 所示，长导管下 $P_{1,4}$ 处的压力脉动因延长导管而降低，特别是 f_r 和 $2f_r$ 处压力脉动。在 $P_{4,3}$ 处，压力脉动范围变化很小，长导管下的低频压力脉动反而增大。增大导管轴向长度有利于减小内流道流场的压力脉动，同时对尾流场的压力脉动影响很小。

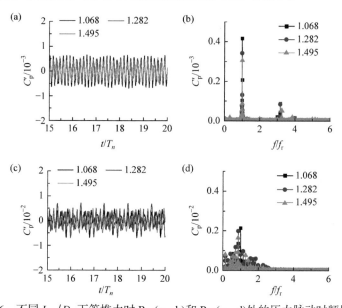

图 5-36　不同 L_{da}/D_r 下等推力时 $P_{1,4}$(a，b)和 $P_{4,3}$(c，d)处的压力脉动时频域曲线

改变导管最大厚度主要影响导管尾流场内的压力脉动。如图 5-37 所示，$P_{1,4}$

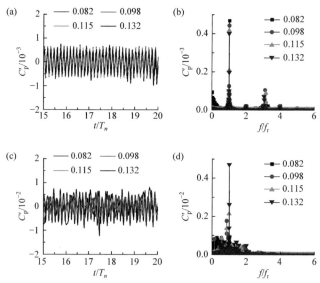

图 5-37　不同 TH_{dm}/D_r 下等推力时 $P_{1,4}$(a，b)和 $P_{4,3}$(c，d)处的压力脉动时频域曲线

处压力波动幅度的差异很小，导管厚度小时叶频处压力脉动幅值有轻微增大，而 $P_{4,3}$ 处的压力脉动幅值在导管厚度大时明显增大，主要是增大了特征频率处的压力脉动。

图 5-38 为不同 D_{in}/D_r 下的压力脉动时频域曲线。进口直径过大，导管前缘出现的流动分离会增大 $P_{1,4}$ 处的压力脉动，产生大量的低频压力脉动分量。在尾流场内的 $P_{4,3}$，进口直径增大，压力脉动增大，当进口直径过大导致导管外侧出现流动分离时，压力脉动的低频分量出现量级上的增大，流场低频脉动剧烈。

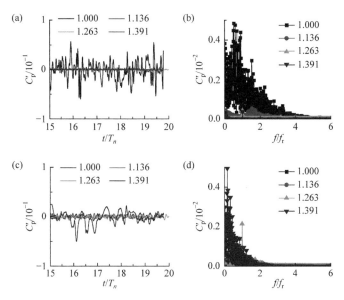

图 5-38　不同 D_{in}/D_r 下等推力时 $P_{1,4}$(a，b)和 $P_{4,3}$(c，d)处的压力脉动时频域曲线

不同 D_{out}/D_r 下的压力脉动时频域曲线如图 5-39 所示。定子区域流速增大，$P_{1,4}$ 处压力脉动增强，叶频处的压力脉动分量增大。在 $P_{4,3}$ 处，导管出口直径过小，尾流场内的压力脉动显著增大，叶频及其谐频处压力脉动增大。当出口为扩张型时，压力波动也会增大。

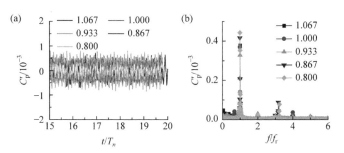

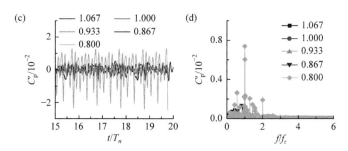

图 5-39　不同 D_{out}/D_r 下等推力时 $P_{1,4}$(a，b)和 $P_{4,3}$(c，d)处的压力脉动时频域曲线

第6章 定子对泵喷推进器流场影响

6.1 定子设计参数

定子的尺度由两类参数决定：长度和角度。这两类参数可从三个视图方向来决定，即子午面、环向、径向。长度上，在子午面方向可提取两个参数，即定子的弦长以及定子和转子间的距离；角度上，轴向、环向和径向分别对应后倾角、预旋角和侧斜角，其中径向由轮毂和内流道导管壁面共同决定。

图 6-1 为定子参数调整方式。转子和定子之间的距离调整包含两种方式。第一种为直接调整定子，见图 6-1(a)，参考轴流泵设计理论，为避免转子和定子尾迹干涉产生过大的压力脉动，定子和转子的距离不得小于 $0.05\,D_r$。此处以 5mm 为移动间隔，分别将定子沿轮毂收缩方向移动 5mm、10mm、15mm 和 20mm，得到另外四组定子，其中移动最大距离即 20mm 后，转子-定子距离为 $0.23\,D_r$。

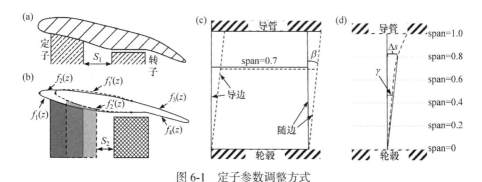

图 6-1 定子参数调整方式

(a) 不同转子-定子间距 S_1；(b) 不同转子-定子间距 S_2；(c) 不同后倾角 β；(d) 不同侧斜率 k

移动定子改变了导管进口和定子的相对位置。若保持定子和导管进口的相对位置不变，调整方式如图 6-1(b)所示。将导管剖面的型线分为四段，其中 $f_1(z)$ 和 $f_2(z)$ 分别为上游的内壁面和外壁面，$f_3(z)$ 和 $f_4(z)$ 分别为下游的外壁面和内壁面。定子每后移 5mm，将 $f_1(z)$ 和 $f_2(z)$ 以原点沿轴向按照相应比例缩短(虚线为调整后)，使导管前缘也后移 5mm，而后缘型线则保持不变。为与前面参数区别，这种调整后的间距定义为 S_2 ，而前一种方法的间距为 S_1 。经过调整，导管模型尽可能保持不变，而体积和重量将有所下降，有利于泵喷配重匹配的设计，调整后的导管模型相对原始模型重量下降分别为 4.6%、9.1%、13.7% 和 18.3%。

考虑定子叶片的倾斜角对泵喷内部流道的影响，对定子进行调节。如图 6-1(c) 所示，将定子叶片按照一定角度向后倾斜，简称后倾，其中实线为原模型叶片，虚线为调整后的叶片，后倾角为 β 。图 6-1(d) 为垂直于轴向的视图，实线和虚线分别为调整前和调整后的定子前缘，这种向左或向右的调整角称为侧斜角。具体调整方式以 span=0.8 处为例，其中侧斜距离为 Δs ，该半径处的侧斜角为 γ ，两者关系为 $\Delta s = \mathrm{span}\, D_{\mathrm{r}} \tan(\gamma)/2$ ，不同半径处的侧斜角 $\gamma = 10k\,\mathrm{span}$ ，其中 k 为侧斜率，向左和向右分别为负数和正数。

图 6-2 为在原模型基础上得到的不同转子-定子间距、弦长、后倾角和侧斜率的模型，其中图 6-2(c)中定子弦长不断增加。为与转子-定子间距 S_1 和 S_2 的影响对比，定子弦长的增量分别为 5mm、10mm、15mm 和 20mm，相应地，定子厚度也等比例增加。

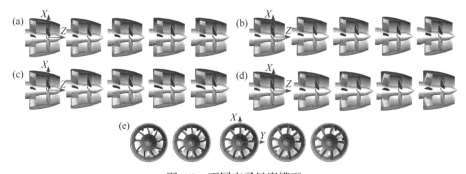

图 6-2　不同定子尺度模型

(a) 不同转子-定子间距 S_1 ；(b) 不同转子-定子间距 S_2 ；(c) 不同弦长 L_s ；(d) 不同后倾角 β ；(e) 不同侧斜率 k
其中带坐标系模型为原模型

定子的预旋角影响定子对来流的预旋效果，基于定子的预旋设计，预旋角包括三个参数，即进流角、出流角和安装角。图 6-3 为定子预旋角的调整。定子的翼型为对称翼型，且厚度沿弦长的分布已知，当骨线为直线时，直列定子无预旋作用。定子的预旋设计中采用了圆弧设计法，即通过确定圆弧状的骨线来确定定子的形状，该弧线以某一点为圆心，进口端与环向的夹角为进流角，出口端与流向的夹角为出流角，圆心和骨线首尾两端连线构成等腰三角形，两圆弧半径的夹角和进流角及出流角的关系满足：

$$\begin{cases} R_{\mathrm{c}} = \dfrac{L}{2\sin(\beta_0/2)} \\ \beta_0 = |\alpha_{\mathrm{in}0} - \alpha_{\mathrm{out}0}| \end{cases} \tag{6-1}$$

因此圆弧的形状主要与进流角和出流角有关。为了研究二者对泵喷性能的影响，需固定其中一个角度，调整另一个角度，且保持弦长不变。当骨线确定好以后，就可以按照厚度沿弦长的分布对其径向加厚。加厚方法如下：

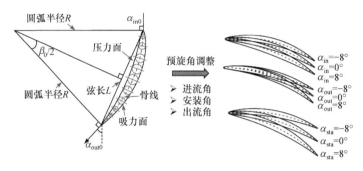

图 6-3　定子预旋角调整

(1) 取骨线上某一点作为即将绘制的小圆的圆心。

(2) 根据对称翼型厚度分布，插值得到该点处翼型的厚度，并以其为直径作小圆；小圆与指向大圆弧中心的灰色线相交点，即是压力面和吸力面上的坐标点。

(3) 通过调整每个半径处的翼型，即得到只改变进流角或出流角的定子。

此外，以往较多学者研究定子预旋角的方式为绕定子前缘轴线旋转一定角度。本节也研究这种调整方式下泵喷性能的变化，并与上述两种方式作对比。该角度称为安装角。

考虑到原模型定子最小预旋角在根部不超过 15°，为减少对泵喷性能的影响，本节中定子预旋角调整下限为–8°，上限为 8°，调整幅度为 4°。为方便描述，可用 α_φ 表示预旋角的调整幅度，有

$$\alpha_\varphi' = \alpha_{\varphi 0} + \alpha_\varphi \tag{6-2}$$

式中，$\alpha_{\varphi 0}$ 和 α_φ' 分别表示原模型的预旋角和调整以后的预旋角，下标 φ 包含 in、out、sta，分别表示进流角(inlet)、出流角(outlet)、安装角(stagger)。由于不同半径翼型角度调整后，其轴向长度不统一，为排除定子弦长影响，将每个半径处的翼型调整后，以前缘点为基点，进行等比例缩放，保持轴向长度不变，不同半径处缩放因子均在 0.95~1.06。

span=0.7 处翼型调整–8°和 8°后的示意图见图 6-3。根据基元理论初步预估了定子预旋角调整后产生的转子叶片剖面攻角，如图 6-4 所示。可以看到，如果不考虑定子的预旋作用，桨叶攻角将大幅下降，且在 span=0.8 后攻角为负。考虑定子的预旋，将其预旋角增加 8°后，桨叶攻角整体提升。

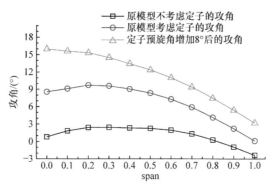

图 6-4　转子不同半径处剖面的攻角

表 6-1 列出了所有定子参数的具体值，共有 8 个参数，每个参数除原模型外，包含四组值，其中 L_{s0} 和 L_s 分别为原模型的定子叶片弦长和调整后定子叶片弦长。原模型对应的参数为 $S_1 = S_2 = 0.35D_r$ ，$L_s = L_{s0}$ ，$k = 0$ ，$\beta = \alpha_{in} = \alpha_{out} = \alpha_{sta} = 0°$ 。

表 6-1　定子参数

序号	S_1/D_r	S_2/D_r	L_s/L_{s0}	β	k	α_{in}	α_{out}	α_{sta}
1	0.35	0.35	1.00	0°	−2	−8°	−8°	−8°
2	0.32	0.32	1.14	4°	−1	−4°	−4°	−4°
3	0.29	0.29	1.28	8°	0	0°	0°	0°
4	0.26	0.26	1.42	12°	1	4°	4°	4°
5	0.23	0.23	1.56	16°	1	8°	8°	8°

6.2　不同定子泵喷水动力特性

6.2.1　敞水性能

调整好定子各参数以后，生成模型的网格节点数、近壁面网格间距、计算设置等均与原模型保持一致。图 6-5 为两种转子-定子间距下泵喷水动力性能。对于 S_1，在进速系数 J 为 0.2~1.0 时，泵喷推力系数 K_T 和转子扭矩系数 K_{Qr} 变化非常小，相邻两参数间相对插值不超过 1%。得益于 K_T 和 K_{Qr} 变化幅度的不统一，最大效率随间距的减小有所下降。当 J 增加至 1.2 时，推力和扭矩骤变，且 K_T 随间距减小增加的幅度远大于 K_{Qr} 的增加幅度，导致效率 η 在较大间距时较低。对于 S_2，在 $J = 0.8 \sim 1.2$ 时，K_T、K_{Qr} 和 η 均随间距的减小而明显降低，其中效率的变化最明显。在 $J = 0.8$ 时，S_2 为 $0.23\,D_r$ 的效率相对为 $0.35\,D_r$ 时下降了约 3.6%，而 $J = 1.2$ 时，三个系数随间距的变化规律与之前相反。

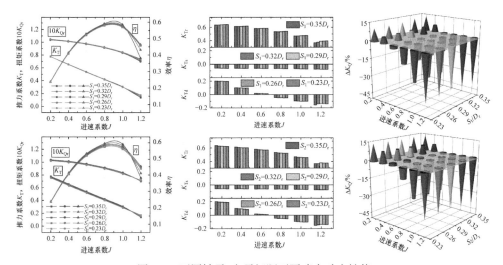

图 6-5　不同转子-定子间距下泵喷水动力性能
左至右列：总体性能、不同推力成分和扭矩平衡系数；上至下行为 S_1 和 S_2

从各部件推力来看，S_1 影响下推力的变化同样较小，而在 S_2 下，转子推力系数 K_{Tr} 随间距减小明显减小，平均相对变化幅度为 1.3%；定子推力系数 K_{Ts} 变化相对较小；对于导管推力系数 K_{Td}，提供正推力时，K_{Td} 随间距减小而减小，提供阻力时，随之增大；在 $J = 1.2$ 时，无上述规律。

泵喷扭矩平衡系数 ΔK_Q 的变化规律与原模型的一致，均在 $J = 0.6$ 附近降低或变为负值。在 S_1 影响下，ΔK_Q 在 $J = 0.6$ 时全为负，且不同间隙处的幅度几乎相同，证明了所有间距下，扭矩平衡位置位于 J 略小于 0.6 处。在 S_2 影响下，$J = 0.6$ 处仅有 $0.23\,D_r$、$0.26\,D_r$、$0.29\,D_r$ 处为正值，且随间距增大而减小，在 $0.32\,D_r$ 时，ΔK_Q 接近于 0，该参数下的平衡位置为进速系数 0.6，而原模型中为负值。总体来说，扭矩平衡随间距减小，向高进速系数移动。

定子弦长对泵喷水动力性能的影响如图 6-6 所示。定子弦长的变化同时改变了定子叶栅的稠密度，稠密度随定子弦长的增加而增加。此时，虽然定子尾缘和转子前缘的距离与上述转子-定子的间距一一对应，但总体性能变化大得多，且 K_T、K_{Qr} 与前述 S_2 影响下的性能变化趋势相反，即均随定子尾缘到转子前缘距离的增加而增加，其中扭矩变化最明显，导致效率逐渐降低，不过总体变化不大，在设计工况中，相邻参数最大变化为 0.9%。ΔK_Q 随弦长的增加而减小，扭矩平衡位置向低进速系数移动，这与前述 S_2 影响下的变化规律相反。弦长增加 5mm（$L_s/L_{s0}=1.28$）后，平衡位置位于 $J=0.2$，弦长继续增加时，平衡位置对应的进速系数远小于 0.2。各部件推力成分表明无论是定子阻力、转子推力还是导管推力，均随弦长的增加而增加。相邻参数间，转子推力平均增加幅度为 4%，远小于定子阻力增加幅度 19%，但定子阻力占比低，最终的总推力系数增加。

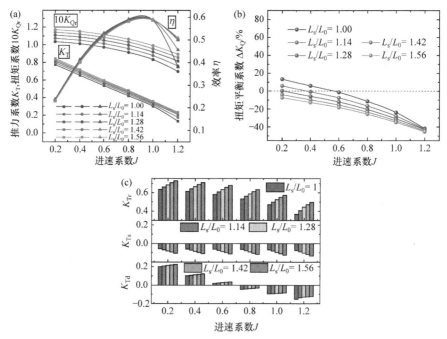

图 6-6　不同定子弦长下泵喷水动力性能
(a) 总体性能；(b) 扭矩平衡系数；(c) 推力成分

图 6-7 为不同定子后倾角下的泵喷水动力性能。后倾角对整体性能的影响不大，相邻参数间的 K_T 和 K_{Qr} 变化不超过 1%，最大效率随着后倾角增加略有降低。在 $\beta=12°$时，η 相对原模型下降约 1.7%。ΔK_Q 在 $J=0.6$ 时为正值，随 β 增大而增大，说明平衡位置向较高进速系数移动。各部件推力同样变化不大，K_{Tr} 在所有进速系数处均略有增加，增幅在 0.01%～0.7%，K_{Ts} 和 K_{Td} 在各进速系数

处的变化规律不一致。

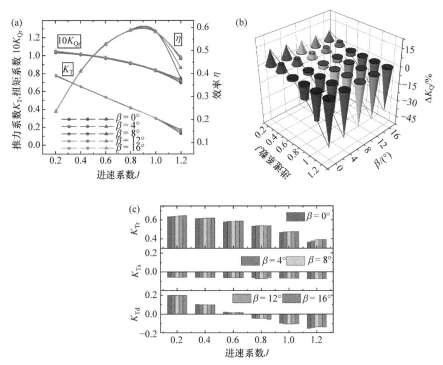

图 6-7 不同定子后倾角下泵喷水动力性能

(a) 总体性能；(b) 扭矩平衡系数；(c) 不同推力成分

图 6-8 为不同侧斜率下的泵喷水动力性能。K_T 和 K_{Qr} 在 $k=-2\sim0$ 时不断增加，增幅在 2%~5%，但侧斜率为正后，性能变化略小。在 $J=0.4$，$k=0\sim2$ 的变化幅度不超过 0.7%，其他进速系数时略有提高，但仍远小于负侧斜率的变化。最大效率随 k 的增加不断减小。ΔK_Q 在负侧斜率时变化较大，平衡位置随 k 增加向低进速系数移动，$k=-2,-1,0$ 时对应的平衡位置进速系数分别为 0.85、

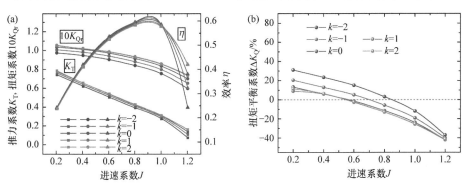

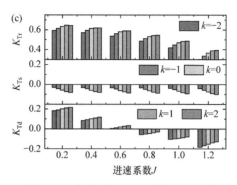

图6-8 不同侧斜率下泵喷水动力性能

(a) 总体性能；(b) 扭矩平衡系数；(c) 不同推力成分

0.7、0.55，侧斜率为正后 ΔK_Q 几乎不变，平衡位置仍位于 $J=0.55$ 。所有部件受力随 k 增加的变化规律与 K_T 相同，均先大幅变化后小幅变化，转子推力、导管推力和定子阻力均不断增加。

图6-9为不同预旋角下的泵喷水动力性能。由前述定子预旋角调整后的转子来流攻角可知，预旋角较大，转子来流攻角较大，但三种角度的调整方式对泵喷水动力性能的影响不同。K_T 和 K_{Qr} 随定子预旋角的增大而增大，α_{sta} 的影响最

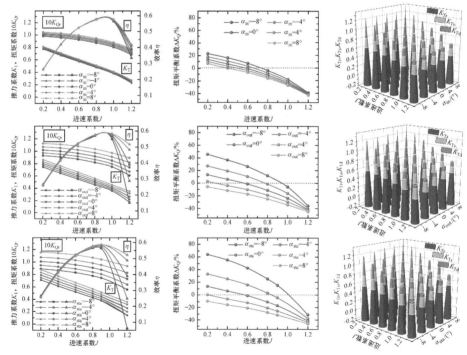

图6-9 不同预旋角下泵喷水动力性能

左至右列：总体性能、平衡系数、推力成分；上至下行：进流角、出流角、安装角

大，α_{out} 影响次之，α_{in} 影响最小。最大效率点随 α_{sta} 的增大向较高进速系数偏移，α_{in} 和 α_{out} 对效率影响较小。设计工况下，K_T 在进流角、出流角、安装角的调整方式下相邻参数之间的增加幅度分别为 2.3%、6.9%、9.0%，K_{Qr} 为 2.3%、6.8%、9.1%。

ΔK_Q 随预旋角增加而减小，三种影响预选角的调整方式中，α_{in} 引起变化最小，α_{out} 较大，α_{sta} 最大，力矩平衡位置对应的进速系数随预旋角增大而减小。当 $\alpha_{in}=-8°$、$8°$、$-4°$、$4°$ 时，平衡位置进速系数为 0.73、0.65、0.46、0.38。出流角和安装角引起的 ΔK_Q 变化较大，当预旋角为 $4°$ 时平衡位置的进速系数已小于 0.2，其他预旋角($-8°$、$-4°$、$8°$)下平衡位置为：出流角影响下，$J=0.94$、0.77、0.28；安装角影响下，$J=1.0$、0.83、0.2。

三种预旋角调整方式对 K_{Tr}、K_{Ts} 和 K_{Td} 的影响程度为 $\alpha_{in}<\alpha_{out}<\alpha_{sta}$。$K_{Tr}$ 在进流角、出流角、安装角的调整方式下，相邻参数间的增幅为 2.6%、7.9%和 10.8%，K_{Ts} 为 10.2%、30.9%和 44.4%。

6.2.2　非定常脉动特性

图 6-10 为单转子叶片的推力脉动，计算工况为 $J=0.8$。为便于比较，每个图

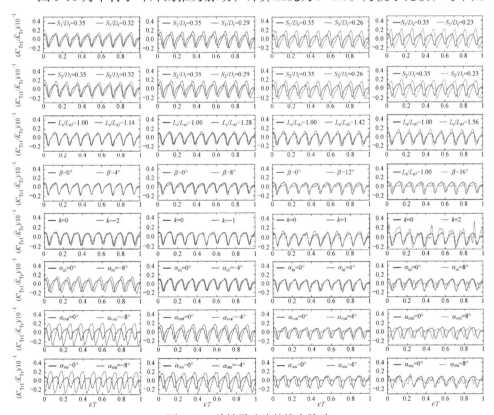

图 6-10　单转子叶片的推力脉动

中都包含原始模型的结果，每行 4 幅图分别为某一参数下其他四个参数值结果。

对于影响转子和定子间距的参数 S_1、S_2、L_s(前三行)，定子尾缘越靠近转子，单转子叶片的推力脉动越大，S_1 和 S_2 相同参数值时的结果差别较小，变化规律相似，说明调整导管进口与定子的相对距离对单转子叶片的推力脉动几乎无影响。相对地，定子弦长的增加虽然减小了定子与转子间距，但推力脉动的增量却远小于 S_1 或 S_2 的影响。

在后倾角的影响下，推力脉动随 β 增加而减小，但推力脉动曲线与原始模型有所差异，最显著的特征是在原来相对平坦的波峰位置出现波谷，$\beta=16°$ 时更为显著。说明单转子推力除定子叶频 f_s 的信息外，其他频率成分随后倾角增加有所改变。

考虑侧斜率的影响，单转子叶片推力脉动的变化趋势与水动力性能的相反，即推力脉动在负侧斜率时变化较小，但正侧斜率时脉动显著增加。侧斜率越大，脉动越大，推力随时间的变化越不稳定。$k=2$ 时，各时刻峰值结果不统一，$t=0.9T$ 的峰值远超出其他时刻，导致该参数下频域出现复杂的频率成分。

对于定子预旋角的影响，在三种角度调整方式下，单转子叶片的推力脉动随角度的增加而减小，变化幅度满足 $\alpha_{in}<\alpha_{out}<\alpha_{sta}$。以 $\alpha_\varphi=-8°$ 和 $8°$ 为例，变化较为明显，脉动分别呈现 $\alpha_{in}<\alpha_{out}<\alpha_{sta}$ 和 $\alpha_{in}>\alpha_{out}>\alpha_{sta}$。此外，负调整角影响下推力脉动的变化更近似于正弦变化，一个周期共有 8 个波峰和波谷。正调整角影响下推力脉动的变化较为复杂，不仅波峰和波谷增多，且不具备周期性。

单转子叶片的推力脉动影响叶片的抗疲劳性能，而转子推力是所有叶片力的和，能反映流场压力叠加的结果，其频谱特征相对更能反映声谱的频率特性。图 6-11 为不同参数值对应的转子推力脉动，与图 6-10 相似，每幅子图中均包含原模型的结果。

转子推力由于不同叶片相位差的原因，相对单转子叶片的推力脉动较复杂。定子后缘靠近转子前缘时并未使脉动幅度提升，反而在部分参数下有所下降，如 S_1、S_2 为 $0.32D_r$ 及 $L_s=1.14L_{s0}$ 时。随着定子-转子间距的进一步减小，转子推力脉动与原模型处于同一水平。部分增加后倾角的推力脉动较原模型有所下降，调整侧斜角和预旋角可提高推力脉动。正侧斜率和负侧斜率均提高推力脉动，前者的影响远大于后者，甚至在部分时刻出现远高于其他时刻的峰值脉动。

预旋角 α_φ 从负到正或由小到大时，转子推力脉动提升，与单转子叶片的推力脉动变化规律完全相反。对于同一叶片，定子角度的调整不仅改变推力脉动，而且改变叶片推力脉动的相位差，使转子推力脉动展现出与单转子叶片推力脉动相反的规律。不过，只有通过正调整才会提升幅度，如 $\alpha_\varphi=8°$ 时，其中 α_{in} 和 α_{sta} 为 $8°$ 时的推力脉动远高于 α_{out}，与对单转子叶片的推力脉动的影响不同。调整降低角度有助于减小幅度，如 α_{out} 和 α_{sta} 为 $-8°$ 时，其中 α_{in} 为 $-8°$ 时与原模型接近，

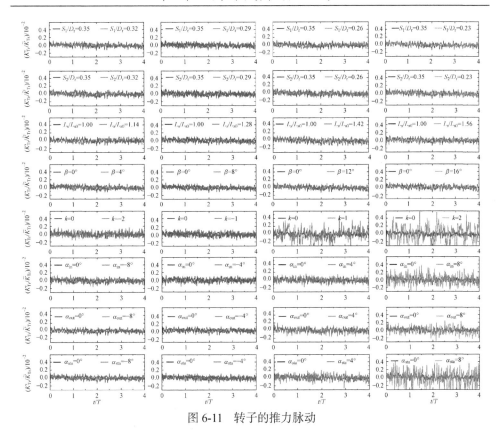

图 6-11 转子的推力脉动

部分时刻高于原模型。

图 6-12 为不同转子-定子间距下推力脉动的频域特性，图中标出了特征频率

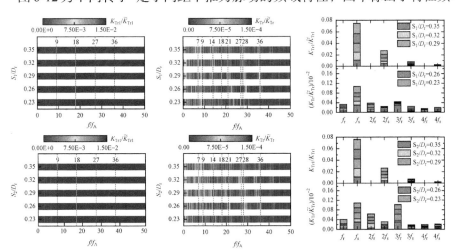

图 6-12 不同转子-定子间距推力脉动频域结果

左至右列：单叶片推力频谱、转子推力频谱、特征频率处幅度；上至下行：S_1、S_2

$f_s(=9f_A)$和 $f_r(=7f_A)$及它们的谐频位置。间距对单转子叶片的频率特性几乎无影响。单转子叶片推力脉动的频域峰值集中在 f_s 及其谐频处，转子推力脉动的频域峰值较丰富，除叶频及其谐频处，其他频率处谱级同样显著。整体而言，频域峰值大部分在叶频及其谐频处，高峰值集中在 f_s 处，f_r 处峰值较低。

对于单转子叶片推力脉动的频域特征峰，在 f_s 处的增幅一开始较大，随后趋于平稳，在 f_s 的谐频处，推力脉动随间距的减小而增大。转子推力脉动的频率特性则较复杂，特征峰无明显规律。例如在 f_r 处，特征峰在不同 S_1 下相差不大，当 S_2 减小到 $0.23D_r$ 时特征峰显著增大；在 f_s 处，特征峰随 S_1 的减小先减小，然后保持不变，随后在 $0.23D_r$ 时突然增大，在 S_2 刚减小时有所下降，随后增大并保持不变。说明以 f_s 处特征峰大小为准，存在最佳转子-定子间距。此外，改变间距时保持导管和定子的相对位置不变，对单转子叶片的推力脉动几乎无影响，但 $2f_r$ 和 $3f_r$ 处特征峰比只平移定子叶片大很多。

图 6-13 为不同弦长影响下的推力脉动的频域特性。随着弦长增加，单转子叶片的推力脉动在 f_s 及其谐频处增大，相比缩短 S_1 或 S_2，增幅较小。虽然 $2f_s$ 处特征峰小于 f_s 处，但 $L_s=1.56L_{s0}$ 时，增幅约为 f_s 的 2 倍。对于转子推力脉动，$L_s=1.14$ 时，在 f_r 处存在远高于其他工况的特征峰，在 f_s 处特征峰为最小。

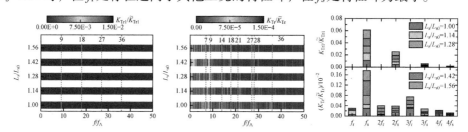

图 6-13　不同弦长推力脉动频域结果
从左到右：单叶片推力频谱、转子推力频谱、特征频率处幅度

后倾角影响下推力脉动的频域特性如图 6-14 所示。对于单转子叶片，在 f_s 处特征峰随后倾角增加而减小，有利于提高叶片抗疲劳性能；在 $2f_s$ 特征峰先随后倾角增大而减小，在 $\beta=16°$ 时有所增大。对于转子的推力脉动，增大后倾角，如

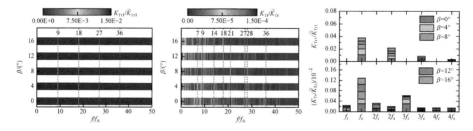

图 6-14　不同后倾角推力脉动频域结果
从左到右：单叶片推力频谱、转子推力频谱、特征频率处幅度

$\beta=8°\sim16°$有助于减小在f_r和$3f_r$处特征峰，当$\beta=4°$时，在f_s和其他较高频率处特征峰最小。在$2f_r$和$2f_s$处，当$\beta=8°$时特征峰最低。可见，增加后倾角一定程度上有利于减小推力脉动。

图 6-15 为不同侧斜影响下推力脉动的频域特性。在定子侧斜为正时，单转子叶片的推力脉动无规律可循，但频谱峰值仍在f_s及其谐频处，转子的推力脉动则急剧增大，$k=2$ 时，f_s 以内的谱级和其他特征频率附近的峰值比原模型大得多。当定子侧斜为负时，转子推力脉动的谱级整体上与原模型相差不大。定子存在侧斜时，单转子叶片的推力脉动在f_s处特征峰略大于原模型，且正侧斜高于负侧斜。转子的推力脉动在f_r处特征峰也有相同规律。总体看来，正侧斜($k=1$ 或$k=2$)时，转子推力脉动处于较高水平；在负侧斜(如 $k=-1$)时，在多个特征频率处(如f_r、$2f_r$、$2f_s$、$4f_r$)特征峰较小，部分频率(如f_s、$3f_r$)处特征峰较大。

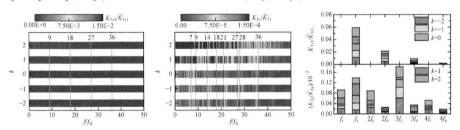

图 6-15　不同侧斜推力脉动频域结果

从左到右：单叶片推力频谱、转子推力频谱、特征频率处幅度

图 6-16 为三种预旋角调整方式下的推力脉动频域特性。在α_φ为 8°时，单转子叶片的推力脉动除f_s的谐频外，频谱级略有提升，以调整$\alpha_{sta}=8°$时最显著。转子推力脉动的频谱中，α_φ为 8°的谱级较其他角度的高，α_{in} 和 $\alpha_{sta}=8°$时远大于$\alpha_{out}=8°$。可以看到随α_φ的增加，单转子叶片的推力脉动在f_s处特征峰逐渐减小，

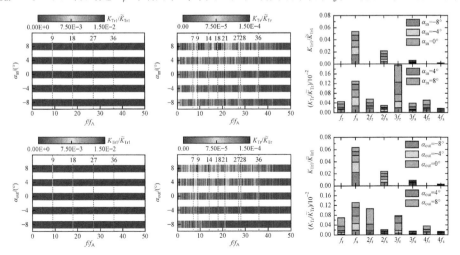

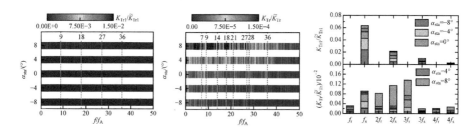

图 6-16　不同预旋角推力脉动频域结果
从左到右：单叶片推力频谱、转子推力频谱、特征频率处幅度；从上到下：α_{in}、α_{out}、α_{sta}

但其他谐频处特征峰不是单调减小。转子推力脉动并非完全随 α_{φ} 增加而增加，大的预旋角增大了多数频率处的特征峰。同时，在三种角度调整方式下有所差异，如 α_{in} 和 α_{sta} 为 $3f_r$，α_{out} 为 f_s。

6.3　定子对泵喷推进器噪声影响

6.3.1　转子-定子间距

图 6-17 为两种间距调整方式下的声压。可见，间距变化对声压脉动的范围影响不大。

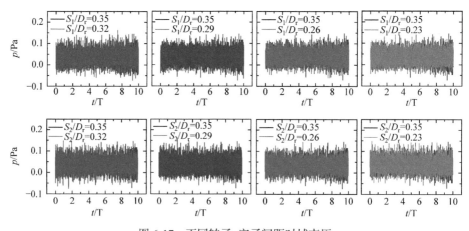

图 6-17　不同转子-定子间距时域声压

图 6-18 为通过平移定子调整间距时的噪声。不同参数下的噪声仍以离散谱为重要特征，整体上频谱特性不受间距影响。在声接收点 $100D_r$，也就是 16.63m 处，换算到泵喷 1m 处的噪声修正值为 20lg16.64dB，即 24.4dB。海洋背景噪声一般在 90dB 左右，因此 $100D_r$ 处噪声超过 65dB 特征峰是可能被探测的，相应的

频率都位于定子和转子的叶频及其谐频处，如 f_s、$2f_r$、$2f_s$ 等频率。图中标出了 f_r 处特征峰。其他与轴频有关的离散谱，如 $5f_A$ 和 $6f_A$ 也进行了标注，但谱级远低于 60dB。在 $3f_r$ 处的噪声级远低于原模型，在 $S_1=0.26D_r$ 时甚至不存在该离散峰，这与图 6-12 中转子的推力脉动相一致。在 540～840Hz，噪声级均较小且平稳，未超 60dB。在 $6f_r$、$5f_s$ 和 $7f_r$ 处有三个明显的离散峰。图 6-18(e)的功率谱密度(PSD)曲线反映了声能量集中分布的频率和对应频率下的噪声。可见，在 f_s 和 $2f_s$ 处的能量最显著，对应位置处原模型的声能量均较小。在 $2f_r$、$3f_r$、$6f_r$、$5f_s$ 处原模型的声能量大，其中在 $3f_r$ 处的能量占比极小，仅原模型存在微小能量。图 6-18(f) 中的 1/3 倍频程曲线进一步比较了噪声结果，频率中心 f_c 表示对应频段范围内的总声压级。整体来看，间距对总噪声影响不大，但部分频段，如 f_c=200Hz 和 f_c=400Hz，间距减小导致总噪声增大，增量达 6dB。

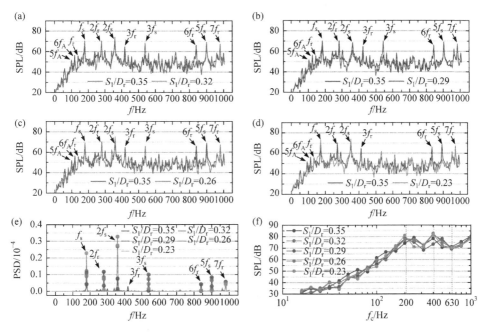

图 6-18　不同间距 S_1 下频域噪声

(a)～(d) 窄带谱；(e) 功率谱密度；(f) 1/3 倍频程曲线

图 6-19 为特征频率处的声压级和监测点总声压级。在 f_r 处转子推力的脉动较小，对应声压级低，在 f_s 及其谐频和 f_r 的谐频处推力脉动较大，声压级大，以 f_s、$2f_r$、$2f_s$ 处声压级较大。与原模型相比，在 f_s 和 $2f_s$ 处，$S_1=0.23D_r$ 和 $S_1=0.26D_r$ 时的声压级提高了 3dB 以上，在 $2f_r$ 处声压级减小，当 $S_1=0.26D_r$ 时，减小量最大，约 10dB。在其他定子叶频和转子叶频谐频处的声压级随间距的变化规律也是如此。根据声压级和声强公式，声压级偏差所产生的声强比如式(6-3)和式(6-4)

所示:

$$\text{SPL}_1 - \text{SPL}_2 = 20\lg(p_1/p_2) = \Delta(\text{dB}) \tag{6-3}$$

$$I_1/I_2 = \frac{p_1^2/(2\rho c)}{p_2^2/(2\rho c)} = (p_1/p_2)^2 = 10^{\Delta/10} \tag{6-4}$$

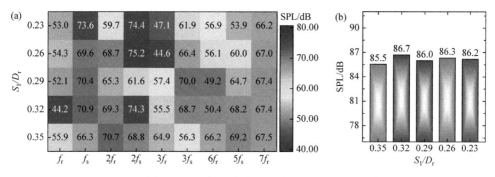

图 6-19　不同间距 S_1 下特征频率处的声压级和监测点总声压级
(a) 特征频率处声压级; (b) 总声压级

也就是说,当声压级降低或增高 Δ 时,声能量在原来基础上降低或增加 $(10^{\Delta/10}-1)$ 倍。当 Δ 为 3dB 时,能量增加或减小为原来的 2 倍;当 Δ 为 10dB 时,为原来的 9 倍。总声压级如图 6-19(b)所示,减小定子-转子间距后,声压级增大,但增幅不大,最大增幅仅为 $S_1=0.32D_r$ 时的 1.2dB,其他参数下增幅均不超过 1dB。总声压级受定子-转子间距的影响较小。

考虑调整定子-转子间距时保持导管进口和定子相对位置不变的情况,即 S_2 的影响,如图 6-20 所示。频谱曲线以离散谱为主的基本特征不变,但部分频段变化较大。例如,与 S_1 相比,S_2 减小到 $0.26D_r$ 和 $0.23D_r$ 时,在 $3f_s$ 附近多了轴频和叶频的谐频分量,在 540~840Hz 声压级增大,但其余频段声压级小于 60dB,图 6-20(e)所示的功率谱显示得更为清晰。减小 S_2 时,在 f_r 处声能量比减小 S_1 时大,除 f_s 和 $2f_s$ 处能量大幅减小,其他频率处声能量增大。图 6-20(f)的 1/3 倍频程曲线显示间距减小后噪声增大,在中心频率 200Hz 和 400Hz 处增量最大,为 +5dB 和+2dB,相对 S_1,S_2 对总噪声的影响较小。

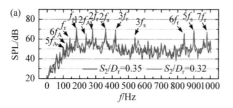
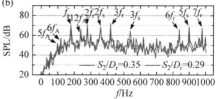

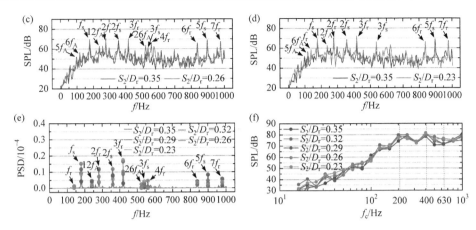

图 6-20　不同间距 S_2 下频域噪声

(a)~(d) 窄带谱；(e) 功率谱密度；(f) 1/3 倍频程曲线

图 6-21 为 S_2 影响下特征频率处的声压级和监测点总声压级。对比 S_1，多了 $4f_r$ 特征峰，S_2 对特征峰的影响整体上比 S_1 大，特别是 $3f_r$~$6f_r$，但部分工况和频率下，S_1 导致大于 73dB 的高声压级离散峰。与原模型比，减小间距时，在 f_r 的谐频处，声压级减小，在 f_s 的谐频处，大部分工况声压级增大。图 6-21(b) 的总声压级显示 S_2 的影响与 S_1 类似，减小 S_2 后总声压级增大，在 $S_2=0.32D_r$ 时总声压级最大，但增幅较小，仅为 0.1~0.2dB。对比 S_1 的影响，所有减小 S_2 的总声压级在对应工况都略高。

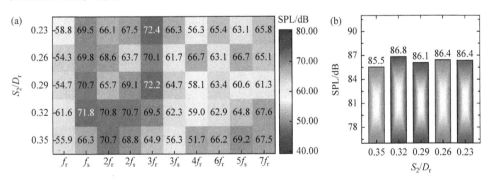

图 6-21　不同间距 S_2 下特征频率处的声压级和监测点总声压级

(a) 特征频率处声压级；(b) 总声压级

图 6-22 为 S_1 和 S_2 影响下对应特征频率处的声压级差 $\Delta\mathrm{SPL}(\mathrm{SPL}(S_1)\text{-}\mathrm{SPL}(S_2))$。在 S_2 影响下，f_r 处声压级增加，最大为 $S_2=0.32D_r$ 下的 17.4dB，多数 S_2 影响下的声压级增量高于 S_1 的 10dB 以上，但这些特征频率处声压级普遍较小，仅 $S_1=0.26D_r$ 时在 $2f_s$ 的声压级增量大于 S_2 的 10dB。综合来看，泵喷推进器设计中，

改变转子和定子间距的同时对导管进行缩比处理，对总噪声的影响不会过大，同时减小了泵喷的重量。

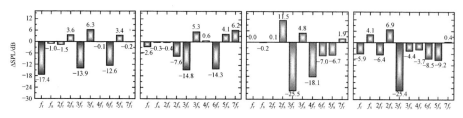

图 6-22　不同间距声压级偏差
左至右列：$0.32D_r$、$0.29D_r$、$0.26D_r$ 和 $0.23D_r$

6.3.2　定子弦长

图 6-23 为将定子弦长增至对应间距 S_1 下的声压。增加定子弦长后，声压脉动的幅度提升，$L_s=1.56L_{s0}$ 时最明显。图 6-24 为定子弦长对声压级的影响。相对原模型和变转子-定子间距，增加定子弦长后的特征峰增多，如 $5f_r$ 和 $4f_s$。在声能量显著的 f_s 和 $2f_s$ 处，均在定子弦长增至最大后大幅增加，其他频率处所占声能量较小，规律不一。图 6-24(f) 的 1/3 倍频程曲线显示噪声在中心频率 100Hz 的频段差别较小，但在 200Hz 处变化较大，该处间距越小，噪声越大，最大增量为 9dB。

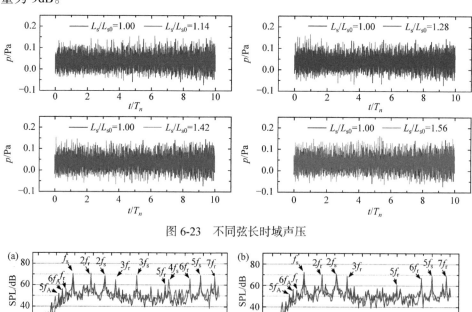

图 6-23　不同弦长时域声压

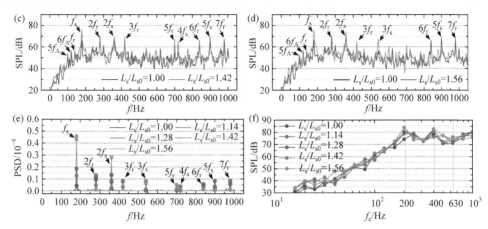

图 6-24　不同弦长下频域噪声
(a)~(d) 离散谱；(e) 功率谱密度；(f) 1/3 倍频程曲线

图 6-25 为特征频率处的声压级和总声压级。f_s 和 $2f_s$ 处的声压级在最大弦长处大幅增加，而其他频率下规律不一，甚至在较高频率时较大的定子弦长对应的声压级降低，如 $6f_r$~$7f_r$ 处。由于该处声能量较低，总声压级不受其影响。总声压级仍表现为随定子弦长的增加而增加，弦长每增加 14%，总声压级平均增加 0.6dB。

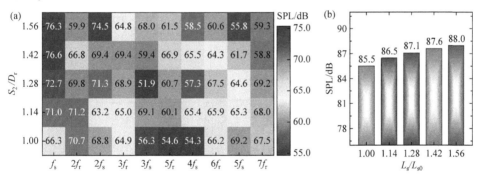

图 6-25　不同弦长下特征频率处的声压级和总声压级
(a) 特征频率处声压级；(b) 总声压级

6.3.3　定子后倾角

图 6-26 为后倾角 β 在 0°~16°时的声压。在 β 为 4°和 8°时，声压的脉动有所下降。在 β 为 12°和 16°时，声压脉动较原模型有所增大，与对转子推力脉动的影响类似，一定程度后倾有助于降低声压。

图 6-27 为不同后倾角 β 影响下的噪声。后倾角对泵喷的频谱特征峰影响较小，除个别工况下有新增或消失的线谱，如在 $4f_s$ 处，在后倾角为 8°和 12°时，有超过 60dB，而后倾角为 16°时，该处声压级大幅下降，在邻近的 $37f_A$ 和 $20f_A$ 有明

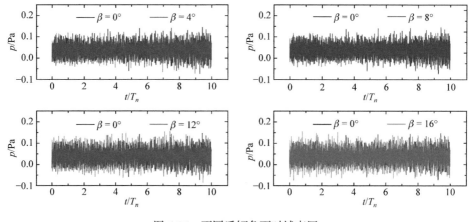

图 6-26　不同后倾角下时域声压

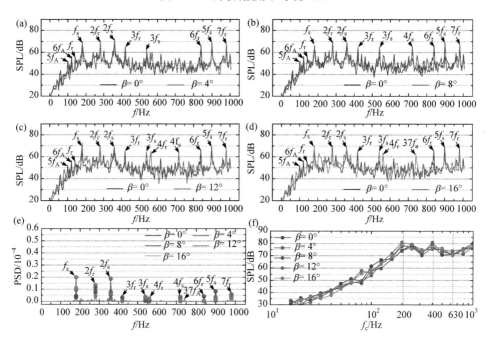

图 6-27　不同后倾角下频域噪声

(a)~(d) 窄带谱；(e) 功率谱密度；(f) 1/3 倍频程曲线

显线谱。相比于原模型，后倾角增大对线谱噪声的影响规律性不强。在 100~400Hz，特征频率处声压级变化较小；在 400~800Hz，声压级增大；在 800Hz 以后，声压级大幅度减小。图 6-27(e) 所示的功率谱密度进一步反映了特征频率处噪声的变化情况。大多数具备较高能量的特征频率中，如 $2f_r$、$2f_s$、$3f_r$、$6f_r$、$5f_s$ 等，原模型的声能量不是最小值。仅在能量较小的频率，如 $3f_s$、$4f_r$ 处，具备最小值，但最低能量对应的 β 值并不统一。从图 6-27(f)的 1/3 倍频程曲线可以看出，低频范围内原模型的声压级始终较高或最高。

图 6-28(a)列出了 10 个特征频率处的声压级。前 3 个频率处声压级较大，最低的声压级位于增大后倾角的工况，与原模型差别最大的为 $\beta=12°$ 的工况，在 $2f_s$ 处相差 5dB。中间 4 个频率处，增大后倾角噪声增大，但最大声压级仅 65dB 左右。后 3 个频率处，原模型噪声处于较高水平，定子后倾时声压级显著减小。从图 6-28(b)中可以看到，总声压级随后倾角的增大先减小后增大，在 $\beta=8°$ 时最小，较原模型的降低 1.6dB。

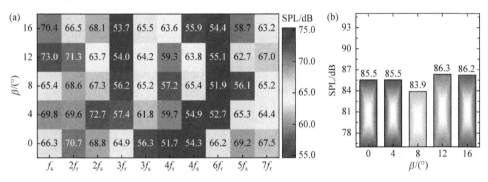

图 6-28　不同后倾角下特征频率处的声压级和总声压级
(a) 特征频率处声压级；(b) 总声压级

6.3.4　定子侧斜

图 6-29 为不同侧斜影响下的声压。声压脉动在负侧斜较小，在正侧斜较大，随着侧斜增加，脉动增大。例如，$k=2$ 时，脉动曲线的整体变化幅度部分时刻远高于原模型，与该参数对转子推力脉动的影响规律一致。

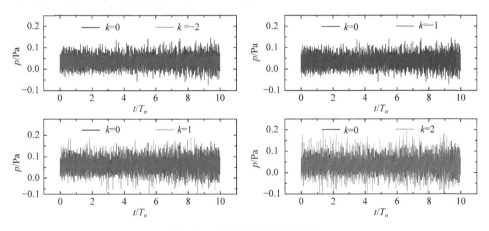

图 6-29　不同侧斜下时域声压

图 6-30 为侧斜影响下的噪声。负侧斜对下特征频率的分布特性影响不大，仅表现为多数线谱声压级降低，$k=-2$ 降低最明显。正侧斜时，声压级显著增大，离散噪声和宽带噪声不易分辨。图 6-30(e)中的声功率谱密度显示 $k=-2$ 时声能量最低，几乎接近 0。多个离散频率中，能量最高点位于 $k=1$ 或 2 的工况，当 $k=2$ 时，声功率的谱级在 200～400Hz 整体较高，存在多个与叶频无关的离散峰。较高阶定子叶频或转子叶频的谐频处，如 $6f_r$、$5f_s$、$7f_r$ 处，原模型能量最大。图 6-30(f)中的 1/3 倍频程曲线显示正侧斜噪声一直较大，相比原模型，增幅在 1～21dB 不等。负侧斜下多数中心频率的声压级较原模型下降，以 $k=-2$ 降幅较大，最大降幅 6.5dB，平均降幅为 3.4dB。

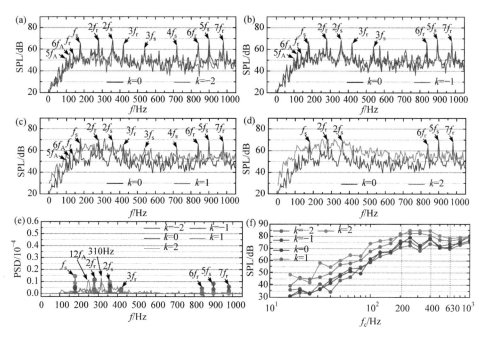

图 6-30　不同侧斜下频域噪声

(a)～(d) 窄带谱；(e) 功率谱密度；(f) 1/3 倍频程曲线

图 6-31(a)为 10 个特征频率处声压级。对比各工况下声压级，$k=-2$ 的降噪效果较原模型显著，在 $2f_r$ 处，降噪量达 10dB，在其他频率(如 f_r、f_s、$2f_s$、$3f_r$)降噪量在 3～9dB。尽管个别频率处噪声增大，如 $4f_s$ 处增大 9dB，但该频率处的声压级较低，对总声压级的影响极小。后 3 个特征频率处的降噪效果也较明显，最大降噪量为 $6f_r$ 处的 20dB。$k=1$ 或 2 时，虽然多数特征频率处声压级降低，如 $2f_r$、$2f_s$、$3f_r$、$6f_r$、$5f_s$、$7f_r$ 处，但宽带噪声和其他频率处的噪声较原模型增大，导致正侧斜时总声压级较大。图 6-31(b)中的总声压级表明，泵喷噪声随侧斜值的增大而增大，其中 $k=-2$ 时，噪声减小了 4.1dB，$k=2$ 时，噪声增大了 6.1dB。

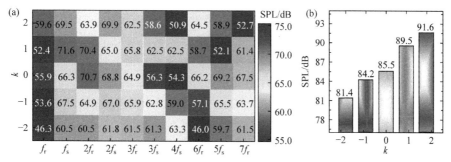

图 6-31　不同侧斜下特征频率处的声压级和总声压级

(a) 特征频率处声压级；(b) 总声压级

6.3.5　定子预旋角

图 6-32 为三种角度调整方式下的声压。调整进流角方式下声压脉动的变化较小，但调整出流角和安装角方式下变化较大。预旋角为负时，声压脉动小于原模型；预旋为正时，特别是 $\alpha_\varphi=8°$ 时，声压脉动远大于原模型。预旋角对转子推力脉动和声压脉动的影响有所不同，增大进流角引起转子推力的剧烈脉动，远大于调整出流角，但对声压脉动影响不大，在 $\alpha_{\mathrm{out}}=8°$ 时，转子推力脉动的增幅远高于声压。

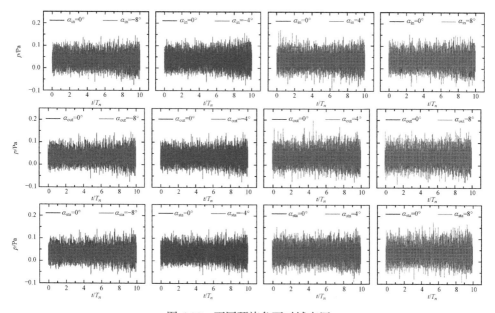

图 6-32　不同预旋角下时域声压

从上到下依次为：进流角、出流角和安装角

图 6-33 为频域噪声。图 6-33(a)中与叶频相关"声压带"的特征：位于叶频及其谐频处声压很大，约为 70dB 或以上，且附近频率具备较高声压，至少为

60dB。这些声压带在低谐频处较宽，能量分布相对不集中；较高谐频附近的"声压带"则较窄，能量分布集中。整体频带分布受预旋角调整影响甚小。观察各角度下的声压级，发现进流角和安装角在负预旋下会使 f_r 处噪声提高，而出流角则在正预旋才有提升效果。所有角度调整方式下，正预旋均使中间频率(400～800Hz)高声压级谐频分量数目提高，且这些频率处声压级均为 60dB 以上，而负预旋中这些分量相对不明显或没有。

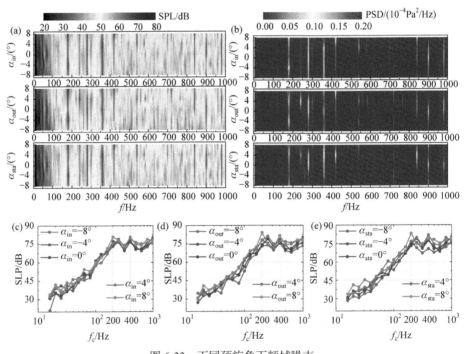

图 6-33　不同预旋角下频域噪声
(a) 声谱云图；(b) 声功率谱密度；(c)～(e) 1/3 倍频程曲线

从图 6-33(b)中的声功率谱密度可见，不同预旋角下噪声显著的频率为 f_s、$2f_r$、$2f_s$、$3f_r$、$6f_r$、$5f_s$ 和 $7f_r$。出流角和安装角在满足正预旋时，与叶频无关轴频分量 $12f_A$ 处存在明显声能量。

对比 1/3 倍频程曲线，进流角整体上对噪声影响不大，负预旋下，中频段声压级的变化量较小，仅在 α_{in}=8°时噪声与原模型区别较大，160Hz 以后，声压级最大增量为 6dB。整体上在调整角度满足负预旋时声压小，正预旋时声压较高。调整角度的方式对噪声影响相差不大。

图 6-34 为特征频率处的声压级和总声压级。无论哪种角度调整方式，总声压级与预旋角正相关。对于特征频率处噪声，仅在 $3f_r$ 处，调整进流角和出流角的方式和总声压级具有相同的规律。总体上，较大的负预旋和正预旋时，多数特

征频率声压级随预旋角增大而增大，其中 f_s 和 $3f_r$ 变化最显著。最大正预旋时，声压级在 $\alpha_{in}=8°$ 和 $\alpha_{out}=8°$ 时增加了至少 7dB，最小正预旋时，声压级在 $\alpha_{out}=-8°$ 时减小最多为 11dB。大预旋角时总声压级增大的一个重要原因是宽带噪声的增大，如图 6-33 所示，除叶频谐频外，其他频带在正预旋时明显增大。此外，α_{in} 为 -8° 和 8° 时的总声压级分别大于和小于对应 α_{out} 和 α_{sta} 方式下的总声压级，且后两者的总声压级相差不多，不超过 0.5dB。这与前文时域声压和 1/3 声压结果分析一致，即进流角对噪声的影响不如出流角和安装角。

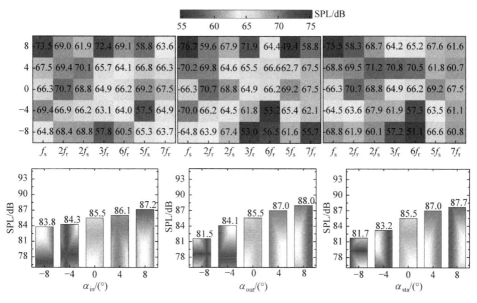

图 6-34　不同预旋角下特征频率处的声压级和总声压级
左至右列：α_{in}、α_{out} 和 α_{sta}；上至下行：特征频率处声压级和总声压级

6.4　不同定子参数下流场

6.4.1　定子和转子周围流场

图 6-35 为泵喷在 span=0.75 处的轴向速度 V_a、环向速度 V_c 及流动角 θ_s 的分布，其中，θ_s 满足 $\arctan(V_a/V_c)$，V_c 为绝对速度。可见，流经定子前的轴向速度几乎等于 V_0，周向速度为 0，因此 θ_s 最大为 90°；经过定子时，定子吸力面 V_c 升高，而靠近定子后缘流速减小，并在尾部形成低速尾迹。对于定子，较好的预旋作用在后缘处，该位置环向速度有效提升；但流经定子后环向速度大幅度减小，在尾部也存在低速尾迹；同时，环向速度的有效增加使经过定子后的 θ_s 随之减

小，是泵喷相对其他推进器通过预旋作用产生额外推力的重要因素。定子尾迹进入转子区域，与其前缘滞流低速区融合或分离，共同影响转子的时-频脉动性能，且在转子后缘处也产生低速尾迹。后文将继续定量分析不同定子参数下流动角云图中转子前缘"虚线"处物理量分布。

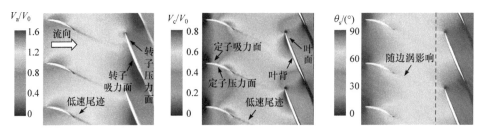

图 6-35　原模型 span=0.75 处流场展开云图

从左到右：轴向速度、环向速度和流动角

前文改变定子弦长、S_1 及 S_2 时，定子尾缘和转子前缘的距离一一对应，因此这里比较三个参数下的流场，如图 6-36 所示。只移动定子来调整 S_1，仅缩小定子尾迹进入转子区域的距离和时间，延长了定子前缘远场来流速度的区域，对定子尾迹和转子附近的流场并无本质上的影响。在 S_2 影响下，虽然对导管进行了同步缩比，但对转子附近区域不产生实质性影响，相比 S_1，仅减小了导管前缘和尾部远场的速度区域。调整 S_2 使定子尾迹、低速和高速区的交替分布相比改变 S_1 更离散，对应区域的形态发生显著的变化，定子的脱落涡更为显著。这说明虽然两种调整转子-定子间距的方式对泵喷水动力性能影响较小，但对受力和流场的脉动特性影响较大。通过增大定子弦长来减小定子后缘和转子前缘距离的方式，可以显著提高定子后方的速度，其中环向速度的提升比轴向速度更显著，达到了更好的预旋效果。

改变 S_2 时，对导管进行了调整，因此对比不同定子弦长、S_1 及 S_2 时的导管压力。图 6-37 为 $x=0$ 时导管截面的压力分布，图中 L_{d1} 和 L_{d2} 分别为导管前缘和后缘距中心点的距离。导管后半段压力变化大的区域位于平整的内壁面，因此对导管轴向力的影响很小，导管前半段虽然压力变化较小，但决定了导管受力。导管轴向力的大小可通过图 6-37(b)所示三个区域面积 S_A、S_B、S_C 进行对比，其中 S_B 为贡献推力，S_A 和 S_C 为贡献阻力。三种参数下 S_A 与 S_C 面积之和远高于 S_B，因此导管为阻力。可见，S_1 对导管的压力分布几乎无影响，S_2 对导管前半段的压力有一定影响，即压力随间距减小而增大，同时外壁面压力有所减小，$J=0.8$ 时导管阻力增大，但整体上导管阻力变化较小。增大定子弦长，导管前半段内壁面压力显著减小，导管后半段压力几乎不变，仅在靠近尾缘的内壁存在显著的压力变化，最终使导管的阻力减小。

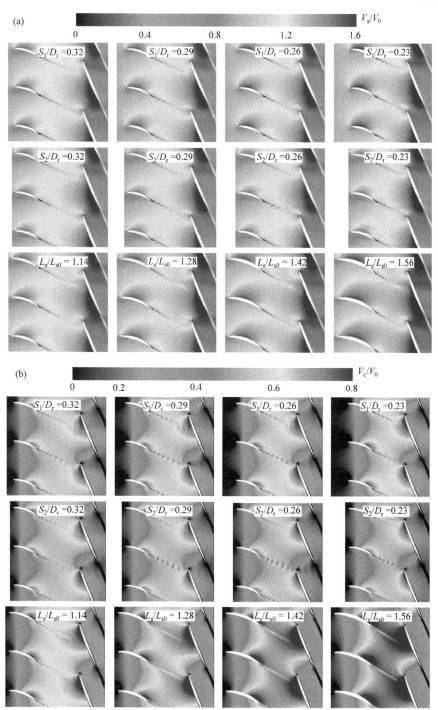

图 6-36　定子-转子间距 span=0.75 处流场展开云图
(a) 轴向速度；(b) 环向速度

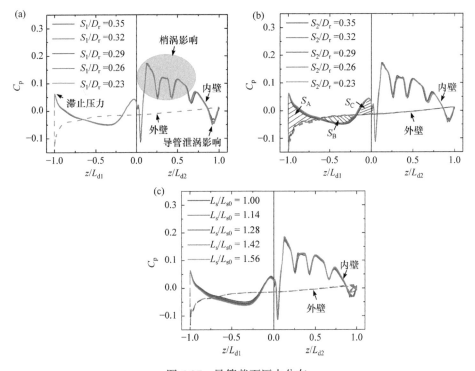

图 6-37　导管截面压力分布

(a) S_1；(b) S_2；(c) L_s

图 6-38 为不同弦长下定子叶背极限流线，其中纵坐标 S_x 为对应点到叶根的径向距离，横坐标 S_z 为对应点到尾缘的轴向距离。不同定子弦长叶片的压力分布与原模型类似，但叶片右侧压力较大的区域随着弦长的增大逐渐缩小；同时，发生流动分离的位置向尾缘靠拢，从原来的 $S_z/L_s=0.75$ 移动到 $S_z/L_s=0.82$ 处，这是因为增大弦长后流速提高，叶片表面流动分离位置延后。

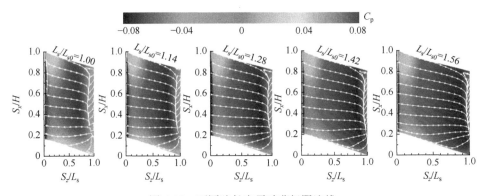

图 6-38　不同弦长定子叶背极限流线

　　定子后倾和侧斜下 span=0.75 处流场展开云图如图 6-39 所示。增大后倾角，定子向转子靠近，但与前面三个参数不同，受后倾角和到叶根距离的影响，不同半径处靠近程度不一，半径越高，定子越靠近转子，而正、负侧斜仅改变了定子在环向和转子的相对位置，正侧斜越大，定子越向下移动，负侧斜越大，定子越向上移动。因此，侧斜对定子叶片间距以及定子-转子间距并未产生影响。后倾角对轴向速度和环向速度均没有较大影响。侧斜对轴向速度没有较大的影响，但负侧斜大，定子流道的速度会降低。此外，正侧斜下速度变化较小，但定子的侧

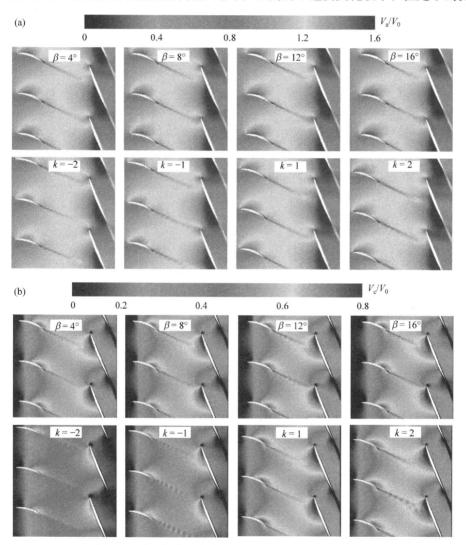

图 6-39　定子后倾和侧斜时 span=0.75 处流场展开云图
(a) 轴向速度；(b) 环向速度

斜增大，其低速尾迹越分散。

　　图 6-40 为后倾和侧斜下定子叶背极限流线。增大后倾角，叶顶导边的局部高压区缩小，在后倾角为 16°时，该区压力与其他部分区域接近。增大后倾角，定子流道的流体受限于导管，其向下流动趋势增强，顶部流速提高，压力减小。后倾角增加，叶根流线变化不大。过高的后倾角使叶顶随边出现分离区，增强了后方尾迹不稳定性。对于侧斜，随着 k 值的增加，叶顶导边压力降低。正侧斜下，导边存在明显的流动分离，叶顶导边也出现回流，且随侧斜增大而增强，说明定子尾迹逐渐复杂。

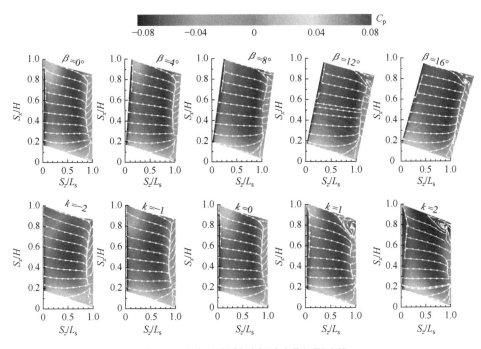

图 6-40　后倾和侧斜时定子叶背极限流线

　　图 6-41 为不同预旋角下 span=0.75 处流场展开云图。预旋角增加使定子通道后流速增大，以环向速度增大为主，增强了定子的预旋作用。但调整进流角所引起的流场变化相对调整其他两种角度的较小，同时大出流角下(如 α_{out}=8°)的低速尾迹更分散。

　　不同预旋角下定子叶背表面流线如图 6-42 所示。定子吸力面中部的高压区随预旋角增大而大幅度减小，导致定子阻力增加，压力变化从小到大依次为 α_{in}、α_{out} 和 α_{sta}。表面流线在随边分离位置随预旋角增加而缓慢后移，但 α_{in} 和 α_{sta} 在正预旋时，导边处出现流动分离导致的回流区，同时该区域随预旋角增大而扩大，在 α_{in} 和 α_{sta} 为 8°时，叶根导边处也出现了明显的回流。

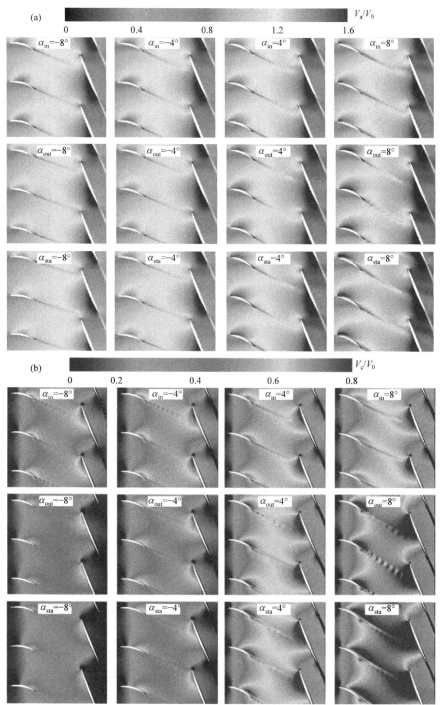

图 6-41　不同预旋角下 span=0.75 处流场展开云图
(a) 轴向速度；(b) 环向速度

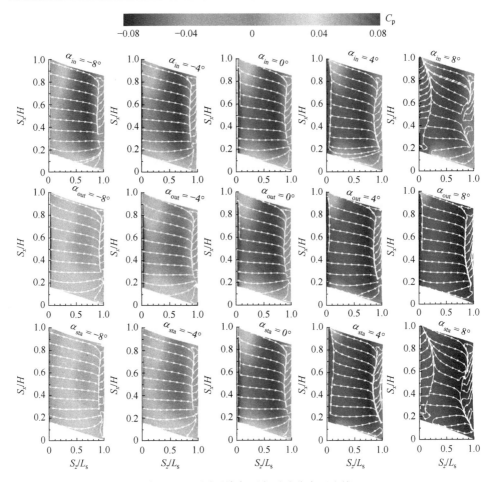

图 6-42　不同预旋角下定子叶背表面流线

图 6-43 为不同定子参数下的流速和流动角。因更靠近转子，轴向速度、环向速度和流动角在环向以 7 为周期变化。间距 S_1、S_2 和后倾角 β 对转子入流处的速度和流动角的影响较小。增大定子弦长 L_s、侧斜 k 和预旋角(调整 α_{in}、α_{out} 和 α_{sta})使流速提高，其中环向速度的增幅大于轴向速度，流动角减小，增加了转子叶片的有效攻角。相对地，侧斜的影响有限，其增加至一定程度后，流速和流动角几乎不变。

6.4.2　不同定子参数下涡系

图 6-44～图 6-46 分别为 S_1、S_2 和 L_s 三种参数下的泵喷推进器子午面涡量、高半径处涡系和低半径处涡系，其中转子下游高半径处涡系位于 span=0.75～1.0，覆盖了转子向下游演化的螺旋状叶梢泄涡和二次涡以及定子叶顶尾迹内涡

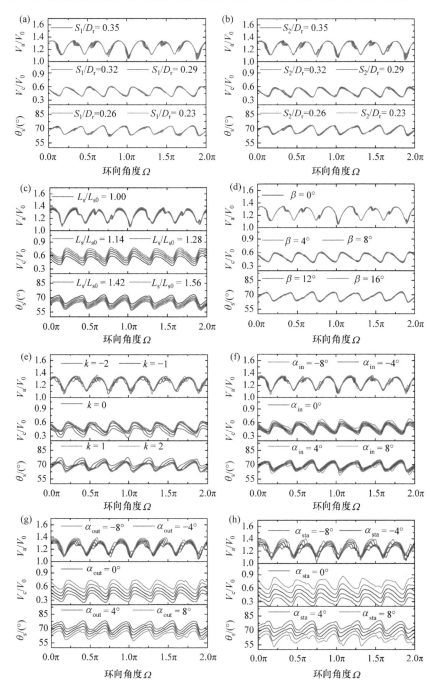

图 6-43　不同定子参数下流速和流动角

(a) S_1；(b) S_2；(c) L_s；(d) β；(e) k；(f) α_{in}；(g) α_{out}；(h) α_{sta}

系，ω_M 和 V_M 分别表示涡量和速度。间距 S_1 和 S_2 相等时，涡的形态和强度变化不大，导管出口的叶梢泄涡均出现失稳。但随着间距减小，定子随边和根部的涡系逐渐靠近转子，转子切割这些涡系导致的转子叶片表面压力脉动变强。增加定子弦长后，流体加速，梢部泄涡的演化更迅速。如图 6-44 所示，$L_s/L_{s0}=1.28$ 时，阴影中所标的涡分裂为两个反方向涡，$L_s/L_{s0}=1.42$ 时，径向发展扩大；$L_s/L_{s0}=1.28$ 时，两个反方向涡融合并向下游发展，较大的定子弦长导致非稳定区中高半径处的二次涡和叶梢破碎涡尺度增大、数目增多。定子弦长增大还使定子根部涡管增大，并削弱了定子随边涡系。

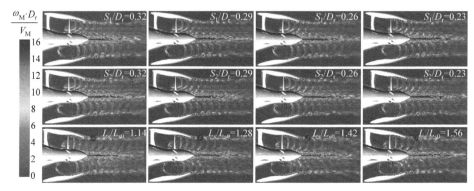

图 6-44　在 S_1、S_2 和 L_s 影响下的泵喷推进器子午面涡量

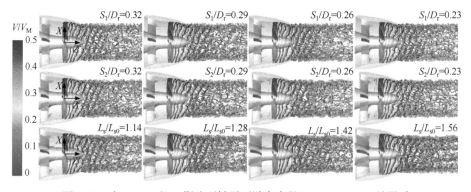

图 6-45　在 S_1、S_2 和 L_s 影响下转子下游高半径(span=0.7～1.0)处涡系
$Q=5\times10^4$(本章下同)

图 6-47 为不同定子叶片后倾角下的涡量和涡系。后倾角对叶梢泄涡有所影响。在 $\beta=4°$ 时，叶梢尾涡有径向朝外发展趋势，但 β 继续增加，恢复到原模型的演化尾迹且尾涡形态愈发不稳定。在出导管前，叶梢泄涡随后倾角增加逐渐扭曲，越靠近导管出口的叶梢泄涡，其二次涡结构越复杂。随后倾角增大，定子径向中间区域的随边涡系减少，叶顶的随边涡增多、增强，这与定子叶顶随边区域

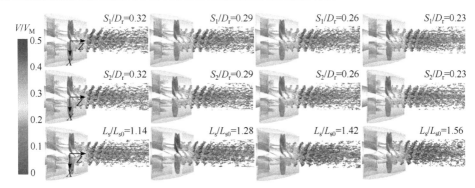

图 6-46　在 S_1、S_2 和 L_s 影响下转子下游低半径(span=0.0～0.75)处涡系

的回流直接相关,增加了下游转子叶梢泄涡的不稳定性。

图 6-48 为不同侧斜时的涡量和涡系。在负侧斜时,叶梢涡的强度和形态变化不大,但演化的速度随 k 减小而变慢。在正侧斜时,叶梢涡更易失稳,随 k 增加破碎增快,同时在出导管前,螺旋型叶梢泄涡的形态愈发扭曲,以至下游发展到主涡无稳定的螺旋形态。随 k 增加,定子的低半径随边涡系逐渐减弱,高半径随边涡系增强,定子叶根涡增强,同时在下游,与转子随边涡混合发展的稳定涡结构的持续时间更长,破碎后的尾涡和毂涡更复杂。

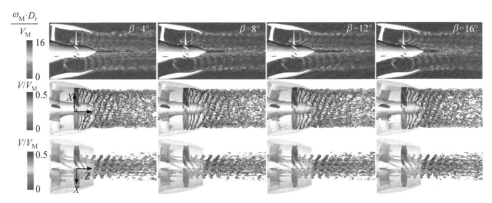

图 6-47　不同定子叶片后倾角下泵喷推进器子午面涡量、转子下游高半径处和低半径处的涡系

图 6-49～图 6-51 分别为三种定子预旋角下的涡量、转子下游高半径处涡系和转子下游低半径处涡系。定子预旋角增大后产生加速作用,使转子叶梢泄涡演化加快,但较大预旋角时,尤其是正预旋时,叶梢泄涡的稳定性变弱,出导管前涡管的扭曲变形大,在导管出口位置,二次涡随预旋角增大而增多。这些不同尺度二次涡的生成是泵喷在大预旋角下噪声谱级大幅增加的重要原因。当三种预旋

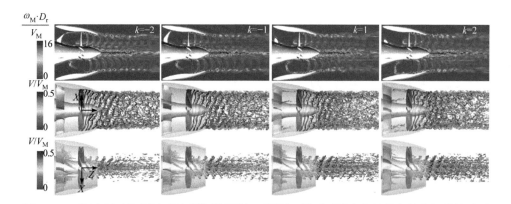

图 6-48　不同定子叶片侧斜下泵喷推进器子午面涡量、转子下游高半径处和低半径处的涡系

角调整的幅度一样时，在负预旋角范围，梢涡演化速度差别不大，在正预旋角范围，通过调整安装角所产生的叶梢泄涡演化速度最快，次之为出流角，最慢为进流角。

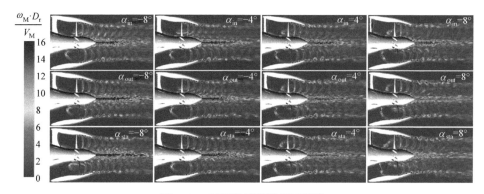

图 6-49　不同定子预旋角下涡量

　　定子随边的涡系受预旋角调整方式的影响较大。对于出流角和安装角，该涡系从 $\alpha_\varphi=-8°$ 时的无明显特征到 $\alpha_\varphi=8°$ 时的大量涡，其中 $\alpha_{sta}=8°$ 时，随边涡系更是紊乱无序。对于进流角，在 $\alpha_{in}=-8°$ 已存在大量随边涡，此后随进流角的增加而增强，在 $\alpha_{in}=8°$ 时大量不同尺度和无明显脱落频率的随边涡，对应了转子的推力脉动在 α_{in} 和 α_{sta} 为8°时比 $\alpha_{sta}=8°$ 时强、周期变化不一和频率特征复杂的情况。虽然随边涡系随预旋角的增加而增强，但叶根涡却逐渐减弱，具体表现在泵喷尾流中的定子涡所携带的涡量减小且涡管变细。定子随边涡系增强和叶根涡系减弱共同使转子随边涡更丰富，定子叶根涡维持稳定的时间缩短，使转子尾流被大量混合的破碎涡充斥，也影响了叶梢泄涡大定子预旋角下的稳定性，是泵喷尾流内叶梢泄涡失稳的重要原因。

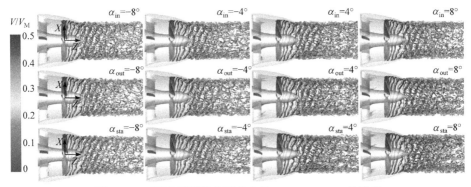

图 6-50　不同定子预旋角下高半径(span=0.7~1.0)处涡系

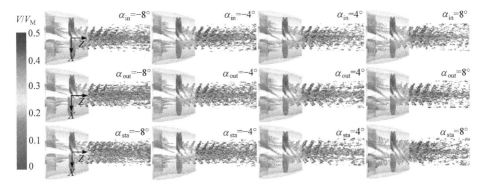

图 6-51　不同定子预旋角下低半径(span=0.0~0.75)处涡系

6.4.3　速度和压力脉动特性

速度监测点见图 4-21 中靠近转子区域的 r1~r13，考虑中部半径处 r7、低半径处 r4 和高半径处 r10 这三个监测点。图 6-52 为 S_1、S_2 和 L_s 三种参数下监测点的速度脉动以及在 f_r 处速度脉动的幅值。原模型在 r4 处受定子尾迹的影响较大，呈不完整的周期性波动，似正弦脉动，存在 7 个大波峰，减小转子-定子间距后，转子的影响加强，速度几乎呈正弦变化，周期数为 7。在 r7 和 r10 处，不同参数下速度脉动以转子数目呈近正弦的周期变化，整体脉动的差别较小。

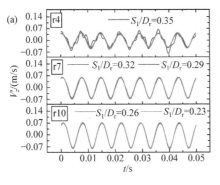
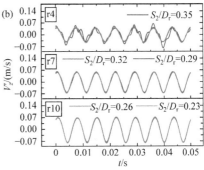

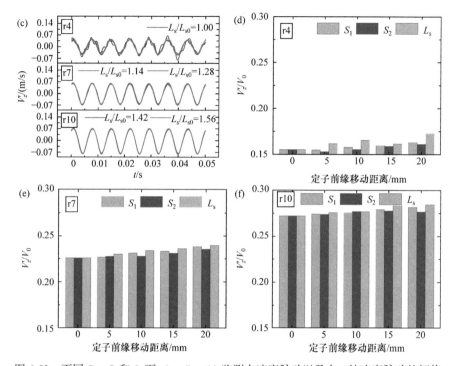

图 6-52　不同 S_1、S_2 和 L_s 下 r4、r7、r10 监测点速度脉动以及在 f_r 处速度脉动的幅值
(a)～(c) 时域曲线；(d)～(f) 在 f_r 处速度脉动幅值

　　根据时域下速度脉动的周期性，可知速度脉动的主频为转子叶频 f_r，因此仅比较 f_r 处的幅值。减小转子-定子间距对幅值的影响很小。越靠近叶梢，以及转子-定子间距(随 S_1 和 S_2 的减小、L_s 的增大)越小，f_r 处的脉动幅值越大。大多数 S_2 下的幅值略小于对应 S_1 的，增大定子弦长比减小 S_1 或 S_2 所产生的脉动幅值要大得多。

　　图 6-53 为不同定子后倾角和侧斜时 r4、r7、r10 的速度脉动。可见，低半径 r4 处速度脉动变化不如 r7 和 r10 处。对比 f_r 处幅值，后倾角的影响远不如侧斜。在 r10 处，正、负侧斜越大，f_r 处幅值越低；在 r7 处，f_r 处幅值随 k 增加而增加；在 r4 处，f_r 处幅值随 k 先增后减小，k 为 1 时达到最大。除幅值外，定子参数的变化，尤其是环向的位移，会使各点速度脉动的相位不同，因此对比了不同半径监测点在 f_r 处的相位角。相位角在 span<0.5 的较低半径受定子尾迹影响较大，与后倾角或侧斜大小均无关，变化无规律；在高于 span=0.5 的半径，时域曲线近乎正弦波动，其主频为 f_r。定子叶片的后倾对相位几乎无影响，而正侧斜影响较小，负侧斜程度越大，半径越高，相位越滞后。

　　图 6-54 为不同定子预旋角下监测点 r4、r7、r10 处的速度脉动。预旋角对速度脉动的影响远大于 S_1、S_2 和 L_s，尤其是调整安装角，引起的脉动幅值变化显著

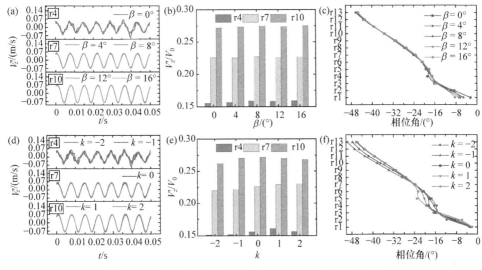

图 6-53　不同后倾角和侧斜下 r4、r7、r10 的速度脉动
(a)和(d)时域曲线；(b)和(e)频率f_r分量幅值；(c)和(f)不同半径相位

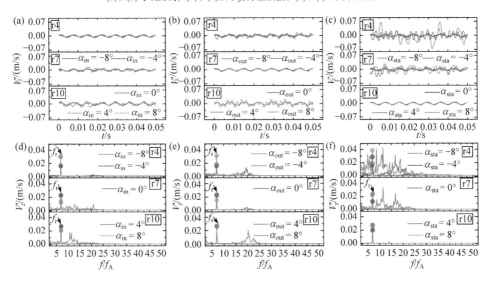

图 6-54　不同预旋角下监测点 r4、r7、r10 的速度脉动
(a)~(c) 时域曲线；(d)~(f) 频域曲线

大于调整进流角和出流角。三种调整方式下，除安装角调整方式时的 r10 外，正预旋时速度随时间的变化更加复杂，波峰值大小不一，数目较多。安装角为正调整时，频谱信息复杂，除f_r外，与轴频f_A相关的分量和无关分量增多，这可能是增大安装角后定子尾迹脱落涡更加复杂的原因。进流角和出流角正调整时，也存在其他无关离散频率，但这些频率较少且对应的峰值远小于主频f_r的峰值。不同

角度调整方式下在 f_r 处的幅值变化规律不一，但在低半径监测点的比中、高半径的小得多，尤其是调整出流角时的 r10 处，脉动幅值几乎一致。

考虑压力变化时，压力监测点为图 4-21 所示位于叶梢间隙的 ct1 和梢涡位置的 tip1。由速度脉动结果可知，靠近叶梢位置高半径处受转子运动及叶梢泄漏涡影响，流场主频仍为 f_r。如图 6-55 所示，考虑不同定子参数时 f_r 处压力脉动。由于叶梢泄漏涡发展到下游的能量有所下降，所以 tip1 处的压力幅值远小于 ct1，压力幅值在不同转子-定子间距 S_1、S_1 和后倾角变化相对较弱，而其他参数对其影响较为显著，如弦长、预旋角增大时，幅值会不同程度地增加。侧斜下变化较特殊，在 ct1 处规律与前文多处分析一致，即正侧斜下的变化相对较小，与原模型大致相同；但 tip1 处，k 绝大值越大，也就是侧斜程度越大，压力幅值越小，这与 r10 处速度在 f_r 的幅值变化规律一致。

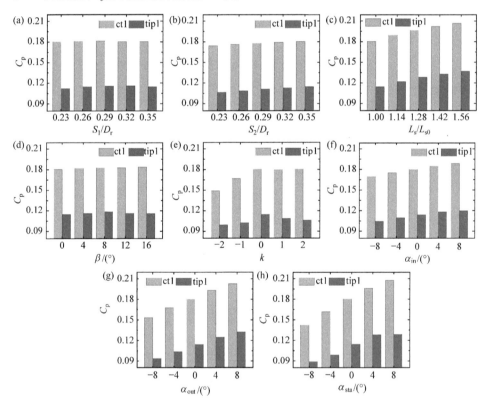

图 6-55 不同定子参数下监测点 ct1 和 tip1 在主频 f_r 处幅值
(a) S_1；(b) S_2；(c) L_s；(d) β；(e) k；(f) α_{in}；(g) α_{out}；(h) α_{sta}

第7章　泵喷推进器流噪声特性

7.1　流噪声数值模拟方法

7.1.1　声压级

声压 p 是声波所引起的海水介质的压强变化量(单位为 Pa):

$$p = P - P_0 \tag{7-1}$$

式中，P 为海水介质中存在声波时某一点处的静压；P_0 为海水介质中不存在声波时某一点处的静压。当温度为 15℃时，海水密度 ρ 约为 1025kg/m³，声音在水中的速度约为 1500m/s。因为自然界声压波动范围很大，达 8 个量级以上，所以声压常用对数表示，以 10 为底取声压级，单位记为 dB:

$$L_{\mathrm{p}} = 20\lg\left(\frac{p}{p_0}\right) \tag{7-2}$$

式中，p_0 为声压基准值，在海水中一般取 $1 \times 10^{-6}\,\mathrm{Pa}$。

7.1.2　声类比和 FW-H 方程

1952 年，英国科学家 Lighthill 从 NS 方程出发，不经过简化设定，得到了著名的 Lighthill 方程。Lighthill 方程可以表述为[156,157]

$$\left(\frac{\partial^2}{c_0^2 \partial t^2} - \nabla^2\right)\rho = \nabla \cdot \nabla T_{ij} \tag{7-3}$$

$$T_{ij} = \rho u_i u_j - \tau_{ij} + \delta_{ij}\left[(P - P_0) - c_0^2(\rho - \rho_0)\right] \tag{7-4}$$

式中，T_{ij} 为 Lighthill 湍流应力张量；P 和 ρ 分别为湍流扰动下的压力和流体密度；P_0 和 ρ_0 分别为流场中的参考压力和参考密度，一般取远场无限远处的值；c_0 为流体的参考声速；$\delta_{ij}(\cdot)$ 为克罗内克积函数。式(7-4)第一项为雷诺应力项，第二项为黏性应力项，第三项为热传导影响。Lighthill 方程只考虑了湍流中四极子源的影响，而没有考虑流体中的固体边界对声场的作用。1955 年，这个问题被 Curle 利用 Kirchhoff 积分方法解决，得到了包含固体边界影响的 Lighthill-Curle 方程[158]:

$$\rho(x,t) - \rho_0 = -\frac{1}{4\pi c_0^2}\left(\frac{\partial}{\partial x_i}\int_S \frac{n_j p_{ij}\left(y, t - |r|/c_0\right)}{|r|}\mathrm{d}^2 y\right)$$
$$\quad\quad -\frac{1}{4\pi c_0^2}\left(\frac{\partial^2}{\partial x_i \partial x_j}\int_V \frac{T_{ij}\left(y, t - |r|/c_0\right)}{|r|}\mathrm{d}^3 y\right)$$

$$(7\text{-}5)$$

式中，x 和 y 分别为响应点和声源点的位置矢量；r 为其两者之间的距离矢量；n_j 为固体边界 S 表面的外部法向向量；V 为物体的体积。声类比理论中，流体中一个固体边界附近的流体动力声源产生的声场，可以被描述为单极子源、偶极子源和四极子源的叠加。单极子源是由壁面位移产生的当地流体涨缩引起，偶极子源是由固体壁面对当地流体体积元的起伏力引起，而四极子源是由流体内部应力引起，单极子源、偶极子源和四极子源的声功率分别是流体流速的四次方、六次方和八次方。为对运动物体进行声计算，Ffowcs-Williams 和 Hawkings 引入赫维赛德(Heaviside)广义函数：

$$H(f) = \begin{cases} 1, & f(x,t) > 0 \\ 0, & f(x,t) < 0 \end{cases}$$

$$(7\text{-}6)$$

式中，$f(x,t) = 0$ 为用隐函数描述的运动物体边界方程。随后得到 FW-H 方程[159-161]：

$$\frac{1}{c_0^2}\frac{\partial^2}{\partial t^2}\left[pH(f)\right] - \nabla^2\left[pH(f)\right] = \frac{\partial}{\partial t}\left[\rho_0 V_i \frac{\partial f}{\partial x_i}\delta(f)\right] - \frac{\partial}{\partial x_i}\left[p_{ij}\frac{\partial f}{\partial x_j}\delta(f)\right]$$
$$\quad\quad + \frac{\partial^2}{\partial x_i \partial x_j}\left[T_{ij}H(f)\right]$$

$$(7\text{-}7)$$

式(7-7)等号右边第一项为质量移动效应的单极子面声源，取决于物面厚度的变化和运动速度，又称厚度声源；第二项为运动物体表面对当地流体的起伏力引起的偶极子面声源，取决于流体对壁面的非定常载荷的大小，又称载荷声源；第三项是分布于物体表面以外流体中的体声源，性质是物体表面以外与非线性流动密切相关的四极子声源。单极子面声源和偶极子面声源是线性声源，产生的声场可以通过面积分获得，公式简单且计算量比较小，而四极子声源要对整个流体流动区域进行体积分得到，公式复杂且计算量大。泵喷推进器流动属于低速，在水下噪声辐射中，单极子噪声和偶极子噪声占据了总噪声的大部分，四极子噪声基本可以被忽略。

7.2 流噪声数值模拟方法验证

7.2.1 圆柱-翼型干涉噪声实验数值验证

流噪声计算的典型基准算例是 Jacob 等[162]在里昂中央理工大学的亚声速大型消声风洞进行的圆柱-翼型干涉噪声实验测试，风洞的湍流度为 0.78%。实验装

置情况见图 7-1，圆柱直径 d=10mm，NACA 0012 翼型的弦长 C =100mm，展向
长度均为 300mm。圆柱圆心位于翼型导边前方 105mm 处，噪声测试点位于翼型
中截面内，距离翼型导边和随边的中点距离为 1.85m。本节以来流速度 V_0=72m/s
的实验测试为准进行对比。考虑到 DES 和 LES 计算量均较大，数值计算模型的
展向长度改为 3.5d，计算结果的展向修正方法见文献[163]。验证算例的数值计
算域见图 7-2，入口距离翼型前缘 10C，出口距离翼型前缘 40C，上下边界分别
距离翼型轴线 5C，计算域包括近场域和远场域，近场域包围圆柱和翼型，方便
网格加密。

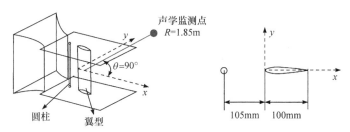

图 7-1　圆柱-翼型干涉实验装置示意图

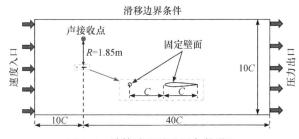

图 7-2　计算域以及边界条件设置

　　网格考虑三种密度，即稀疏、中等和细密，如图 7-3 所示，数量情况见表 7-1。
稀疏密度网格的边界层第一层网格的 y^+ 值设定为 30，总网格数量为 53.0 万。中等
密度网格的边界层第一层网格的 y^+ 值设定为 5，总网格数量为 150.8 万。为满足

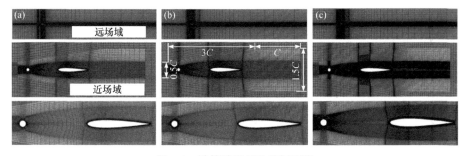

图 7-3　计算域近场和远场网格
(a) 稀疏网格；(b) 中等网格；(c) 细密网格

LES 对壁面网格的要求，细密密度网格边界层第一层网格的 y^+ 值设定为 0.5，总网格数量为 406.6 万。

表 7-1　网格数量　　　　　　　　　　　　　　（单位：万）

网格密度	近场域网格数量	远场域网格数量	总网格数量
稀疏	39.0	14.0	53.0
中等	131.3	19.5	150.8
细密	346.3	60.3	406.6

流场计算域入口边界的湍流强度和出口静压均与实验相同。考虑 RANS、混合 RANS/LES 和 LES 三种 NS 方程处理方法的噪声预报效果，其中 RANS 的湍流模型为 SST k-ω 模型，混合 RANS/LES 模拟的湍流模型为 IDDES 模型，LES 的亚格子模型为 SL 模型。RANS 和 IDDES 的时间迭代步长为 2×10^{-6}s，LES 的为 2×10^{-7}s。RANS 和 IDDES 声学采样步数为 15000 步，而 LES 的采样步数为 150000 步。声学计算的声源为翼型和圆柱的表面，噪声监测点同实验。

7.2.2　不同湍流模型流噪声

噪声结果见图 7-4，声压级曲线特征峰的频率和幅值见表 7-2。URANS 模型的特征峰与实验差别很大，频率为 2043Hz 时偏差达 47.08%，声压级的偏差较小，为 1.84%。IDDES 模型和 LES 模型的结果与实验结果吻合均良好，声压级特征峰基本与实验重合，声压级偏差也小。

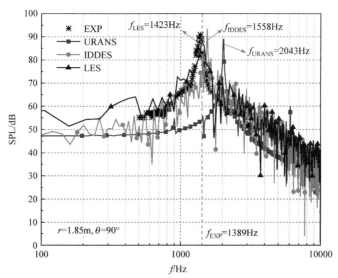

图 7-4　不同方法下监测点声压级曲线
EXP 为实验结果，URANS 为瞬态 RANS 模型

表 7-2　声压级曲线特征峰的频率和幅值

角度/(°)	湍流模型	主频频率/Hz	实验频率/Hz	频率偏差/%	主频幅值/Hz	实验幅值/Hz	幅值偏差/%
90	URANS	2043	1389	47.08	89.1571	90.83	1.84
90	IDDES	1558	1389	12.17	90.8771	90.83	0.05
90	LES	1423	1389	2.45	88.4071	90.83	2.67
120	URANS	2034	1403	44.98	92.6039	81.53	13.58
120	IDDES	1542	1403	9.91	87.1271	81.53	6.87
120	LES	1442	1403	2.78	88.0271	81.53	7.97

　　监测点的总声压级(overall sound pressure level，OASPL)与实验对比见表 7-3。可见，URANS 模型的最大偏差为 4.40%，IDDES 模型为 1.71%，LES 模型为 1.53%。相比 URANS 模型造成特征峰出现大偏移，IDDES 模型和 LES 模型获得的噪声结果更接近实验值。圆柱-翼型噪声干涉装置的总声压级指向性见图 7-5。总噪声在 90°和 270°最大，在 0°和 180°最小，指向性呈"8"字形，符合偶极子的噪声指向性特征。与实验值对比，URANS 模型结果有明显偏差，而 IDDES 模型和 LES 模型结果与实验值基本吻合。IDDES 模型和 LES 模型均很好地预报了圆柱-翼型噪声干涉装置的流噪声，但是 LES 模型噪声预报的计算量约为 IDDES 模拟的 20 倍，因此后续采用 IDDES 模型结合 FW-H 方程计算泵喷推进器的流噪声。

表 7-3　总声压级

角度/(°)	湍流模型	流噪声预报结果/dB	实验结果/dB	偏差/%
90	URANS	105.6548	110.52	−4.40
90	IDDES	108.6317	110.52	−1.71
90	LES	109.8756	110.52	−0.58
120	URANS	105.5792	104.93	0.62
120	IDDES	104.9511	104.93	0.02
120	LES	106.5385	104.93	1.53

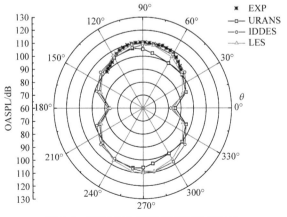

图 7-5　不同方法获得总声压级指向性

7.3　流噪声数值计算结果及其特性

7.3.1　计算设置

声学坐标系和前述流体坐标系一致(见图 3-1)。使用可穿透壁面的 FW-H 方程,将近场域的外壁面(见图 3-6)作为可穿透壁面。瞬态流场计算稳定后,再进行噪声计算的声压采样,采样时间为 20 个转子周期,作为声场计算的输入,通过 FW-H 方程得到声监测点时域声压,监测点声压距离为 100m。特征声监测点选择在 Rec1(100, 0, 0)、Rec2(0, 100, 0)、Rec3(0, 0, 100)处,其中 Rec1 位于推进器正右方,Rec2 位于推进器正上方,Rec3 位于推进器正后方。声指向性计算为对应特征点所在平面距离 100m 处的点,点间夹角为 10°。

7.3.2　频谱基本特性

在 J=0.8(N=1200r/min, V_0=2.66m/s),监测点声压级曲线如图 7-6 所示。Rec1、Rec2 和 Rec3 的声压级曲线基本相同,很大程度上和监测点距离较远有关,远场噪声导致声源特性不明显。

如图 7-6(b)和(c)所示,声压级曲线包含一系列离散峰和连续宽带谱。离散峰为线谱噪声,又称音调噪声,是声压信号内典型的周期性成分。以 Rec1 处的线谱为例,这些特征峰所在频率主要和转子的轴频 f_A、转子叶通过频率 f_r 及定子叶通过频率 f_s 有关。例如,f_r 及其谐频(黑色标记在 141.66Hz、278.44Hz、420.10Hz、561.76Hz)的线谱噪声,均具有相对显著谱级,分别对应于 f_r

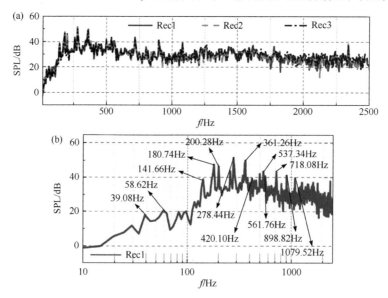

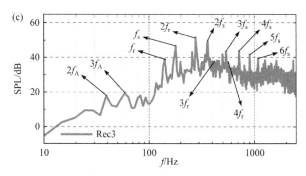

图 7-6　监测点声压级曲线(J=0.8，N=1200r/min)

(a) 不同位置；(b) Rec1；(c) Rec3

可扫描章前二维码，查看彩图

及其谐频 $2f_r$、$3f_r$ 和 $4f_r$，这些离散峰在 $2f_r$ 处的声压级最大，为 51.35dB。再是和 f_s 及其谐频有关的(红色标记在 180.74Hz、361.26Hz、537.34Hz、718.08Hz、898.82Hz、1079.52Hz)线谱噪声，其分别对应于 f_s 及其谐频 $2f_s$～$6f_s$，在 $2f_s$ 处的声压级最大，为 49.74dB。最后是和 f_A 及其谐频有关的离散峰，如 39.08、58.62Hz 处，声压级普遍低于前述两类。这些离散峰特征与彭临慧等[84]的水洞测试一致。在 200.28Hz 处峰值也显著，主要来自于定子随边脱落涡的压力脉动。

从图 7-7(a)可见，声功率谱密度最大值在 $2f_r$(1.5×10^{-7})，其次为 $2f_s$(9.0×10^{-8})和 f_s(6.0×10^{-8})。1/3 倍频程带声压级曲线见图 7-7(b)。可见流噪声的宽带分量在 0～200Hz 增大，在 200～500Hz 基本保持在均值 55dB 处，最后逐渐下降。综上，泵喷推进器流噪声的线谱噪声比螺旋桨或者导管螺旋桨复杂，除了转子叶频及其谐频、轴频及其谐频，还存在定子叶频及其谐频。

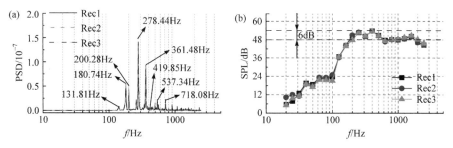

图 7-7　声功率谱密度和 1/3 倍频程频带声压级曲线

(a) 声功率谱密度；(b) 1/3 倍频程频带声压级曲线

为便于讨论，将 0～5000Hz 频率范围划为低频(0～100Hz)、中频(100～1000Hz)和中高频(1000～5000Hz)，大于 5000Hz 的为高频。可见，泵喷推进器流噪声的声能量主要集中在中频段，其次为中高频段，最后为低频段，不过此分布特性未考虑转速的影响。进一步，指定一系列压力监测点来获取脉动压力分布，

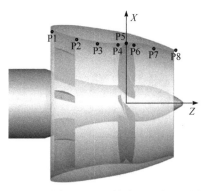

图 7-8　泵喷推进器导管附近压力监测点

以解释频谱分布特性。建立了 8 个压力监测点 P1～P8，如图 7-8 所示，其中 P1(0.11D_r, 0.60D_r, −0.63D_r)位于定子导边前方，P2(0.05D_r, 0.55D_r, −0.44D_r)位于定子随边后方，P3(0, 0.51D_r, −0.24D_r)位于转子和定子中心靠近导管内壁处，P4、P5 和 P6 分别位于转子叶梢前方、叶梢与导管的间隙中点和转子叶梢后方，P7(0, 0.47D_r, 0.25D_r)位于导管尾部内壁，P8(0, 0.44D_r, 0.41D_r)位于导管正后方。

P1、P2、P3 和 P4 处在一个转子旋转周期内的压力脉动(归一化为压力系数脉动 C_p')如图 7-9 和图 7-10 所示，对应的功率谱密度(PSD)见图 7-11。P1 处压力脉动的幅值 A_{max} 约为 0.004Pa，而 P2 处的 A_{max} 要大得多，为 0.64Pa。在 PSD 曲线，P1 处的主峰在 f_r 和 f_s 处，此外在 2f_r 和 2f_s 处也看到幅值较低的峰值，因而定子前缘压力脉动的特征频率被 nf_r 和 nf_s 共同主导。P2 处的 PSD 要明显大得多，其主峰在 200Hz 处，根据前述涡和流场模态分析，此频率应是由定子随边涡脱落引起。此外，同样的 nf_r 处的线谱被发现，说明定子随边还受转子旋转作用引起的脉动压力影响。在 P3 处，随着逐渐远离前置定子，在 nf_s 处的峰值逐渐消失，而 nf_r 处的峰值逐渐增大。定子随边涡结构随着向下游发展快速消散，压力主要被转子的周期性旋转所主导，这种周期性在图 7-10 中可以清晰地看到。nf_r 处的线谱在 P4 的 PSD 线谱中更加明显。P4(转子叶梢前方)的压力脉动幅值(A_{max} 约为 5.11Pa)远远大于 P3(转子和定子中间)处的幅值(A_{max} 约为 0.19Pa)。

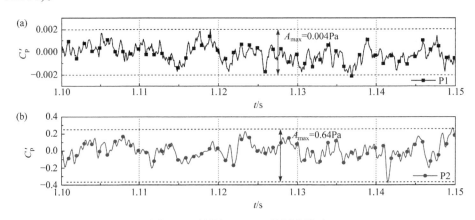

图 7-9　监测点 P1、P2 的压力脉动
(a) 定子前方(P1)；(b) 后方(P2)

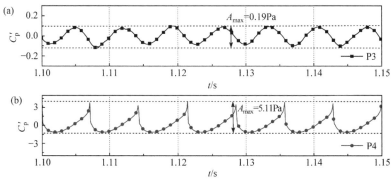

图 7-10　监测点 P3、P4 的压力脉动
(a) 转子和定子之间(P3)；(b) 转子前方(P4)

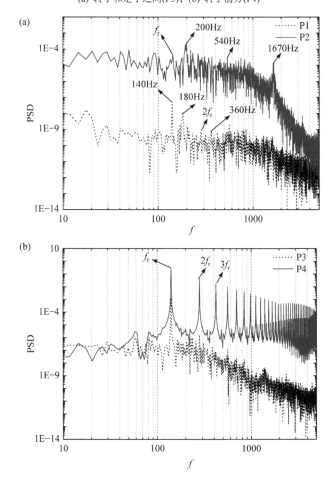

图 7-11　监测点 P1~P4 处的 PSD
(a)P1 和 P2；(b)P3 和 P4

P5～P8 处的压力脉动和 PSD 如图 7-12～图 7-14 所示。P5 和 P6 处压力脉动规律与 P4 处相同，均为 nf_r 线谱，只是压力脉动幅值 A_{max} 从 5.11Pa(P4)逐渐降低到 3.02Pa(P6)，因而转子叶梢前的压力脉动大于叶梢和转子尾部。P7 处的压力脉动幅值约为 0.82Pa，其对应的在 f_r 处的线谱分量幅值为 $2.0×10^{-2}$，相对较大，由周期性转子尾流尤其是间隙泄流撞击导管内壁引起。P8 处线谱分量比较纷杂，除了在 nf_r 处的峰值，在 166Hz、180Hz、200Hz 等处也观测到一些线谱分量。在导管尾缘，转子叶梢泄涡和导管外表面脱落的涡相互作用，对压力脉动的周期性影响很大。P7 和 P8 处受到转子叶梢涡的影响，压力脉动幅值比较大。

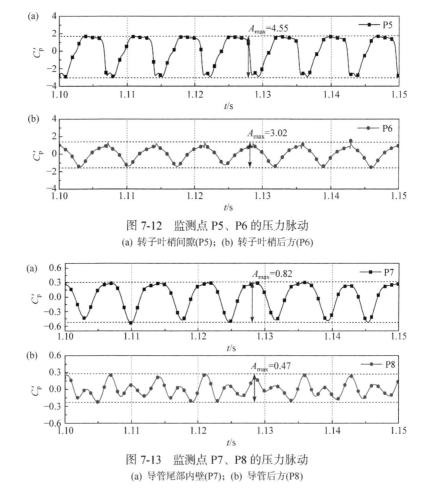

图 7-12　监测点 P5、P6 的压力脉动
(a) 转子叶梢间隙(P5)；(b) 转子叶梢后方(P6)

图 7-13　监测点 P7、P8 的压力脉动
(a) 导管尾部内壁(P7)；(b) 导管后方(P8)

总体而言，泵喷推进器噪声的频率特性与螺旋桨和导管螺旋桨不同，主要为定子叶频及其谐波分量，由转子-定子相互作用导致的转子表面非定常脉动力引

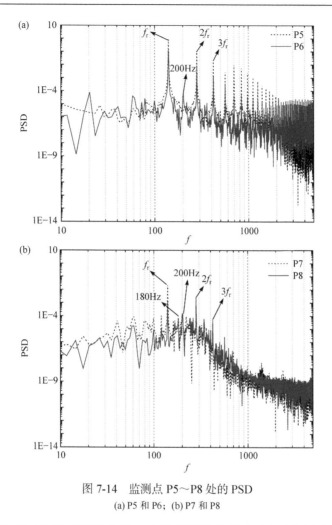

图 7-14　监测点 P5～P8 处的 PSD
(a) P5 和 P6；(b) P7 和 P8

起，其次为转子叶频及其谐波分量，由转子周期旋转产生的周围流场和定子及导
管表面的非定常脉动力引起。

7.3.3　指向性

在距离 r =100m 时，泵喷推进器在轴平面和周向平面的总声压级指向性如
图 7-15 所示。在轴平面(yz 平面)噪声指向性与常见的"8"字形略有不同，泵喷
推进器前方的总声压级略大于后方，这与监测点几何中心以及对泵喷推进器尾流
的包络有关系。在周向平面(xy 平面)上，泵喷推进器的流噪声指向性基本为一个
圆形。在轴平面内，推进器正前方的总声压级为 68.80dB，尾部的总声压级为
67.84dB，声压级最大的方向在(θ，ϕ)=(90°，150°)和(θ，ϕ)=(90°，210°)这两个角

度方向上，约为 69.08dB，周向 100m 的总声压级在 68.50dB 左右。

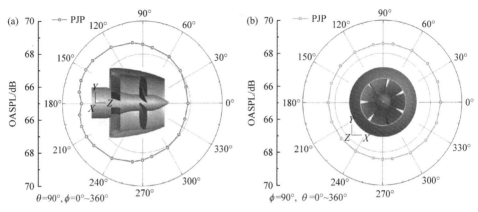

图 7-15　泵喷推进器的总声压级指向性
(a) 轴平面；(b) 周向平面

根据声压级随距离衰减的规律换算得到的声源级(1m 处总声压级)见图 7-16。轴平面内，在推进器的正后方总声压级最小，为 107.84dB，在 150°和 210°方向，也就是推进器前上方(前下方)总声压级最大，为 109.08dB。

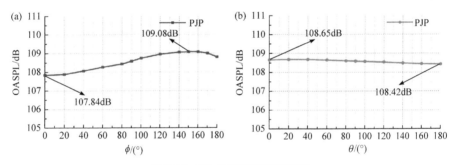

图 7-16　PJP 的噪声声源级对比
(a) 轴平面；(b) 周向平面

7.3.4　来流速度影响

转速 N=1200r/min，来流速度分别为 1.66m/s(J=0.5)、2.66m/s(J=0.8)、3.99m/s(J=1.2)时监测点 Rec1 的噪声声压级(SPL)见图 7-17。不同来流速度下，线谱噪声的频率相同，为 f_r 和 f_s 及其谐频量。随来流速度变化，声能量最大的线谱分量有所偏移。

前三阶 f_r 和 f_s 频率处的噪声声压级如图 7-18 所示。来流速度对 f_r 和 f_s 及其谐频分量的影响有所差异。在 $2f_r$ 处线谱噪声随着来流速度的增大而减小，而 f_s 处线谱噪声随着来流速度的增大逐渐增大。对于 f_r 谐频，V_0=1.66m/s 时在 $2f_r$ 处的线谱

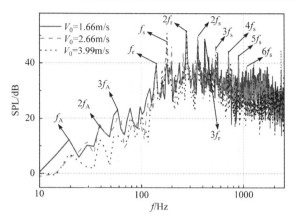

图 7-17　不同来流速度下 Rec1 处噪声声压级

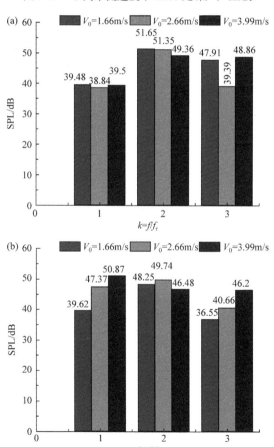

图 7-18　不同来流速度下 Rec1 处线谱噪声声压级对比

(a) f_r 归一化频率；(b) f_s 归一化频率

噪声声压级为 51.65dB，大于 V_0=2.66m/s(51.35dB)和 V_0=3.99m/s(49.36dB)，其与低进速系数下转子负载显著增大有直接关系，且造成间隙流动显著增强。对于 f_s 谐频量，在 f_s 及 $3f_s$ 处，随来流速度增大，声压级逐渐增大。f_s 的谐频分量主要由转子-定子相互作用引起，来流速度越大，相互作用越强，f_s 的谐频分量处线谱噪声越大。V_0=1.66m/s 工况最大线谱噪声声压级为 51.65dB($2f_r$ 处)，V_0=2.66m/s 工况最大线谱噪声声压级为 51.35dB($2f_r$ 处)，而 V_0=3.99m/s 工况最大线谱噪声声压级为 50.87dB(f_s 处)。总体上，随着来流速度增大，线谱噪声声压级逐渐减小，但不影响特征线谱噪声分布。

　　如图 7-19 所示的宽带噪声，随着来流速度增大，在全频段呈现降低的趋势，不同于偶极子声功率与速度的关系，其和低速下转子的负载显著增大有很大关系。泵喷推进器在不同来流速度下的流噪声 1/3 倍频程声压级(r=100m)曲线对比如图 7-19 所示。可以看到，随着来流速度的增大，泵喷推进器的宽频带噪声总体上逐渐变小，但其主频峰值基本接近。不同来流速度下宽带总声压级(r=100m)如图 7-20 所示。随着来流速度的增大，总声压级呈现减小的趋势，其主要是随着来流速度的增大，转子叶频分量线谱噪声和宽带噪声均逐渐降低而引起的，但总体上降幅很小。泵喷推进器在 V_0=1.66m/s 下总声压级为 68.68dB，V_0=3.99m/s 时总声压级为 67.04dB，降低了 1.64dB。

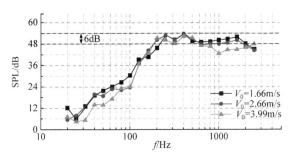

图 7-19　不同来流速度下的流噪声 1/3 倍频程声压级曲线(r=100m)

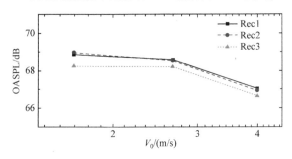

图 7-20　不同来流速度下的总声压级(r=100m)

7.3.5　转速影响

固定来流速度为 V_0=2.66m/s，计算转速为 32r/s(J=0.5)、20r/s(J=0.8)和 13.3r/s (J=1.2)工况下泵喷推进器的流噪声。Rec1 处声压级曲线见图 7-21。转速增大，线谱噪声和宽频带噪声均逐渐增大，不同于来流影响，转速对泵喷推进器的流噪声影响远大于来流速度，决定了流噪声辐射水平。

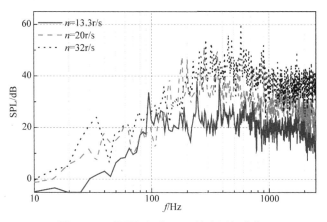

图 7-21　不同转速下 Rec1 处声压级曲线

主要线谱噪声仍分布在 f_r、f_s 及其谐频处。前三阶 f_r 和 f_s 的线谱噪声声压级见图 7-22，各阶线谱均随着转速增大而显著增大。在 n=32r/s，最大声压级在 $2f_s$ 处，为 60.25dB；在 n=13.3r/s，最大线谱噪声在 $2f_s$ 处，为 37.98dB。不同转速下的总声压级见图 7-23，转速增大，总声压级近似线性增大。考虑叶梢处的最大线速度 $v_{tip}=\sqrt{(\pi nD_r)^2+V_0^2}$，有总声压级 $OASPL=13.00+52.41\ln(v_{tip})$。总体上，泵喷推进器流噪声的总声压级与转子叶梢速度的约 5 次方成正比。

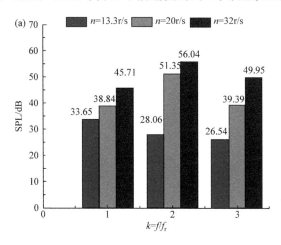

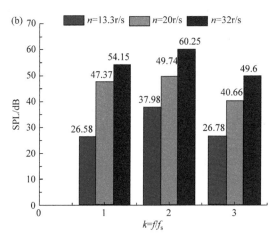

图 7-22　不同转速下 Rec1 处线谱噪声声压级对比

(a) 前三阶转子叶频 f_r；(b) 前三阶定子叶频 f_s

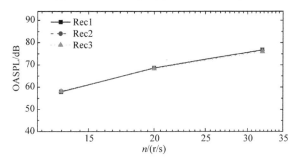

图 7-23　不同转速下监测点 Rec1、Rec2、Rec3 处总声压级(r=100m)

第8章 泵喷推进器锯齿尾缘导管降噪

8.1 锯齿尾缘导管降噪影响

8.1.1 锯齿尾缘结构

"仿生学"在 1960 年被提出，核心是模仿自然界的生物特殊本领。以鸟类为例，部分鸟类会因飞行时翅膀拍动空气发出较大声响，而猫头鹰例外。黑夜猫头鹰从 3～6m 高处俯冲向猎物，但不发出声响惊动猎物，见图 8-1。1934 年，英国 Graham 经对比猫头鹰和老鹰的翅膀，归纳出猫头鹰寂静飞行的关键因素[164]：①猫头鹰翅膀前缘的特殊羽毛构成的梳状结构；②翅膀和腿部表面特殊的绒羽；③翅膀尾部的锯齿状结构，见图 8-1(b)。后来 Koreger 等[165]的实验证明了这一结论，通过剪去一种猫头鹰翅膀前缘的梳状羽毛和后缘的曳尾羽毛，测试其飞行噪声，发现其飞行过程不再安静，而是与体型相当的其余鸟类飞行噪声类似。猫头鹰的飞行辐射声功率在全频段下仅为同一速度下绿头鸭的 1/200[166]。Sarradj 等[167]在野外测量了多个种类飞鸟的飞行噪声，发现猫头鹰飞行噪声比其余鸟类低。仿照猫头鹰翅膀的锯齿尾缘结构的降噪设计方法已经应用于机翼、风力机叶片、航空发动机喷嘴等。因此，本章探究锯齿尾缘结构的导管对泵喷推进器流噪声的降噪效果，如图 8-1(c)所示。

图 8-1 滑翔时猫头鹰的翅膀

(a) 夜行猫头鹰捕猎示意图；(b) 猫头鹰翅膀独特的尾缘结构；(c) 锯齿尾缘结构在泵喷推进器导管上的应用

应用锯齿尾缘结构于泵喷推进器导管时，为最大程度保持导管的长度和表面积，锯齿中线和原导管尾缘的轴向位置一致，图 8-2(a)为应用锯齿尾缘结构前后的导管对比。与导管外形结合时，锯齿尾缘延长部分的内部曲线为直线，而切除部分通过与原有导管内部曲线轮廓圆滑过渡得到，锯齿导管的外部曲线通过锯齿齿尖点到原有导管外部轮廓的切线过渡得到。锯齿结构参数见图 8-2(b)，锯齿从根部到梢部的长度为齿长 h，两相邻齿尖的距离为锯齿波长 λ，锯齿数目用齿数 N。图 8-2(c)为齿数 $N = 48$，齿长 $h=15\%L_{da}$ 的锯齿尾缘导管。进一步对锯齿结构参数归一化，定义齿长比为：$H = h/L_{da} \times 100\%$。波长和齿数相关，给定齿数，即确定波长。不同锯齿尾缘导管模型的参数见表 8-1，下文中均采用缩写 N**H**(如 N48H15)来表示锯齿尾缘导管模型，"H15"表示 H 为 15%。锯齿的长细比为 h/λ，对应齿尖角度用 θ 表示，有 $\theta = 2\arctan\left[\lambda/(2h)\right]$。

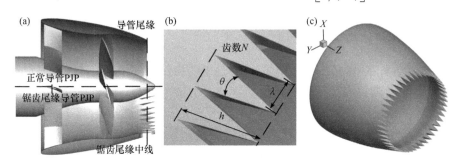

图 8-2　泵喷推进器导管

(a) 尾缘对比；(b) 锯齿结构参数定义；(c) 锯齿尾缘导管

表 8-1　锯齿尾缘导管模型参数

编号	模型缩写	齿数 N	齿长比 H/%	长细比 h/λ	齿尖角度 θ/(°)
1	N12H10	12	10	0.45	47
2	N24H10	24	10	0.9	29
3	N48H05	48	5	0.9	29
4	N48H10	48	10	1.8	16
5	N48H15	48	15	2.7	11
6	N48H20	48	20	3.6	8

8.1.2　齿数影响

考虑齿数 N 对流噪声影响时，保持齿长为 $10\%L_{da}$，设定齿数 N 为 12、24 和 48，生成 3 个模型 N12H10、N24H10、N48H10，见图 8-3。随着齿数增大，波长变小。齿数 12、24 和 48 的锯齿长细比 h/λ 分别为 0.45、0.9 和 1.8。计算域和计算边界条件与前述内容一致，主要差异在于有无锯齿结构网格，转子域、定子域和外域的网格均不变。N12H10、N24H10 和 N48H10 的网格见图 8-4。锯齿使用一层外"O"块网格，锯齿之间进行了网格局部加密，以更好地捕获齿间流动细节。网格数量见表 8-2，不同齿数的网格总量接近，均较原模型(图中用 PJP 表示)有一定增加。流场和噪声的计算同前述内容设置，在 $J=0.8$，$n=20\text{r/s}$，

V_0=2.66m/s，对原模型和生成模型进行流场和噪声模拟。考虑到前述 3 个监测点 Rec1(100，0，0)、Rec2(0，100，0)和 Rec3(0，0，100)处噪声差异很小，后续以 Rec1 监测点为准，即泵喷推进器正右方点。

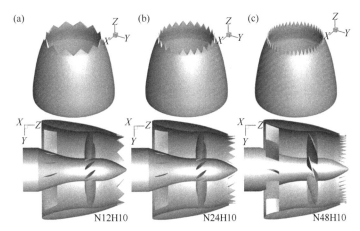

图 8-3　不同齿数的导管模型

(a) N12H10；(b) N24H10；(c) N48H10

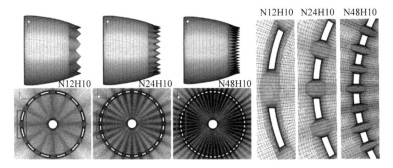

图 8-4　不同齿数导管模型网格

表 8-2　不同模型的网格数量　　　　　　　　　　(单位：百万)

网格	网格数量				
	转子域	定子域	近场域	远场域	总计
原模型	8.51	8.34	6.50	1.24	24.59
N12H10	8.51	8.34	9.19	1.24	27.28
N24H10	8.51	8.34	9.19	1.24	27.28
N48H10	8.51	8.34	12.03	1.24	30.12

不同齿数导管模型在 Rec1 处的流噪声声压级见图 8-5。增加锯齿尾缘后，声

压频谱由一系列离散的线谱噪声和宽带噪声组成，变化趋势不变。声压级在 10～200Hz 逐渐增大，随后在 200～500Hz 保持平稳，在大于 500Hz 时略微下降。应用锯齿尾缘导管不会改变泵喷推进器的噪声谱总特性。N12H10 模型在 f_r、f_s 处的线谱噪声较原模型有所降低，在 $2f_r$ 更明显，但 $3f_r$ 出现明显增大。N12H10 的流噪声比原模型大得多。N24H10 模型在 f_r、$2f_r$ 处线谱噪声有明显降低，在 f_s、$2f_s$ 处的线谱噪声有小幅降低，但出现了两组新的线谱分量，为 298Hz 和 480Hz 处。N48H10 模型相比原模型，在 f_s 处变化不大，在 f_r、f_s 及其谐频处均有明显的降低。锯齿结构尾缘表现出良好的降噪效果。

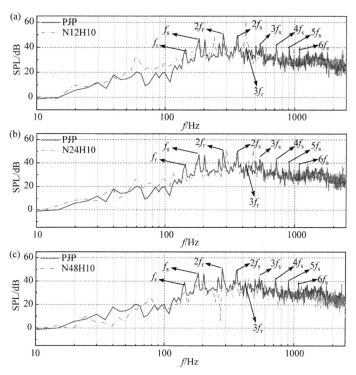

图 8-5　不同齿数导管模型在 Rec1 处流噪声声压级
(a) N12H10；(b) N24H10；(c) N48H10

　　不同齿数导管模型线谱噪声改变量见表 8-3。N12H10 模型的声压级在 $3f_r$ 处增大 22.82dB，在 $3f_s$ 处增大 1.67dB，虽然在 $2f_r$ 处降低 5.31dB，整体降噪效果差。N24H10 模型的降噪效果较好，在前三阶 f_r、f_s 处线谱降噪量为 1.17～9.34dB，仅在 $3f_s$ 处声压级增大了 3.98dB。N48H10 模型在 $2f_r$ 处声压级降低了 13.08dB，降噪幅值最大，在 $2f_s$ 处降低了约 9.96dB。三种不同齿数导管模型流噪声均在 f_r、$2f_r$ 有所降低，而在 $3f_r$ 变化不大或者增大。对于线谱噪声而言，对 f_r 及其谐频的降噪效果较好，对 f_s 及其谐频的降噪效果次之。同样，宽带噪声也因锯齿结构影响，随着齿数增大而逐渐下降。N12H10 模型的宽带噪声与原模型差别不大，甚至略有增大，而 N48H10 的宽频带噪声明显低于原模型。

表 8-3　不同齿数导管模型线谱噪声改变量　　　（单位：dB）

频率		模型		
		N12H10	N24H10	N48H10
转子叶频	f_r	−1.71	−8.74	−8.47
	$2f_r$	−5.31	−9.34	−13.08
	$3f_r$	22.82	−2.81	3.20
定子叶频	f_s	−0.96	−1.17	1.15
	$2f_s$	−2.91	−2.68	−9.96
	$3f_s$	1.67	3.98	3.64

不同齿数导管模型在 Rec1 处 1/3 倍频程声压级曲线(r=100m)见图 8-6。N12H10 模型的声压级在整个频段较原模型的大，N24H10 模型的声压级在125～300Hz 比原模型略低，N48H10 模型的声压级在 10～2500Hz 整个频段都小于原模型。不同齿数导管模型的总声压级 OASPL 和噪声改变量Δ_{OASPL}见图 8-7。

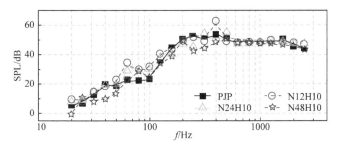

图 8-6　不同齿数导管模型在 Rec1 处 1/3 倍频程声压级曲线(r=100m)

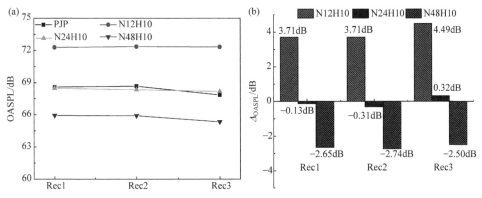

图 8-7　不同齿数导管模型总声压级和噪声改变量

(a) 总声压级；(b) 噪声改变量

随着齿数增多，流噪声逐渐减小。齿数为 12(长细比 h/λ=0.45)时，总声压级增大了 3.71～4.49dB；齿数为 24(长细比 h/λ=0.9)时，总声压级与原模型相当，噪声改变量在−0.13～0.32dB；降噪效果最好的是 N48H10 模型(长细比 h/λ=1.8)，降噪量在 2.50～2.74dB。

总体上，齿数增多(h/λ 增大，θ 减小)，降噪量逐渐增大。适当的锯齿结构对 10～2500Hz 的线谱噪声和宽带噪声均有降噪效果。

8.1.3 齿长影响

考虑齿长 h 影响时，齿数定为 N=48，调节 h 生成 4 个模型：N48H05、N48H10、N48H15、N48H20，齿长比分别为 5%、10%、15%和 20%，见图 8-8。齿尖角度 θ 分别为 30°、15°、10°和 8°，长细比 h/λ 从 0.9 增大到 3.6。齿长比从 5%增大到 20%，齿根向转子靠近，齿越长齿尖厚度越小，更长锯齿不再考虑。N48H10 和 N48H20 的网格如图 8-9 所示，与原模型网格数量的对比见表 8-4。可以看出，不同齿长导管模型的网格数量保持一致，均比原模型网格数量多。计算域和计算设置与前述一致，考虑在 J=0.8，N=1200r/min 工况。

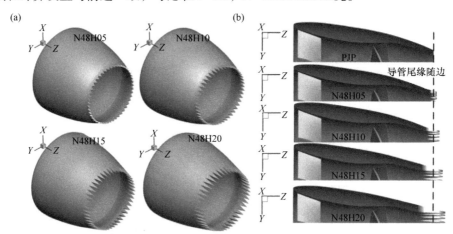

图 8-8 不同齿长导管模型

(a) 导管三维模型；(b) 导管剖面

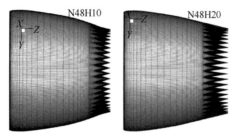

图 8-9 不同齿长导管模型网格

表 8-4　不同模型的网格数量　　　　　（单位：百万）

模型	网格数量				
	转子域	定子域	近场域	远场域	总计
原模型	8.51	8.34	6.50	1.24	24.59
N48H10	8.51	8.34	12.03	1.24	30.12
N48H20	8.51	8.34	12.03	1.24	30.12

不同齿长导管模型在 Rec1 处的声压级曲线见图 8-10。N48H05 模型的线谱噪声变化非常大，在 f_r、f_s、$2f_r$ 和 $2f_s$ 处声压级显著减小，但在 $3f_s \sim 7f_s$ 处声压级

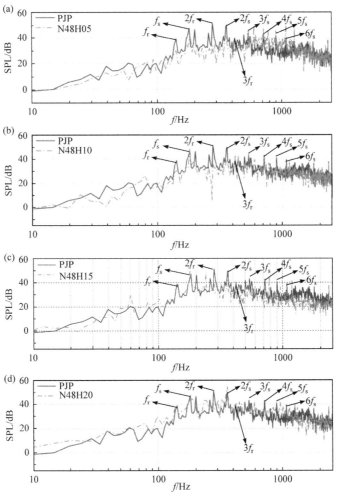

图 8-10　不同齿长导管模型 Rec1 处声压级曲线
(a) N48H05；(b) N48H10；(c) N48H15；(d) N48H20

明显增大，线谱噪声的改变量见表 8-5。N48H05 模型的声压级在 f_r 处降低 9.18dB，在 $2f_r$ 处降低得更多，为 17.95dB，在 f_s 处和 $2f_s$ 处分别为 8.22dB 和 10.13dB。N48H05 模型的声压级在低频段降低较多，但在高频段声压级增大较明显。N48H10 模型在低频段降噪效果较好，且在高频段声压级未明显升高，总体降噪效果最好。N48H15 模型的声压级变化与 N48H10 类似，在 $2f_r$ 处降低 11.81dB，在 f_r 处降低 7.73dB，仅比 N48H10 模型略低，尽管在 $2f_s$ 处声压级增大 2.39dB，但在 $3f_s$ 处降低 3.24dB。不同于前述三个模型，N48H20 模型的噪声整体上比原模型大，尽管 $2f_r$ 和 $3f_r$ 处的线谱噪声略有降低，但在 f_r 或 f_s 的谐频处没有明显的降低，整体降噪效果较差。可见，齿长增大，对于 f_s 及其谐频处的线谱噪声几乎没有降噪效果，但对 f_r 及其谐频处的线谱噪声具有良好降噪。

表 8-5　不同齿长导管模型线谱噪声改变量　　　　　　（单位：dB）

频率		模型			
		N48H05	N48H10	N48H15	N48H20
转子叶频	f_r	−9.18	−8.47	−7.73	−1.14
	$2f_r$	−17.95	−13.08	−11.81	−15.04
	$3f_r$	−8.55	3.20	3.92	1.71
定子叶频	f_s	−8.22	1.15	7.40	−2.83
	$2f_s$	−10.13	−9.96	2.39	4.54
	$3f_s$	6.02	3.64	−3.24	−2.86

对于宽带噪声，N48H05 模型的噪声在 10～500Hz 比原模型小，但在 500～2500Hz 比原模型大；N48H10 模型在全频段内的宽带噪声都比原模型小；N48H15 模型在 10～300Hz 的声压级比原模型略大，但高于 200Hz 的降噪效果比 N48H10 模型好；N48H20 模型的噪声在整个频段都比原模型大。

监测点 Rec1 处的 1/3 倍频程声压级曲线见图 8-11。N48H05 模型在 10～500Hz

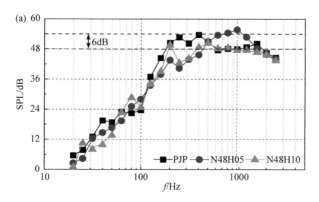

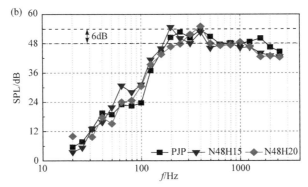

图 8-11　不同齿长导管模型 Rec1 处 1/3 倍频程声压级曲线(*r*=100m)
(a) N48H05、N48H10；(b) N48H15、N48H20

有明显的降噪效果，而在 500Hz 以上，没有降噪效果。N48H10 模型和 N48H15 模型在整个频段表现出很好的降噪效果，最好的是N48H10模型，在10～2500Hz 的声压级整体上小于原模型，而 N48H15 模型在 60～200Hz 处整体上略大于原模型。N48H20 模型仅在 1000Hz 以上的高频段表现出较好的降噪效果。

不同齿长导管模型的总声压级和噪声改变量对比见图 8-12。随着齿长增大，噪声先逐渐降低，N48H10 模型(长细比 $h/\lambda=1.8$)的降噪效果最好，降噪量在 2.50～2.74dB，且对大部分的线谱噪声和宽带噪声均有降噪效果。当齿长大于 10%导管长度后，降噪效果开始减弱，N48H15 模型(长细比 $h/\lambda=2.7$)降噪量在 1.10～2.20dB，而 N48H20 模型的总声压级比原模型大 0.96～1.43dB。随着齿数增多(长细比增大，齿尖角度减小)，泵喷推进器的流噪声先降低后增大，给出的模型中，以 $h/\lambda=1.8$ 为分界点。降噪效果最优的为 N48H10 模型，最大总声压级降噪量为 2.74dB，次优为 N48H15 模型。

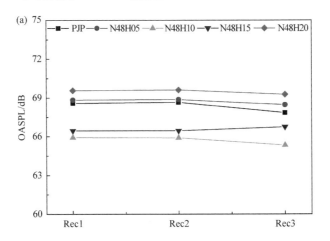

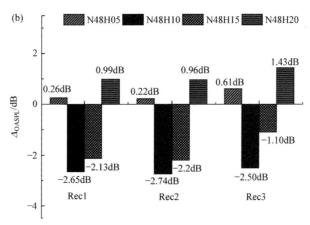

图 8-12　不同齿长导管模型总声压级和噪声改变量(r=100m)

(a) 总声压级；(b) 噪声改变量

8.2　锯齿尾缘导管降噪机理

8.2.1　齿数对涡和脉动压力的影响

在 J=0.8，流场的瞬态涡结构如图 8-13 所示。N12H10 模型的锯齿处生成了与齿数 N 相关的锯齿状脱落涡，这些涡从齿根出发分为两部分，沿着两侧的锯齿发展，后脱离锯齿齿尖与转子梢涡相互作用。齿数越多，锯齿状脱落涡越多，对转子梢涡的破碎作用越明显。N12H10 模型的转子梢涡受到轻度干扰，变得扭曲，而 N48H10 模型的转子梢泄涡发生了剧烈变形，失去螺旋状。原模型的尾流场涡系由于转子梢涡的短波不稳定发展以及其与导管随边涡的相互作用，逐渐不稳定和破坏。增加锯齿后，锯齿状脱落涡连接了相邻的螺旋型梢涡，使转子梢涡破碎。

如图 8-13(a)所示，带状的涡丝连接相邻的转子梢涡，使其发生扭曲变形。N24H10 模型的带状涡丝在减小，但转子梢涡的破碎也更加明显。N48H10 模型的转子梢涡在脱离导管之后就被锯齿割裂破碎，在下游完全失去螺旋形态。因而，导管尾缘的锯齿结构在锯齿通道内形成了锯齿状脱落涡，对转子梢涡产生干扰，且干扰随着齿数的增多而增大，加速了转子梢涡在下游的扭曲和破碎。锯齿脱落涡和转子梢涡的相互作用继而影响了泵喷推进器的尾迹涡。

如图 8-13(b)所示，原模型的轮毂涡因定子尾迹涡的干涉发生破碎，而对于锯齿尾缘导管模型，锯齿脱落涡与转子梢涡的相互作用，影响了转子随边和定子随边的尾迹，间接减少了对轮毂涡的干扰，如 N48H05～N48H20 模型的轮毂涡均呈现长条细丝状，轮毂涡的稳定性较强，破碎程度低。

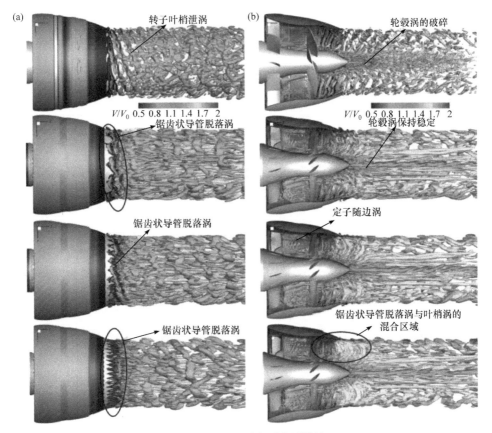

图 8-13　J=0.8 时的瞬态涡结构

(a) 侧视图；(b) 剖视图

从上到下：原模型、N12H10、N24H10 和 N48H10

　　图 8-14 显示了锯齿脱落涡对转子尾迹的影响。在 z/D_r=0 的转子盘面，所有模型的涡量图中均有明显的定子尾迹涡特征。在 z/D_r=0.2，各个模型的涡演化过程接近，定子内半径的尾迹涡与转子尾迹混合，出现扭曲变形，而转子随边尾迹的外半径部分因梢涡作用逐渐发生卷升。在 z/D_r=0.4，锯齿使转子梢涡不再沿导管内壁发展，而是在锯齿通道内与锯齿脱落涡混合，齿数越多，对转子梢涡的破碎作用越大。在 z/D_r=0.45，因转子梢涡的卷升作用，转子随边尾迹的外半径部分逐渐靠近齿尖，相比原模型，锯齿尾缘导管模型的转子尾迹逐渐扭曲。在 z/D_r=0.6，转子随边尾迹的外半径部分基本消失，而定子随边根部涡继续向下游发展，产生图 8-14 中的长条状的涡丝，在一定程度上隔离开了转子随边尾迹对轮毂涡的干扰作用，保证了轮毂涡的基本稳定。

　　图 8-15 为纵向 yOz 平面的瞬态速度和涡量。导管出口的锯齿结构改变了原模型出流的高速区，由周期性瓣状加速区转变为无周期性的均匀带状，转子随边

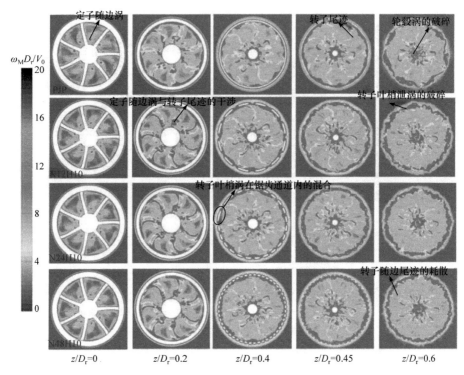

图 8-14　不同轴向位置处的涡量

上到下依次为：原模型、N12H10、N24H10 和 N48H10

尾迹在外半径消散，导致转子叶片尾迹对出流的分割作用减弱甚至消失。涡量的分布同样验证了速度的演化过程，锯齿的存在加速了涡量的耗散，齿数越多，耗散越显著，呈现为转子梢涡和锯齿脱落涡干涉后的变形和破碎。这些涡破碎，降低了尾流涡量，进而降低了尾流引起的流噪声。此外，锯齿的存在使导管对转子尾流的加速作用减弱，导管出流的降低进一步降低了噪声。锯齿结构对转子外半径尾迹的削弱降低了对轮毂尾迹的影响，从而降低了轮毂尾迹的脉动，同样有助于降低噪声。上述分析是建立在工况一致的情况下，而非推进器负载一致的情况下，实际降噪量会存在差异。

　　图 8-16 为 yOz 平面 $\mathrm{d}p/\mathrm{d}t$ 分布。原模型和锯齿尾缘导管泵喷推进器模型的差别更明显。可以看到，原模型从转子尾部开始直到下游很长一段距离内，由于转子叶梢泄涡，转子随边尾迹，轮毂涡引起的周期性交替出现的压力脉动区非常明显，其绝对值也非常大。锯齿结构显著减小了转子尾迹产生的压力脉动，齿数越多，锯齿脱落涡越多，对梢涡的破碎越大，锯齿处的压力脉动区也越弱。转子梢涡的破碎减小了导管壁面上的压力脉动，同时，锯齿结构展向小涡的生成和梢涡的提前快速破碎也减小了尾流场内的压力脉动。

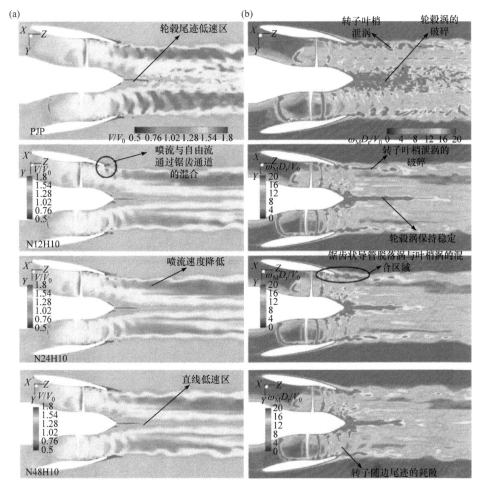

图 8-15 纵向 yOz 平面的瞬态速度和涡量

(a) 瞬态速度；(b) 涡量

从上到下：原模型、N48H05、N48H10、N48H15 和 N48H20

图 8-17 为导管表面的压力脉动。原模型在导管外侧的压力脉动主要集中在出口，增加锯齿后的 N12H10 模型导管出口仍有较大压力脉动，随着齿数增多，压力脉动越来越弱，其与锯齿对梢涡的破坏作用正相关。原模型在导管内侧存在由周期性转子梢涡引起的显著压力脉动，对于齿数较少的 N12H10 模型，压力脉动剧烈区域的变化很小，但随着齿数增多，锯齿根部对压力脉动区的削弱作用不断增强。相比于导管，转子叶片的压力脉动差别较小，如图 8-18 所示。

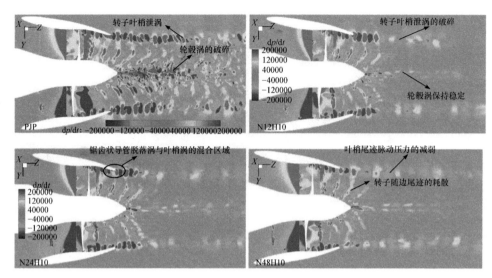

图 8-16　在 J=0.8，纵向 yOz 平面 $\mathrm{d}p/\mathrm{d}t$

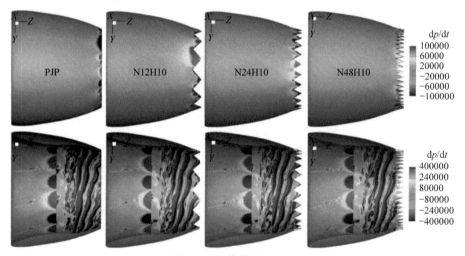

图 8-17　导管壁面 $\mathrm{d}p/\mathrm{d}t$

从左到右：原模型、N12H10、N24H10 和 N48H10

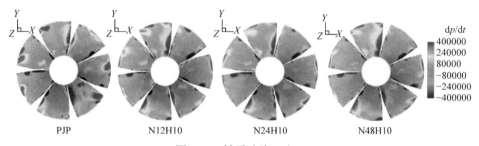

图 8-18　转子叶片 $\mathrm{d}p/\mathrm{d}t$

8.2.2　齿长对涡和脉动压力的影响

不同齿长对涡结构影响见图 8-19，其中 $J=0.8$。锯齿结构的存在生成了与齿数 N 相关的锯齿状的导管随边脱落涡，造成转子梢涡的锯齿状波动，干扰了梢涡的螺旋线型态，加速梢涡的不稳定性，使梢涡在锯齿脱落涡的影响下在下游快速失去螺旋型态。齿长越大，锯齿脱落涡的强度和流向尺寸越大，转子梢涡的扭曲变形越明显，如 N48H15 模型。齿长进一步增大，锯齿脱落涡反而在径向上远离转子梢涡，对梢涡的破坏作用减小，如 N48H20 模型，转子梢涡在下游又逐步恢复螺旋型态。

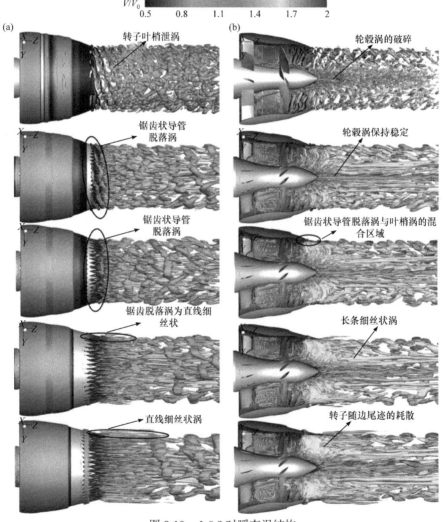

图 8-19　$J=0.8$ 时瞬态涡结构

(a) 侧视图；(b) 剖视图

从上到下：原模型、N48H05、N48H10、N48H15 和 N48H20

可见锯齿过长会使齿间涡的发展受影响，使锯齿外侧涡连接，进而降低对转子梢涡的破坏作用。此外，齿长对轮毂涡影响同齿数，在一定程度上维持了涡的稳定性。

图 8-20 为 yOz 平面内的瞬态速度和涡量。与齿数的影响类似，泵喷推进器

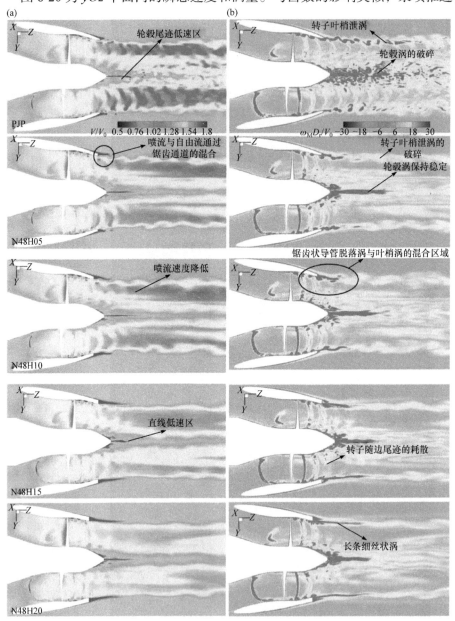

图 8-20 J=0.8 时 yOz 平面的瞬态速度和涡量

(a) 瞬态速度；(b) 涡量

从上到下：原模型、N48H05、N48H10、N48H15 和 N48H20

尾流中的高速喷流区发生了明显变化。从涡量图可见，锯齿导致转子梢涡的涡量区范围减小，随着齿长进一步增大，锯齿脱落涡在径向上逐渐与转子梢涡分离，N48H20 模型在导管出口下游的转子梢涡涡量区反而延长，可见并不是齿长越长越好。此外，锯齿尾缘导管模型尾流速度明显低于原模型，且随齿长增大，尾流速度降低，如 N48H20 模型的喷流高速区已基本消失，有助于降低流噪声。但是这同样未考虑负载的变化，负载一致时可能使整个流场的速度增大。

图 8-21 为 yOz 平面 $\mathrm{d}p/\mathrm{d}t$ 分布，随着齿长增大，推进器尾迹的压力脉动变弱，如 N48H20 模型在转子叶梢尾迹处的周期性压力脉动剧烈区已基本消失。同时，转子随边尾迹和轮毂尾迹区的压力脉动也受到影响，都有明显的减小。图 8-22 为导管表面的压力脉动。与齿数的影响类似，齿长增大，导管尾缘的外侧和内侧处压力脉动均变弱。转子叶片上的压力脉动差别较小，见图 8-23。可见，齿长逐渐增大，导管表面和尾流场中的脉动压力逐渐减小，而 N48H20 模型的噪声增大与齿状脱落涡对转子梢涡的影响减弱以及齿根过于接近转子区域有关。

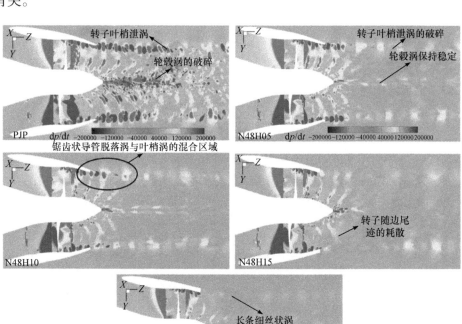

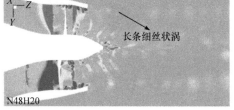

图 8-21　$J=0.8$ 时 yOz 平面 $\mathrm{d}p/\mathrm{d}t$

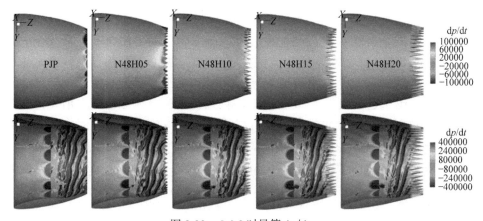

图 8-22　J=0.8 时导管 dp/dt

从左到右：原模型、N48H05、N48H10、N48H15 和 N48H20

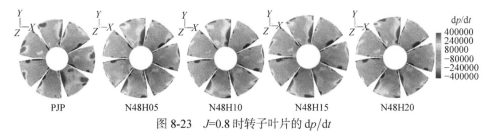

图 8-23　J=0.8 时转子叶片的 dp/dt

8.2.3　锯齿结构对敞水性能的影响

考虑降噪最优方案 N48H10 模型和次优方案 N48H15 模型对敞水性能的影响，如图 8-24 所示。锯齿尾缘导管模型敞水效率在 J=0.2～0.95 略有增大，但在 J=0.95～1.2 略有减小，N48H10 和 N48H15 的敞水效率曲线基本一致。原模型在 J=0.9 敞水效率最大，为 61.43%，锯齿尾缘导管模型敞水效率也在 J=0.9 达到最大，最优方案和次优方案敞水效率分别为 61.82% 和 61.79%，敞水效率增量分别为 0.39% 和 0.36%。

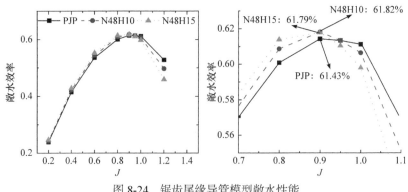

图 8-24　锯齿尾缘导管模型敞水性能

右侧为局部放大图

图 8-25 为锯齿尾缘对水动力性能的影响。可以看出，锯齿结构同时降低了
K_T 和 $10 K_{Qr}$，且 J 越大影响越大，齿长越长，影响也越大。图 8-25(b)为各部件
的推力系数。锯齿结构引起的推力减小主要来自于转子，但锯齿结构增大了定子
和导管的推力系数，因而 K_T 的降低量小于 K_{Qr} 的降低量，锯齿尾缘导管模型的
敞水效率大于原模型。锯齿结构的存在也使导管的出口有效直径变大，根据前述
对导管出口的研究，可以验证锯齿结构使敞水效率增加。

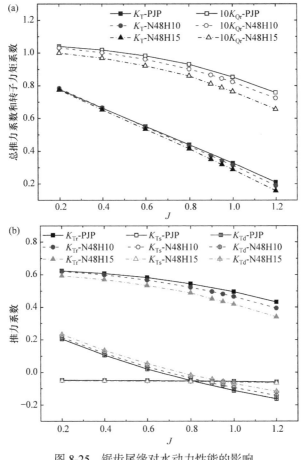

图 8-25   锯齿尾缘对水动力性能的影响
(a) 总推力系数和转子力矩系数；(b) 各部件的推力系数

图 8-26 和图 8-27 为锯齿结构对转子非定常负载的影响。N48H10 模型的转
子非定常负载力的幅值与原模型相差不大，而 N48H15 模型的负载力幅值有明显
减小。锯齿结构不影响非定常负载力周期，对应的特征频率不变。如图 8-27 所
示，在 f_s 处原模型的非定常负载力 PSD 为 5.7×10^{-7}，而 N48H10 模型为 4.2×10^{-7}，
略小于原模型，N48H15 模型的 PSD 为 7.5×10^{-8}，远小于原模型。

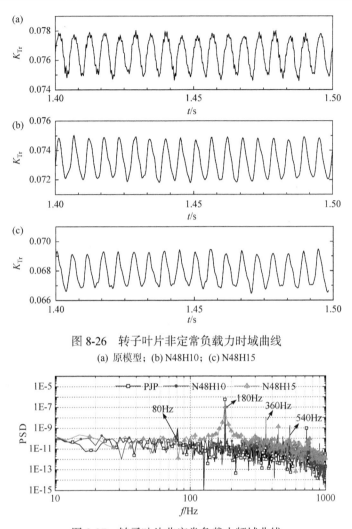

图 8-26　转子叶片非定常负载力时域曲线
(a) 原模型；(b) N48H10；(c) N48H15

图 8-27　转子叶片非定常负载力频域曲线

8.2.4　工况对降噪效果的影响

以 N48H10 模型为准，讨论不同来流速度和不同转速下的降噪效果。图 8-28 为 N48H10 模型与原模型在不同流速下的声压级对比。在 V_0=1.66m/s，n=20r/s 工况，N48H10 模型在 f_r 和 $2f_r$ 处的声压级明显减小，而在 f_s、$2f_s$ 处略微增大，整体降噪效果弱于 J=0.8 工况。在 V_0=3.99m/s，n=20r/s 工况，N48H10 模型在 f_r、$2f_r$、f_s、$2f_s$ 等处的声压级均明显减小。锯齿尾缘导管模型在高速工况时的流噪声降低效果较好。

图 8-29 为 N48H10 模型与原模型在不同转速下声压级对比。在 V_0=2.66m/s，

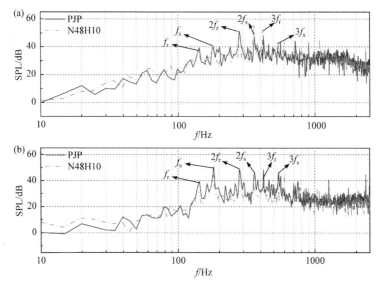

图 8-28　不同来流速度下 N48H10 模型与原模型的声压级对比

(a) V_0=1.66m/s，n=20r/s；(b) V_0=3.99m/s，n=20r/s

n=13.3r/s 工况下，N48H10 模型较原模型在 f_r、$2f_r$、$2f_s$ 等处的声压级明显减小，而在 f_s、$3f_r$ 处的声压级略微增大，整体降噪效果略差。在 V_0=2.66m/s，n=32.0r/s 工况下，N48H10 模型较原模型在各个线谱处噪声均略微减小，降噪效果良好。整体上，锯齿尾缘导管模型在高转速下的降噪效果更好。

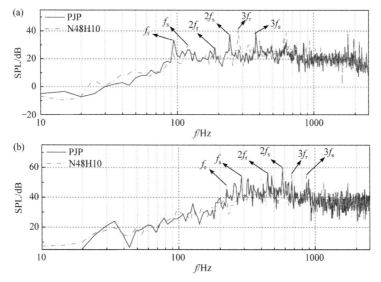

图 8-29　不同转速下 N48H10 模型与原模型的声压级对比

(a) V_0=2.66m/s，n=13.3r/s；(b) V_0=2.66m/s，n=32.0r/s

　　图 8-30 为不同工况下 N48H10 模型和原模型在 Rec1 处 1/3 倍频程声压级曲线，表 8-6 给出了 N48H10 模型在不同工况下的噪声改变量。考虑不同转速下锯齿结构对宽带噪声的影响，可见高转速、高航速下锯齿结构的降噪效果更好，当航速不高或者转速低时，锯齿结构的应用反而会导致噪声升高。

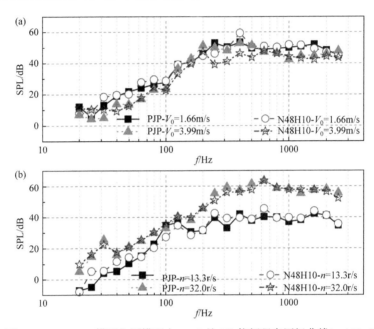

图 8-30　N48H10 模型和原模型在 Rec1 处 1/3 倍频程声压级曲线(r=100m)
(a) 不同来流速度；(b) 不同转速

表 8-6　N48H10 模型在不同工况下的噪声改变量

工况		SPL/dB		噪声改变量/dB
转速/(r/s)	来流速度/(m/s)	原模型	N48H10	
20.0	1.66	68.86	70.30	1.44
	3.99	67.04	63.34	−3.70
13.3	2.66	57.91	59.45	1.54
32.0		76.76	76.57	−0.19

　　综上，考虑航速和转速的影响，尽管前述 N48H10 模型为最优方案(齿尖角度 16°，长细比 h/λ=1.8)，但不同工况下的降噪效果有明显差异。可见，针对实际的运行工况，需要对锯齿降噪结构进行特定设计。

　　图 8-31 为不同工况下原模型和 N48H10 模型在 yOz 平面的瞬态 $\mathrm{d}p/\mathrm{d}t$。低来流速度时，N48H10 模型的 $\mathrm{d}p/\mathrm{d}t$ 变化不大；高来流速度时，N48H10 模型的

dp/dt 有明显的降低，这和高航速下降噪效果好的结论一致。如图 8-31(c)～(d)所示，转速增大，流场内 dp/dt 明显增大，对应高转速下噪声大，而 N48H10 模型的 dp/dt 相比原模型明显降低。结合噪声结果，可以推测低航速、低转速下降噪效果不理想与锯齿结构对流场 dp/dt 的削弱程度差有很大关系。

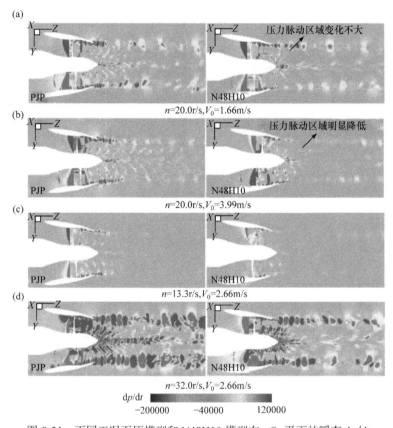

图 8-31　不同工况下原模型和 N48H10 模型在 yOz 平面的瞬态 dp/dt

8.3　锯齿结构降噪机理分析

图 8-32 为 N48H10 模型与原模型的速度和涡量云图。在速度分布上，锯齿结构加速了导管出口高速喷流和自由流的混合，而原模型的混合更加平缓。涡量云图显示 N48H10 模型尾流中转子叶梢尾迹涡量分布更加均匀，转子随边尾迹涡量区基本消失，轮毂涡尾迹的涡量耗散更加稳定。可见，锯齿结构促进了转子叶片随边尾迹的耗散，有利于降低噪声。

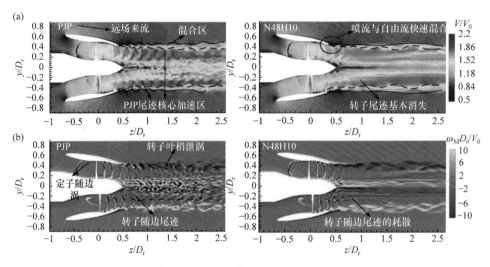

图 8-32　原模型和 N48H10 模型在 yOz 平面内的速度和涡量

(a) 速度；(b) 涡量

图 8-33 为 yOz 平面内原模型和 N48H10 模型在 z/D_r=0.5、1.0、1.5 和 2.0 位置的速度(u_{max}/V_0)。在 z/D_r=0.5，锯齿结构降低了尾流最大速度，u_{max}/V_0 从 1.77 变为 1.71，在 z/D_r=1.5，u_{max}/V_0 从 1.86 变为 1.77，锯齿对尾流中高速区的削弱也有利于降低流场的湍流强度，减小噪声。

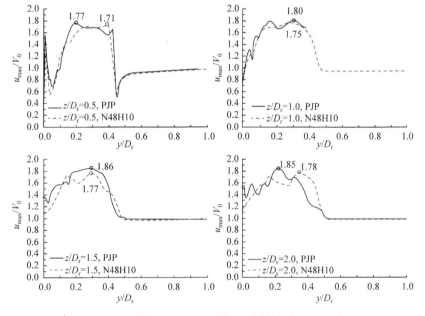

图 8-33　原模型和 N48H10 模型不同轴向位置的速度

图 8-34 显示了锯齿通道内的流动。锯齿结构使原模型导管出口内侧的低压区消失，同时使导管外侧流体从锯齿外侧进入内侧，形成锯齿内部的脱落涡。锯齿结构促使导管内外侧流动提前混合，使导管出口处的压力分布更加均匀，如图 8-35 所示，锯齿间的脱落涡还促进了内外侧流体的充分混合。锯齿脱落涡对转子梢涡的破碎作用，以及导管内外侧流体的提前混合，削弱了转子周期性尾迹引起的压力波动，进而噪声降低。

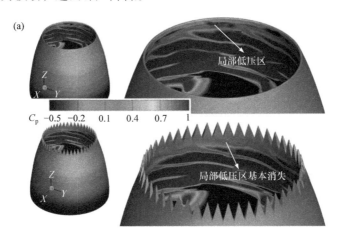

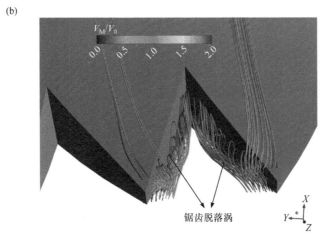

图 8-34　原模型和 N48H10 模型的导管尾缘流场
(a) 压力；(b) 齿间流线

采用湍流强度来表征湍流脉动强弱，流场中 z 方向和 y 方向的相对湍流强度 TI_x 被定义为

$$\mathrm{TI}_w = \frac{1}{V_0}\mathrm{RMSE}(w') \tag{8-1}$$

(a)

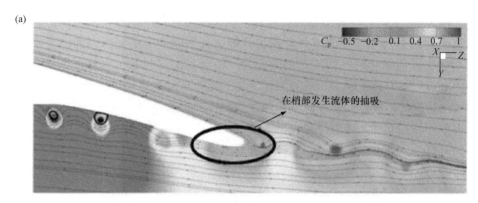

(b)

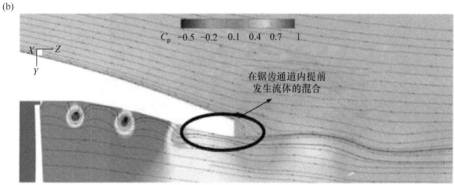

图 8-35　原模型和 N48H10 模型在 yOz 平面内导管尾缘的压力和流线
(a) PJP；(b) N48H10

$$\mathrm{TI}_v = \frac{1}{V_0}\mathrm{RMSE}(v') \tag{8-2}$$

$$\mathrm{RMSE}(x') = \sqrt{\frac{1}{n}\sum_i \left(x_i'\right)^2} = \sqrt{\frac{1}{n}\sum_i \left(x_i - \bar{x}\right)^2} \tag{8-3}$$

式中，n 为统计采样数；对于湍流变量 x(z 方向 w 和 y 方向 v)，其统计量时均值为 $\bar{x}$，脉动量为 x'。采样时间为 10 倍转子周期。

图 8-36 为原模型和 N48H10 模型在 yOz 平面内的湍流强度。相比原模型，锯齿结构降低了导管尾缘处的高湍流强度。具体地，锯齿结构使导管内外侧流体混合，改变了导管锯齿区原有的压力分布特性，削弱了锯齿向下游发展的湍流强度。同时由于锯齿脱落涡对转子梢涡的破碎影响，减小了转子叶梢和导管尾缘处区的流向湍流强度。

锯齿结构产生的锯齿脱落涡同时影响了尾缘附近导管表面压力的脉动幅值，见图 8-37，锯齿结构显著降低了锯齿处的脉动压力，最大降幅达 75%(z/D_r = 0.5，y/D_r=0.42，1084.5Pa 到 268.1Pa)，在 z/D_r=0.5，y/D_r=−0.42 处最大降幅约为 54%。图 8-38 显示的导管表面的平均脉动压力的差别更明显，在锯齿通道内高速

出流与外侧流体的充分混合使压力脉动幅值降低，降幅达 13.68%(从 2.12×10^{-2}Pa
到 1.83×10^{-2}Pa)。

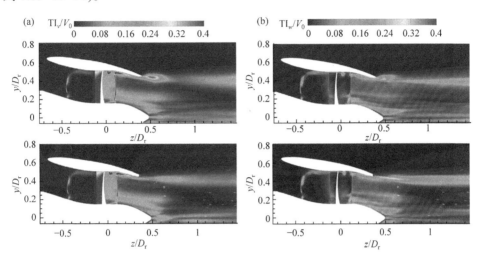

图 8-36　原模型和 N48H10 模型在 yOz 平面内的湍流强度

(a) 侧向湍流强度；(b) 流向湍流强度

第一行为原模型，第二行为 N48H10 模型

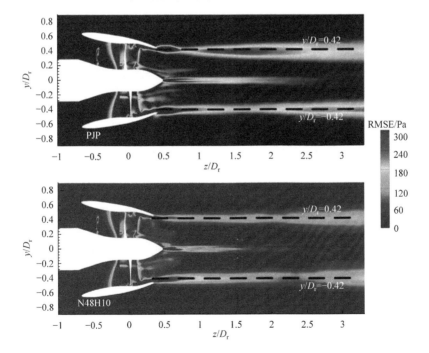

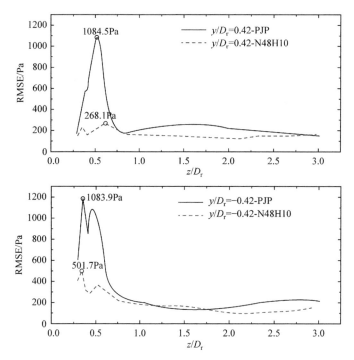

图 8-37　原模型和 N48H10 模型在 yOz 平面的平均脉动压力 RMSE

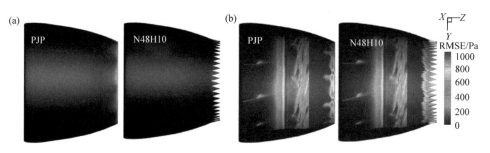

图 8-38　原模型和 N48H10 模型的导管表面脉动压力的时均值

(a) 外表面；(b) 内表面

由前述可见，锯齿通道内的脱落涡对转子梢涡破碎的加速作用以及导管内外侧流体的混合，影响了转子梢涡的周期性演化，破坏了导管表面压力脉动的周期性和幅值。

第9章　泵喷推进器模型试验

9.1　试 验 准 备

9.1.1　试验模型

数值模拟中泵喷推进器模型的尺度基于试验测试条件,因此试验模型的参数此处不再赘述。试验模型各个部件如图 9-1 所示,其中定子和转子的材料为铝合金,导管采用有机玻璃材料通过 3D 打印而成。锯齿尾缘导管模型为 N48H15,用于锯齿尾缘结构导管的降噪效果验证。此外加工了无叶片的定子轮毂和转子轮毂、毂帽,见图 9-1(e),用于水动力测试修正和噪声测试基础工况。

图 9-1　泵喷推进器试验模型部件

(a) 定子;(b) 转子;(c) 原导管;(d) 锯齿尾缘导管;(e) 无叶片的定子轮毂和转子轮毂、毂帽

9.1.2　试验环境和设备

试验在中国船舶科学研究中心的空泡水筒中进行,如图 9-2 所示。水筒测试段的长度为 3.20m,直径为 0.80m,水流速度在 1.0~20.0m/s,压力范围 8~400kPa。试验用到的主要设备有:定子测力天平、螺旋桨动力仪、PIV 流场测试系统和噪声测试系统。螺旋桨动力仪为转子提供转速并输出转子和导流帽的力和

力矩，其力和力矩的量程为 4000N 和 200N·m，精度为 0.2%，最大转速为 4500r/min，精度为 0.1%。定子测力天平用于测量定子和导管组合的合力和合扭矩，其力和力矩的量程为 500N 和 30N·m，精度为 0.1%。定子测力天平固定在定子轮毂之前，外侧包裹和定子轮毂前端保形的导流帽。流场测试设备为一套 2-DPIV 系统，包含激光器和高速相机等。噪声测试采用在水筒侧壁设置消声水舱的方案，测试系统由消声水舱、水听器及信号采集系统等组成，水听器频率范围 0.1Hz～100kHz，声压级灵敏度±0.25dB(250Hz)和±1dB(4～180kHz)。

图 9-2　中国船舶科学研究中心的空泡水筒

9.1.3　模型安装和测试

螺旋桨动力仪的轴系为套轴，外轴安装定子测力天平、定子和导管系统、导流帽，内轴安装转子和毂帽。首先开展光轴等转速的性能测试，其次撤下光轴后安装定子、转子和导管，测量原模型的性能，最后撤下原模型，安装 N48H15 模型，测试其性能。水动力测试中，光轴模型的测试结果用来消除轮毂影响，其水洞测试安装如图 9-3 所示，原模型和 N48H15 模型的安装和测试如图 9-4 所示。

图 9-3　光轴模型水洞测试安装

光轴模型、原模型、N48H15 模型三者敞水性能的测试工况一致，固定转速 1200r/min，调节来流速度控制工况，水温为 19℃，室温为 20.1℃，空气相对湿度为67%，压力为 102.6kPa，每个工况采集 3 组数据。因 PIV 流场测试对激光和水筒壁玻璃的要求，未和敞水性能测试同时进行。噪声测试采用 CB/Z 20004-2011

图 9-4　模型安装和测试

(a) 原模型；(b) N48H15 模型

《潜艇模型螺旋桨噪声测量方法》，同一个工况下，对光轴模型、原模型、N48H15
模型均进行噪声测试，水听器位于推进器正右侧转子盘面 0.50m 处，所有测量数
据为原始结果，未作修正。

9.2　试　验　结　果

9.2.1　敞水性能

　　泵喷推进器原模型的敞水性能试验结果如图 9-5 所示，受限于测试条件，最
小进速系数为 0.5，图 9-6 为与数值结果的对比。可见数值计算结果与试验结果
基本符合，试验结果的最大效率点在 $J=1.0$，为 61.91%。表 9-1 为 J 为 0.6、0.8、
1.0、1.2 四个工况数值计算结果与试验结果的偏差。K_{Tr} 数值计算结果的偏差在
$-5.30\%\sim-3.28\%$，定子和导管组合的推力系数 $K_{Ts}+K_{Td}$ 的绝对偏差不大，但数
值偏小，导致 $J=0.6$ 的相对误差达-36.36%。数值计算结果与试验结果的偏差还

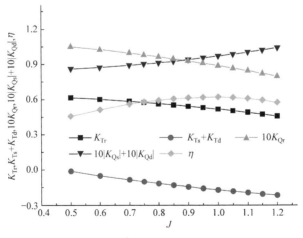

图 9-5　原模型敞水性能试验结果

受工况的影响，高进速系数下偏差较大。总推力系数 K_T 数值计算结果的偏差在 $J=1.2$ 最大，为-12.71%，此时效率的偏差也最大，达-8.09%。数值预测的最佳效率在 $J=0.9$，为 61.43%，比试验值小约 0.48%。整体上，数值计算结果在低进速系数($J<1.0$)与试验值相比偏差较小，在高进速系数($J>1.0$)偏差略大，试验结果较好地说明了数值模拟的合理性和准确性。

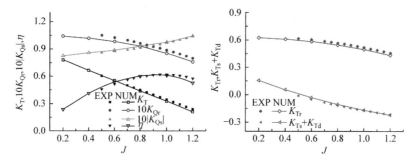

图 9-6　数值计算(NUM)和试验(EXP)获得的原模型敞水性能

表 9-1　数值计算结果与试验结果的偏差

J	项目	K_{Tr}	$K_{Ts}+K_{Td}$	K_{Qr}	K_{Qs}	K_T	η
	试验值	0.6026	−0.0490	0.1026	−0.0875	0.5536	51.54%
0.6	计算值	0.5828	−0.0312	0.0982	−0.0888	0.5516	53.62%
	偏差	−3.28%	−36.36%	−4.22%	1.48%	−0.36%	4.04%
	试验值	0.5659	−0.1159	0.0963	−0.0914	0.4500	59.50%
0.8	计算值	0.5440	−0.1049	0.0931	−0.0933	0.4392	60.09%
	偏差	−3.86%	−9.50%	−3.37%	2.07%	−2.41%	0.99%
	试验值	0.5172	−0.1717	0.0888	−0.0969	0.3456	61.91%
1.0	计算值	0.4958	−0.1681	0.0853	−0.0978	0.3277	61.13%
	偏差	−4.14%	−2.08%	−3.95%	0.90%	−5.16%	−1.26%
	试验值	0.4566	−0.2164	0.0798	−0.1039	0.2402	57.48%
1.2	计算值	0.4324	−0.2227	0.0758	−0.1043	0.2097	52.83%
	偏差	−5.30%	2.92%	−5.03%	0.33%	−12.71%	−8.09%

数值计算结果和试验结果的偏差主要来自以下几个方面。一是模型加工误差，试验模型的叶片根部存在 0.5mm 的倒角圆，转子轮毂和定子轮毂间存在间隙，这些在数值模拟中未考虑。二是尺寸误差，叶片和导管的加工误差是不可避免的。三是模型安装带来的误差。

　　N48H15 模型的敞水性能试验结果见图 9-7。相比于原模型，转子的推力和力矩均下降，定子和导管组合的推力和力矩增大，这与数值计算的结果一致。锯齿结构增大了导管的有效出口直径，而出口直径对性能的影响很显著，出口直径增大，导管的推力增大，推进器流量增大，流经定子的水流速度增大，从而定子力矩增大，同时转子实际在更高速度的定子尾迹中，推力和力矩均降低，这些变化在高进速系数下更为明显。上述变化导致最大效率点发生了偏移，由原模型的 J=1.0，η=61.9%到锯齿尾缘模型的 J=0.95，η=60.7%，最大效率损失了 1.2%。整个进速系数范围内，锯齿结构使 J=0.5～0.7 工况的效率有所提升，J=0.7～1.2 工况的效率有所降低，低进速系数下的效率改善明显小于计算结果，同时高进速系数下的效率损失显著大于计算结果。总体上，锯齿对推进器的性能影响是可接受的。

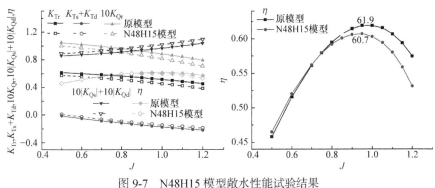

图 9-7　N48H15 模型敞水性能试验结果

9.2.2　流场测试结果

　　PIV 测试工况包括 J=0.5 和 J=0.8 两个工况，转速均为 1200r/min。PIV 流场测试系统见图 9-8。激光源通过水筒测试段下侧的玻璃向泵喷推进器尾部及尾流近场的中截面(yOz 平面)打光，区域集中在导管后 320mm 内，也就是约 $2D_r$ 的范围。此外，导管尾缘处因有机玻璃对光的折射和反射作用，PIV 无法拍到导管内部和导管出口，毂帽附近的流场也无法拍到。

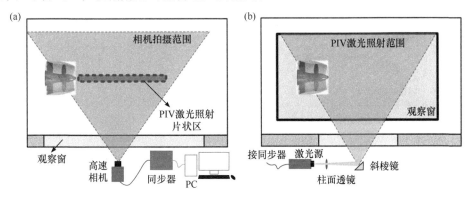

图 9-8　PIV 流场测试系统

(a) 高速摄像系统；(b) PIV 激光系统；(c) PIV 测试

在 J=0.8 工况，原模型 yOz 平面 z 方向的轴向速度 w 和 y 方向的速度 v 的数值计算和试验结果如图 9-9 所示。数值计算结果下周期性的转子叶片随边尾迹是推进器尾流的高速区，导管后方径向 $r/D_{\mathrm{r}}{\approx}0.4$ 处，推进器尾迹与导管外侧自由流混合，且轮毂低速尾迹长。PIV 结果和数值计算结果吻合较好，但 PIV 结果未有清晰的叶片随边尾迹，且尾流高速区速度低于数值计算结果。这可能和 PIV 系统帧率有关，PIV 系统的时间分辨率为 0.001s，是数值计算(约为 0.0001s)的 10 倍，PIV 结果的瞬态性较差，是一小段时间内的均值，因此略小于数值计算结果。相对地，速度 v 的 PIV 结果周期性更差，只是整体趋势与数值计算结果相同。

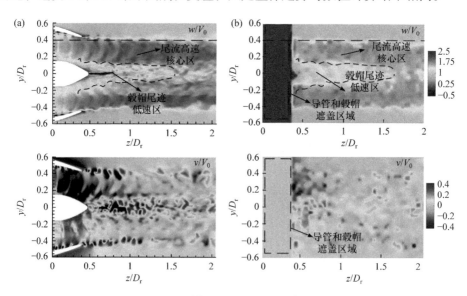

图 9-9　原模型在 J=0.8 时尾流场速度

(a) 数值计算；(b) 试验

图 9-10 为 IDDES 下 10 个转子周期的平均速度与试验 1s 下的平均速度。时间平均也即环向角度平均，因此数值计算结果和试验结果的尾流加速区均为带状区，基本一致。但是 PIV 结果的轮毂尾迹轴向更短，径向范围更大，同样体现在 y 方向的速度 v。总体上和数值计算结果是很接近的，数值计算结果很好地捕捉到了推进器尾迹的高速区和轮毂尾迹区。

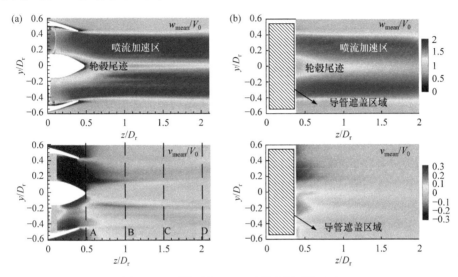

图 9-10　原模型在 $J=0.8$ 时尾流场时均速度
(a) 数值计算；(b) 试验

为定量对比，选取图 9-10 标出的 4 处轴向位置提取速度进行比较，分别是：A，$z/D_r=0.49$；B，$z/D_r=1.02$；C，$z/D_r=1.52$；D，$z/D_r=2.02$。在上述 4 个位置速度分布见图 9-11。在 A、B 和 C 处，数值计算结果均与试验结果吻合较好，尾迹高速区的峰值基本重合，主要差异在轮毂尾迹的低速区，试验结果显示尾迹的速度恢复很快。在 D 处，泵喷推进器尾迹高速区的数值计算结果大于试验结果。

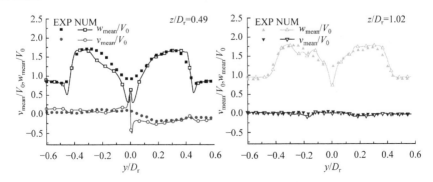

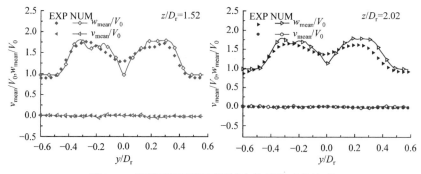

图 9-11　原模型尾流场不同轴向位置处时均速度

图 9-12 为 J=0.8 工况 N48H15 模型尾流场纵剖面的速度分布。前述数值计算结果表明原模型和 N48H15 模型的尾流场轴向速度差异明显，主要表现在原模型轮毂尾迹主体的闭合位置(约 $1.5D_r$)明显小于锯齿模型，以及锯齿模型的周期性转子叶片随边尾迹在下游的持续距离($1.8D_r$)远小于原模型。PIV 结果证实了上述差别，且轮毂尾迹与数值计算结果很接近。

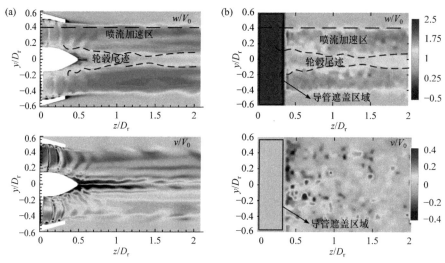

图 9-12　在 J=0.8 时 N48H15 模型的尾流场纵剖面速度
(a) 数值计算；(b) 试验

图 9-13 为 J=0.8 时 N48H15 模型尾流场纵剖面的时均速度，数值计算结果和试验结果均表明 N48H15 模型和原模型基本相同。图 9-14 为前述尾流场 4 个轴向位置下 N48H15 模型的时均速度。N48H15 模型的时均速度小于原模型，在 A 处，原模型轴向时均速度最大值为 w_{mean}/V_0=1.71，而 N48H15 模型为 1.66，降幅约 3.0%，在 B、C 和 D 处降幅分别为 3.9%、1.7%和 3.8%。

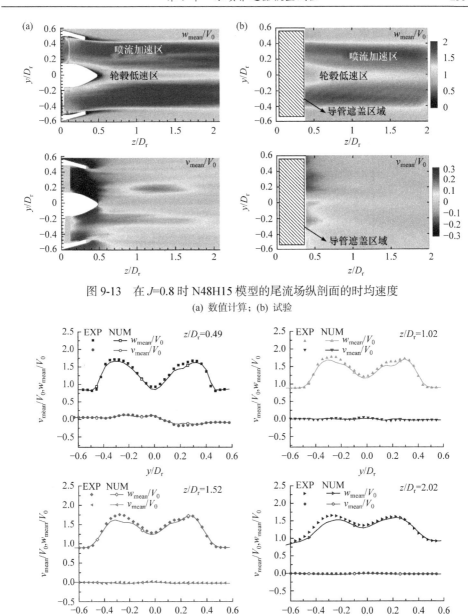

图 9-13 在 J=0.8 时 N48H15 模型的尾流场纵剖面的时均速度

(a) 数值计算；(b) 试验

图 9-14 N48H15 模型尾流场不同轴向位置的时均速度

数值计算结果和试验结果表明，N48H15 模型和原模型在尾流的高速区和轮毂尾迹区均存在明显差异，同时锯齿结构使尾流高速区速度下降，试验结果的尾流轴向速度降幅在 2%～4%。

9.2.3　噪声测试结果

　　进行泵喷推进器模型的噪声测试之前，先对光轴模型进行噪声测试，来流速度设定为 2.66m/s，不同转速下的辐射噪声见图 9-15。不同转速下的声压级频谱均在几个相同的频率处出现线谱噪声，如 125Hz、188Hz、300Hz 等。可见，这些线谱噪声应是水洞工作部件振动传递到测量舱的噪声。

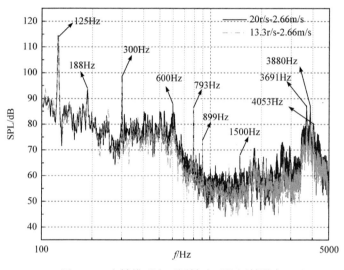

图 9-15　光轴模型在不同转速下的辐射噪声

　　依据 ITTC 的相关规定[168]，螺旋桨的"净噪声"可以通过对比光轴模型的背景噪声和装配螺旋桨之后的总噪声修正得到。在相同来流速度和转速工况下，光轴模型得到的辐射噪声测试结果为 SPL_B(背景噪声，background noise)，而加装泵喷推进器的定子、转子和导管之后得到的噪声为 SPL_T(总噪声，total noise)。修正得到的螺旋桨的净噪声为 SPL_N(净噪声，net noise)。根据标准[169]的推荐公式，总噪声与背景噪声的差值为 D。当 $D<3dB$ 时，信号被忽略；当 $3dB \leqslant D \leqslant 10dB$ 时，修正公式如下：

$$SPL_N = 10\log\left[10^{\left(\frac{SPL_T}{10}\right)} - 10^{\left(\frac{SPL_B}{10}\right)}\right] \tag{9-1}$$

当 $D>3dB$ 时，净噪声取总噪声的数值。

　　在来流速度 2.66m/s、转速 20r/s 工况，对光轴模型和原模型进行辐射噪声测试，按照上述方法修正得到的净噪声如图 9-16 所示。可见，只有光轴旋转情况下，在 100～800Hz 和 2500～4000Hz，光轴旋转引起的流噪声基本被其他机械类振动引起的噪声掩盖，因而这些频率范围内的噪声不应视为被测试光轴模型引起的流噪声。此外，水筒截止频率在800Hz左右，低于这个频率测试结果不精确，因而下面仅展示 800～2500Hz 结果。

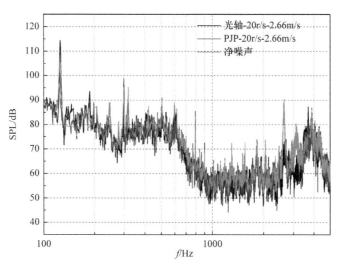

图 9-16　光轴模型和原模型的 1/3 倍频程声压级

原模型在不同来流速度和不同转速下的噪声测试结果分别如图 9-17 和图 9-18 所示。转速固定，来流速度为 1.66m/s(J=0.5)、2.66m/s(J=0.8)、3.99m/s(J=1.2)时的声压级曲线基本重合，说明在大部分工况下(J=0.5～1.2)，噪声随来流速度变化不大。固定来流速度，改变转速时，转速为 20r/s 的辐射噪声声压级比 13.3r/s 下的大，对比其 1/3 倍频程声压级结果(图 9-19)，相同的规律更明显。

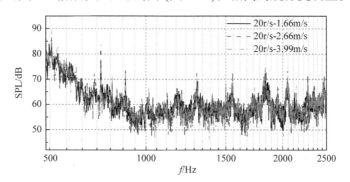

图 9-17　原模型在不同来流速度下的噪声测试结果

总的来说，泵喷推进器的辐射噪声随着来流速度变化基本不变，随着转速的增大而显著增大。这个变化规律与数值计算结果吻合。

n=20r/s、V_0=2.66m/s 工况下，原模型噪声的试验结果与数值计算结果如图 9-20 所示。线谱的试验结果与数值计算结果的变化趋势大体相同。试验结果的低频段

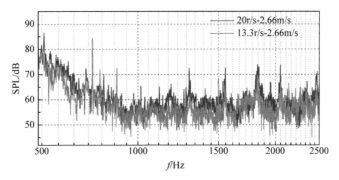

图 9-18　原模型在不同转速下的噪声测试结果

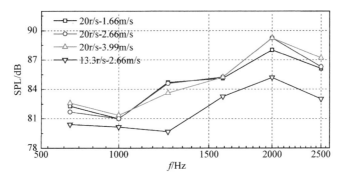

图 9-19　原模型在不同工况下的 1/3 倍频程声压级

大于数值计算结果的原因是前述的机械类振动产生的噪声，800～2500Hz 噪声频谱的变化趋势基本与数值计算结果吻合，但比数值计算结果要小，原因是没有进行侧壁玻璃的隔声修正。由于试验结果未进行水洞侧窗玻璃的隔声修正，仅对距离进行了修正，且试验结果为包含流噪声、流激振动噪声和机械噪声等在内的全部噪声，因而试验结果只能与数值模拟结果进行定性对比。

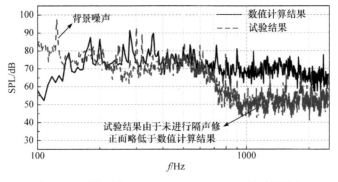

图 9-20　原模型在 n=20r/s，V_0=2.66m/s 工况下的噪声

由于在 900Hz 等处存在峰值很大的机械振动产生的线谱噪声，此处的声压级不能代表流噪声的实际数值，故仅对 1000～2500Hz 的泵喷推进器噪声进行统计，如图 9-21 和图 9-22 所示。

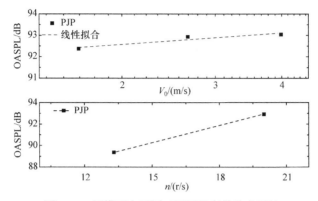

图 9-21　原模型在不同工况下的宽带总声压级

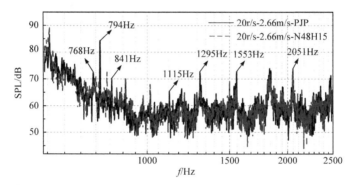

图 9-22　n=20r/s，V_0=2.66m/s 工况下原模型和 N48H15 模型的噪声

保持转速 n=20r/s 不变，来流速度从 V_0=1.66m/s(J=0.5)，V_0=2.66m/s(J=0.8)增大到 V_0=3.99m/s(J=1.2)时的总声压级基本呈现单调递增的趋势，V_0=1.66m/s 下的频带内总声压级为 92.37dB，在 V_0=3.99m/s 时，总声压级为 93.03dB。这个变化规律与前面的计算结果略有不同。可能的原因是，数值计算流噪声的总声压级随流速的变化减小的幅度很小，而试验结果包含流噪声、机械振动噪声、流激振动噪声等在内的全部噪声，故而噪声总声压级变化趋势有所不同。此外，在 V_0=2.66m/s 不变的情况下，n=13.3r/s 时的噪声总声压级为 89.37dB，n=20r/s 时增大为 92.93dB。数值计算结果和试验结果表明，泵喷推进器的流噪声主要取决于转速，随着转速的增大，总声压级线性增大。

在 V_0=2.66m/s 不变的情况下，n=13.3r/s 时的线速度约为 7.45m/s，n=20r/s 时的线速度约为 10.79m/s，得到增长的斜率约为 22，试验结果斜率比数值计算结果要低。主要原因可能为：①试验结果统计的是 1000～2500Hz 的总声压级，与数值计算统计的频段不同；②试验得到的并不是单纯的流噪声，因而无法与数值计算结果进行定量对比，但是整体定性结果是吻合的，即泵喷推进器的辐射噪声总声压级随来流速度变化不大，随转速增大而增大。

　　线谱噪声降噪量如图 9-23 所示。在 800～2500Hz 大部分线谱噪声降低，在 841Hz 处降低 4.6dB，在 1115Hz 处降低 5.5dB，在 1295Hz 处降低 9.2dB，在 1553Hz 处降低 7.4dB。

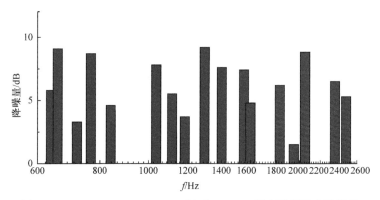

图 9-23　n=20r/s，V_0=2.66m/s 工况下 N48H15 模型线谱噪声降噪量

　　总的来说，在 800～2500Hz，N48H15 模型较原模型的线谱噪声有明显降低，最大降噪量为 1295Hz 处的 9.2dB。宽带谱噪声通过对比图 9-24 的 1/3 倍频程声压级曲线，在 1250～2500Hz，N48H15 模型均比原模型的声压级要小，降噪效果较好。噪声改变量如图 9-25 所示。在 2000Hz 处，从 89.26dB 到 88.39dB，降低 0.87dB。总体上，在 1250～2500Hz，N48H15 模型的 1/3 倍频程噪声改变量在 -0.76～-1.38dB(负值表示降噪)，说明锯齿结构的导管尾缘有效地降低了泵喷推进器的宽频带噪声。

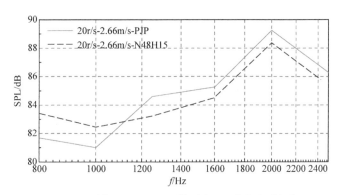

图 9-24　原模型和 N48H15 模型在 1/3 倍频程声压级

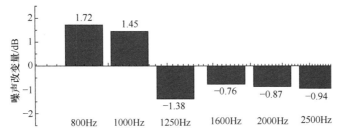

图 9-25 $n=20r/s$，$V_0=2.66m/s$ 工况下 N48H15 模型 1/3 倍频程噪声改变量

同样地，在 $n=13.3r/s$，$V_0=2.66m/s$ 工况下的噪声结果如图 9-26～图 9-28 所示。在 1250～2500Hz，降噪量在 0.11～1.11dB，而在 1000Hz 处噪声增大约 1dB。在低转速的工况下，N48H15 模型的降噪效果略差。进一步，不同工况下 N48H15 模型和原模型在 1000～2500Hz 的总声压级见图 9-28。试验的四种工况中，除在 $n=20r/s$，$V_0=1.66m/s$ 下两种模型的声压级差别不大，其他工况 N48H15 模型均有很好的降噪效果。噪声改变量如图 9-29 所示。只有在 $n=20r/s$ 和 $V_0=1.66m/s$ 的工况下，N48H15 模型在 1000～2500Hz 的总声压级增大约 0.06dB，其他工况降噪量在 0.46～0.9dB。试验结果表明，在 $J=0.8～1.2$，N48H15 模型较原模型的总声压级降低 0.46～0.9dB。

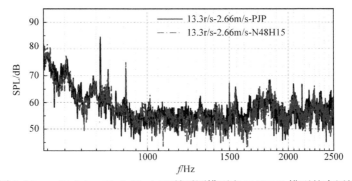

图 9-26 $n=13.3r/s$，$V_0=2.66m/s$ 工况下原模型和 N48H15 模型的声压级

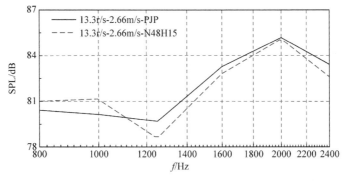

图 9-27 $n=13.3r/s$，$V_0=2.66m/s$ 工况下原模型和 N48H15 模型的 1/3 倍频程声压级

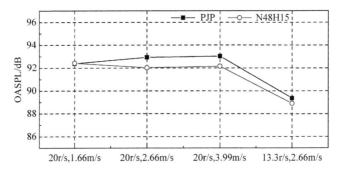

图 9-28　不同工况下原模型和 N48H15 模型的总声压级

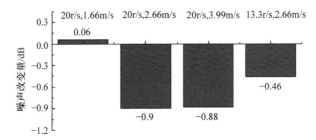

图 9-29　不同工况下 N48H15 模型的噪声改变量

　　鉴于以上结果，锯齿尾缘导管能够有效地降低大部分工况下泵喷推进器的线谱噪声和宽频带噪声(仅在低进速系数降噪效果略差)。N48H15 模型在 $n=20$r/s，$V_0=2.66$m/s($J=0.8$)的设计工况下，使泵喷推进器在 1000～2500Hz 的总声压级降低 0.9dB，线谱噪声最大降低 9.2dB。

参 考 文 献

[1] 王天奎, 唐登海. 泵喷推进器——低噪声的核潜艇推进方式[J]. 现代军事, 2006(7): 52-54.

[2] 王永生. 喷水推进和泵喷推进的概念: 共性、特性及区别[J]. 中国舰船研究, 2019, 14(5): 1-9, 41.

[3] 杨琼方, 王永生. 泵喷推进器的低噪声设计机理与设计应用[M]. 武汉: 华中科技大学出版社, 2016.

[4] 朱蓓丽, 黄修长. 潜艇隐身关键技术——声学覆盖层的设计[M]. 上海: 上海交通大学出版社, 2012.

[5] McCormick B W, Elsenhuth J J. Design and performance of propellers and pumpjets for underwater propulsion[J]. AIAA Journal, 1963, 1(10): 2348-2354.

[6] Henderson R E, McMahon J F, Wislicenus G F. A Method for the Design of Pumpjets[R]. Virginia: Pennsylvania State College, Ordnance Research Lab, 1964.

[7] Henderson R E. An introduction to the design of marine propulsors[C]. A symposium held at the Pennsylvania State University, Pennsylvania, 1970.

[8] Treaster A L, Gearhart W S, Ross J R, et al. The design of pumpjets for hydrodynamic propulsion[C]. A symposium held at the Pennsylvania State University, Pennsylvania, 1970.

[9] Jacobs W R, Tsakonas S, Ping L. The Linearized Unsteady Lifting Surface Theory Applied to the Pump-Jet Propulsive System[R]. Hoboken: Stevens Institute of Technology, 1981.

[10] Furuya O, Chiang W L. A New Pumpjet Design Theory[R]. Minnesota: Honeywell Corporation, 1988.

[11] Black S D. Integrated lifting-surface/Navier-Stokes design and analysis methods for marine propulsors[D]. Massachusetts: Massachusetts Institute of Technology, 1997.

[12] Abdel-Maksoud M, Steden M, Hundemer J. Design of a multi-component propulsor[C]. Proceedings of 28th Symposium on Naval Hydrodynamics, California, 2010.

[13] Druckenbrod M, Hundemew J, Abdel-Maksoud M, et al. Optimisation of single and multi-component propulsors[C]. 9th International Conference on Computer and IT Applications in the Maritime Industries, Gubbio. 2010.

[14] 韩瑞德, 夏长生. 泵喷射推进器的设计方法及设计准则[C]. 第六届全国工业与环境流体力学会议, 北京, 1999.

[15] 韩瑞德, 李天森, 夏长生. 鱼雷泵喷推进器设计[C]. 第七届全国工业与环境流体力学会议, 北京, 2001.

[16] 刘业宝. 水下航行器泵喷推进器设计方法研究[D]. 哈尔滨: 哈尔滨工程大学, 2013.

[17] 王小二, 张振山, 张萌. 水下航行体泵喷推进器设计与性能分析[J]. 海军工程大学学报, 2018, 30(4): 62-66, 108.

[18] 周运凯. 水下泵喷推进器设计方法与数值优化研究[D]. 镇江: 江苏大学, 2020.

[19] Hughes M J, Kinnas S A. An analysis method for a ducted propeller with pre-swirl stator

blades[C]. SNAME(Society of Naval Architects and Marine Engineers) 6th Propeller and Shafting Symposium, Virginia, 1991.

[20] Suryanarayana C, Satyanarayana B, Ramji K, et al. Experimental evaluation of pumpjet propulsor for an axisymmetric body in wind tunnel[J]. International Journal of Naval Architecture and Ocean Engineering, 2010, 2(1): 24-33.

[21] Suryanarayana C, Roy S P, Sateesh Kumar M. Hydrodynamic performance evaluation of an underwater body by model testing in cavitation tunnel[C]. International Conference in Marine Hydrodynamics, Naval Science & Technological Laboratory (NSTL), Visakhapatnam, 2006.

[22] Kawakita C, Hoshino T. Hydrodynamic analysis of a ducted propeller with stator in steady flow using a surface panel method[J]. Transactions-west Japan Society of Naval Architecture, 1998, 96: 17-30.

[23] Park W G, Jang J H. Numerical simulation of flow field of ducted marine propeller with guide vane[C]. Proceedings of the 4th International Conference on Pumps and Fans, Beijing, 2002.

[24] Park W G, Jang J H, Chun H H, et al. Numerical flow and performance analysis of waterjet propulsion system[J]. Ocean Engineering, 2005, 32(14): 1740-1761.

[25] Das H N, Jayakumar P, Saji V F, et al. CFD examination of interaction of flow on high-speed submerged body with pumpjet propulsor[C]. 5th International Conference on High-performance Marine Vehicles, Launceston, 2006.

[26] Ahn S J, Kwon O J. Numerical investigation of cavitating flows for marine propulsors using an unstructured mesh technique[J]. International Journal of Heat and Fluid Flow, 2013, 43(5): 259-267.

[27] Ahn S J, Kwon O J. Numerical investigation of a pump-jet with ring rotor using an unstructured mesh technique[J]. Journal of Mechanical Science and Technology, 2015, 29(7): 2897-2904.

[28] Ivanell S. Hydrodynamic simulation of a torpedo with pump jet propulsion system[D]. Stockholm: Royal Institute of Technology, 2001.

[29] 陈月林, 韩瑞德, 陈教新. 泵喷射推进器性能的变分有限元数值分析[J]. 上海力学, 1994, 15(3): 59-64.

[30] 刘高联. 应用变域变分原理与有限元法求解泵喷射推进器外流场[J]. 中国造船, 1998(140): 25-29.

[31] 王国强, 杨晨俊. 带前置或后置定子导管桨性能理论预报(英文)[J]. 船舶力学, 1999, 3(3): 1-7.

[32] 王国强, 刘小龙. 带定子导管螺旋桨定常和非定常性能预估的基于速度势的面元法[J]. 船舶力学, 2007, 11(3): 333-340.

[33] 刘小龙. 水下航行体泵喷推进器非定常水动力预报的面元法研究[D]. 上海: 上海交通大学, 2006.

[34] 苏玉民, 刘业宝, 沈海龙, 等. 基于面元法预报带定子的导管螺旋桨的一种新方法(英文)[J]. 船舶力学, 2012, 16(9): 999-1004.

[35] 谷浪, 王超, 胡健, 等. 采用带梢隙涡模型的面元法预报泵喷水动力性能[J]. 中国造船, 2017, 58(4): 14-23.

[36] 王涛, 周连第. 高速旋转状态下间隙流动对主流影响的数值模拟和机理研究[C]. 第十七届

全国水动力学研讨会暨第六届全国水动力学学术会议, 香港, 2003.

[37] 何东林. 集成电机泵喷推进器技术研究[D]. 西安: 西北工业大学, 2005.

[38] 洪方文, 张志荣, 黄国富, 等. 带前置定子导管桨水动力数值分析[C]. 中国造船工程学会 2007 年船舶力学学术会议暨《船舶力学》创刊十周年纪念学术会议, 银川, 2007.

[39] 胡欲立, 刘文峰. 基于 FLUENT 的泵喷射推进器内流场仿真[J]. 机械与电子, 2009(11): 27-30.

[40] 汪蕾. 导管螺旋桨非定常水动力性能数值预报[D]. 上海: 上海交通大学, 2009.

[41] 刘占一, 宋保维, 黄桥高, 等. 基于 CFD 技术的泵喷推进器水动力性能仿真方法[J]. 西北工业大学学报, 2010, 28(5): 724-729.

[42] 杨琼方, 王永生, 刘凯. 鱼雷推进性能的经验公式与计算流体力学预测[J]. 上海交通大学学报(自然版), 2010, 44(1): 124-0129.

[43] 段相杰, 董永香, 冯顺山, 等. 泵喷推进航行体有动力流场数值仿真[J]. 弹箭与制导学报, 2012, 32(3): 161-163.

[44] 饶志强. 泵喷推进器水动力性能数值模拟[D]. 上海: 上海交通大学, 2012.

[45] 刘登成, 洪方文. 导管间隙对带前置定子导管桨水动力性能的影响研究[C]. 第二十五届全国水动力学研讨会暨第十二届全国水动力学学术会议, 舟山, 2013.

[46] 潘光, 胡斌, 王鹏, 等. 泵喷推进器定常水动力性能数值模拟[J]. 上海交通大学学报(自然版), 2013, 47(6): 932-937.

[47] 程鹏, 于盈. 小功率集成电机泵喷推进器数值模拟[J]. 中国水运, 2014, 14(6): 143-145.

[48] 施瑶, 潘光, 王鹏, 等. 泵喷推进器空化特性数值分析[J]. 上海交通大学学报(自然版), 2014, 48(8): 1059-1064.

[49] Lu L, Pan G, Wei J, et al. Numerical simulation of tip clearance impact on a pumpjet propulsor[J]. International Journal of Naval Architecture & Ocean Engineering, 2016, 8(3): 219-227.

[50] Lu L, Pan G, Sahoo P K. CFD prediction and simulation of a pumpjet propulsor[J]. International Journal of Naval Architecture and Ocean Engineering, 2016, 8(1): 110-116.

[51] 彭云龙, 王永生, 刘承江, 等. 机械式泵喷与 IMP 推进器的水力性能对比[J]. 哈尔滨工程大学学报, 2016, 37(5): 684-689.

[52] 张明宇, 林瑞霖, 王永生, 等. 泵喷的三维反问题设计及其与螺旋桨的敞水特性对比[J]. 哈尔滨工程大学学报, 2017, 38(5): 690-696.

[53] Li H, Pan G, Huang Q. Transient analysis of the fluid flow on a pumpjet propulsor[J]. Ocean Engineering, 2019, 191: 106520.

[54] 夏琨. 轮缘式泵喷推进器的水动力性能分析[D]. 哈尔滨: 哈尔滨工程大学, 2017.

[55] 邱铖铖, 潘光, 黄桥高, 等. 斜流中泵喷推进器流场变化规律数值分析[J]. 华中科技大学学报(自然科学版), 2020, 48(4): 108-113.

[56] Qiu C, Huang Q, Pan G, et al. Numerical simulation of hydrodynamic and cavitation performance of pumpjet propulsor with different tip clearances in oblique flow[J]. Ocean Engineering, 2020, 209: 107285.

[57] Li F, Huang Q, Pan G, et al. Influence of various stator parameters on the open-water performance of pump-jet propulsion[J]. Journal of Marine Science and Engineering, 2021, 9(12): 1396.

[58] Huang Q, Li H, Pan G, et al. Effects of duct parameter on pump-jet propulsor unsteady

hydrodynamic performance[J]. Ocean Engineering, 2021, 221: 108509.

[59] 李福正, 黄桥高, 潘光, 等. 不同转速下前置泵喷推进器性能对比[J]. 西北工业大学学报, 2021, 39(5): 945-953.

[60] Li H, Huang Q, Pan G, et al. The scale effects on the open water performance of a pump-jet propulsor[J]. Journal of Marine Science and Technology, 2022, 27(1): 348-367.

[61] Li H, Huang Q, Pan G, et al. Assessment of transition modeling for the unsteady performance of a pump-jet propulsor in model scale[J]. Applied Ocean Research, 2021, 108: 102537.

[62] 孙瑜. 舰艇推进器若干降噪措施及其效果研究[D]. 哈尔滨: 哈尔滨工程大学, 2017.

[63] Li H, Huang Q, Pan G, et al. The transient prediction of a pre-swirl stator pump-jet propulsor and a comparative study of hybrid RANS/LES simulations on the wake vortices[J]. Ocean Engineering, 2020, 203: 107224.

[64] Li H, Huang Q, Pan G, et al. Wake instabilities of a pre-swirl stator pump-jet propulsor[J]. Physics of Fluids, 2021, 33(8): 085119.

[65] Li H, Huang Q, Pan G, et al. An investigation on the flow and vortical structure of a pre-swirl stator pump-jet propulsor in drift[J]. Ocean Engineering, 2022, 250: 111061.

[66] Li H, Huang Q, Pan G. Investigation on the propulsion of a pump-jet propulsor in an effective wake[J]. Journal of Fluids Engineering, 2022, 144(5): 051205.

[67] Li H, Huang Q, Pan G, et al. Effects of blade number on the propulsion and vortical structures of pre-swirl stator pump-jet propulsors[J]. Journal of Marine Science and Engineering, 2021, 9(12): 1406.

[68] Li H, Huang Q, Pan G, et al. Study on the thrust fluctuation and vortices of a pump-jet propulsor under different duct parameters[J]. Ocean Engineering, 2023, 271: 113788.

[69] Li F, Liu G, Huang Q, et al. Influence of asymmetric pre-whirl stator spacing on unsteady characteristics of pump-jet propulsor[J]. Ocean Engineering, 2023, 273: 113896.

[70] Li F, Huang Q, Sun G, et al. Numerical simulation of the flow field and radiation noise from a pump-jet propulsor under various stator pre-whirl angles[J]. Applied Ocean Research, 2023, 135: 103558.

[71] Qin D, Huang Q, Shi Y, et al. Comparison of hydrodynamic performance and wake vortices of two typical types of pumpjet propulsor[J]. Ocean Engineering, 2021, 224: 108700.

[72] Qin D, Pan G, Lee S, et al. Underwater radiated noise reduction technology using sawtooth duct for pumpjet propulsor[J]. Ocean Engineering, 2019, 188: 106228.

[73] Ross D. Mechanics of Underwater Noise[M]. New York: Pergamon Press Inc, 1976.

[74] Özden M C, Gürkan A Y, Özden, Y A, et al. Underwater radiated noise prediction for a submarine propeller in different flow conditions[J]. Ocean Engineering, 2016, 126: 488-500.

[75] Sharland I J. Sources of noise in axial flow fans[J]. Journal of Sound and Vibration, 1964, 1(3): 302-322.

[76] Hanson D B. A unified analysis of fan stator noise[J]. The Journal of the Acoustical Society of America, 1973, 54(6): 1571-1591.

[77] Williams J E F, Hawkings D L. Sound generation by turbulence and surfaces in arbitrary motion[J]. Philosophical Transactions of the Royal Society A: Mathematical, Physical and

Engineering Sciences, 1969, 264(1151): 321-342.

[78] Farassat F, Myers M K. Extension of Kirchhoff's formula to radiation from moving surfaces[J]. Journal of Sound and Vibration, 1988, 123(3): 451-460.

[79] Varney A M, Martino J D. Pump jet rotor housing modification for noise signature spectral control[P]. US 6270385 B1, 2001-08-07.

[80] Bagheri M R, Seif M S, Mehdigholi H, et al. Analysis of noise behaviour for marine propellers under cavitating and non-cavitating conditions[J]. Ships and Offshore Structures, 2017, 12(1): 1-8.

[81] Seol H, Jung B, Suh J C, et al. Prediction of non-cavitating underwater propeller noise[J]. Journal of Sound and Vibration, 2002, 257(1): 131-156.

[82] Zeng S, Du X M, Zhang J Q. A semi-empirical modulation model on non-cavitation noise of underwater counter-rotation propellers[C]. 2nd International Conference on Computational Modeling, Simulation and Applied Mathematics, Shenzhen, 2017.

[83] Choi H L, Lee D J. Development of the numerical method for calculating sound radiation from a rotating dipole source in an opened thin duct[J]. Journal of Sound and Vibration, 2006, 295(3-5): 739-752.

[84] 彭临慧, 陆建辉. 泵喷射推进器单频声实验研究(英文)[J]. 青岛海洋大学学报(自然科学版), 1998, 28(3): 447-451.

[85] 赵兵, 尹韶平, 高涌, 等. 鱼雷泵喷射推进器流动干涉发声机理研究[J]. 鱼雷技术, 2009, 17(2): 1-4.

[86] 周友明, 张宁, 刘敏, 等. 几何参数对组合式推进器流噪声水平的影响[J]. 舰船科学技术, 2011, 33(8): 24-28.

[87] 刘敏, 张宁, 李新汶, 等. 泵喷推进器导管对噪声传播特性的影响[J]. 舰船科学技术, 2011, 33(8): 20-23.

[88] 付建, 王永生, 刘强, 等. 管道内旋转声源频域声场的数值仿真[J]. 中南大学学报(自然科学版), 2016, 47(9): 3058-3065.

[89] 靳栓宝, 付建, 王永生, 等. 泵喷推进器水动力噪声的数值预报[J]. 船舶力学, 2016, 20(5): 613-619.

[90] 卢丁丁, 付建. 泵喷推进器导管对转子声场的影响[J]. 鱼雷技术, 2016, 24(6): 407-411.

[91] 张明宇, 林瑞霖, 王永生, 等. 潜艇无轴泵喷推进器水下辐射噪声数值预报及分析[J]. 船舶力学, 2018, 22(11): 11-20.

[92] 鹿麟. 泵喷推进器设计与流场特性研究[D]. 西安: 西北工业大学, 2018.

[93] 罗先武, 季斌, 许洪元. 流体机械设计及优化[M]. 北京: 清华大学出版社, 2012.

[94] 关醒凡. 现代泵技术手册[M]. 北京: 宇航出版社, 1995.

[95] 王艳丽. 轴流泵运行特性的研究[D]. 北京: 中国农业大学, 2005.

[96] 万青. 轴流喷水推进器原理设计[D]. 西安: 西北工业大学, 1995.

[97] 查森. 叶片泵原理及水力设计[M]. 北京: 机械工业出版社, 1988.

[98] 特罗斯克兰斯基 A T, 拉扎尔基维茨 S. 叶片泵计算与结构[M]. 耿惠彬, 译. 北京: 机械工业出版社, 1981.

[99] 丁成伟. 离心泵与轴流泵原理及水力设计[M]. 北京: 机械工业出版社, 1981.

[100] 孙明, 林焰, 纪卓尚. 导管螺旋桨软件设计方法[J]. 船舶, 2000(6): 54-57.

[101] 朱之垣. 电机螺旋桨[J]. 武汉造船, 1994(5): 45-48.

[102] 朱俊华. 合理选择轴流泵的导叶数[J]. 水泵技术, 1996(6): 4-7.

[103] Spalart P, Allmaras S. A one-equation turbulence model for aerodynamic flows[C]. 30th Aerospace Sciences Meeting & Exhibit, Nevada, 1992.

[104] Launder B E, Spalding D B. The numerical computation of turbulent flows[J]. Computer Methods in Applied Mechanics and Engineering, 1974, 3(2): 269-289.

[105] Wilcox D C. Formulation of the kw turbulence model revisited[J]. AIAA Journal, 2008, 46(11): 2823-2838.

[106] Menter F. Zonal two equation k-w turbulence models for aerodynamic flows[C]. 24th Fluid Dynamics Conference, Florida, 1993.

[107] Menter F R. Two-equation eddy-viscosity turbulence models for engineering applications[J]. AIAA Journal, 1994, 32(8): 1598-1605.

[108] Menter F R, Kuntz M, Langtry R. Ten years of industrial experience with the SST turbulence model[J]. Turbulence, Heat and Mass Transfer, 2003, 4(1): 625-632.

[109] Menter F, Egorov Y. A scale adaptive simulation model using two-equation models[C]. 43rd AIAA Aerospace Sciences Meeting and Exhibit, Nevada, 2005.

[110] Langtry R B. A correlation-based transition model using local variables for unstructured parallelized CFD codes[D]. Stuttgart: Universität Stuttgart, 2006.

[111] Langtry R B, Menter F R. Correlation-based transition modeling for unstructured parallelized computational fluid dynamics codes[J]. AIAA Journal, 2009, 47(12): 2894-2906.

[112] Langtry R. Extending the gamma-rethetat correlation based transition model for crossflow effects[C]. 45th AIAA Fluid Dynamics Conference, Texas, 2015.

[113] Menter F R, Smirnov P E, Liu T, et al. A one-equation local correlation-based transition model[J]. Flow, Turbulence and Combustion, 2015, 95: 583-619.

[114] Pope S B. Turbulent Flows[M]. Cambridge: Cambridge University Press, 2000.

[115] Smagorinsky J. General circulation experiments with the primitive equations: I. The basic experiment[J]. Monthly Weather Review, 1963, 91(3): 99-164.

[116] Kim S E. Large eddy simulation using an unstructured mesh based finite-volume solver[C]. 34th AIAA Fluid Dynamics Conference and Exhibit, Oregon, 2004.

[117] Germano M, Piomelli U, Moin P, et al. A dynamic subgrid-scale eddy viscosity model[J]. Physics of Fluids A: Fluid Dynamics, 1991, 3(7): 1760-1765.

[118] Kim W W, Menon S. Application of the localized dynamic subgrid-scale model to turbulent wall-bounded flows[C]. 35th Aerospace Sciences Meeting and Exhibit, Nevada, 1997.

[119] Nicoud F, Ducros F. Subgrid-scale stress modelling based on the square of the velocity gradient tensor[J]. Flow, Turbulence and Combustion, 1999, 62(3): 183-200.

[120] Nikitin N V, Nicoud F, Wasistho B, et al. An approach to wall modeling in large-eddy simulations[J]. Physics of Fluids, 2000, 12(7): 1629-1632.

[121] Shur M L, Spalart P R, Strelets M K, et al. A hybrid RANS-LES approach with delayed-DES and wall-modelled LES capabilities[J]. International Journal of Heat and Fluid Flow, 2008, 29(6): 1638-1649.

[122] Chapman D R. Computational aerodynamics development and outlook[J]. AIAA Journal, 1979, 17(12): 1293-1313.

[123] Choi H, Moin P. Grid-point requirements for large eddy simulation: Chapman's estimates revisited[J]. Physics of Fluids, 2012, 24(1): 011702.

[124] Strelets M. Detached eddy simulation of massively separated flows[C]. 39th Aerospace Sciences Meeting and Exhibit, Nevada, 2001.

[125] Spalart P R, Deck S, Shur M L, et al. A new version of detached-eddy simulation, resistant to ambiguous grid densities[J]. Theoretical and Computational Fluid Dynamics, 2006, 20(3): 181-195.

[126] Menter F R, Kuntz M, Langtry R. Ten years of industrial experience with the SST turbulence model[J]. Turbulence, Heat and Mass Transfer, 2003, 4(1): 625-632.

[127] Travin A K, Shur M L, Spalart P R, et al. Improvement of delayed detached-eddy simulation for LES with wall modelling[C]. ECCOMAS CFD 2006: Proceedings of the European Conference on Computational Fluid Dynamics, Egmond aan Zee, 2006.

[128] Gritskevich M S, Garbaruk A V, Schütze J, et al. Development of DDES and IDDES formulations for the k-ω shear stress transport model[J]. Flow, Turbulence and Combustion, 2012, 88(3): 431-449.

[129] Menter F. Stress-blended eddy simulation (SBES)—A new paradigm in hybrid RANS-LES modeling[C]. 6th Symposium on Hybrid RANS-LES Methods, Strasbourg, 2016.

[130] Muscari R, Di Mascio A, Verzicco R. Modeling of vortex dynamics in the wake of a marine propeller[J]. Computers & Fluids, 2013, 73: 65-79.

[131] Holgate J, Skillen A, Craft T, et al. A review of embedded large eddy simulation for internal flows[J]. Archives of Computational Methods in Engineering, 2019, 26(4): 865-882.

[132] Baltazar J M, Rijpkema D R, Falcão de Campos J A. Numerical studies for verification and validation of open-water propeller RANS computations[C]. VI International Conference on Computational Methods in Marine Engineering (MARINE 2015), Rome, 2015.

[133] Sidi A. Generalizations of Richardson extrapolation with applications to numerical integration[C]. Numerical Integration III : Proceedings of the Conference held at the Mathematisches Forschungsinstitut, Oberwolfach, 1988.

[134] Roache P J. Quantification of uncertainty in computational fluid dynamics[J]. Annual Review of Fluid Mechanics, 1997, 29(1): 123-160.

[135] Stern F, Wilson R V, Coleman H W, et al. Verification and Validation of CFD Simulations[R]. Iowa: Iowa Institute of Hydraulic Research, 1999.

[136] Stern F, Wilson R V, Coleman H W, et al. Comprehensive approach to verification and validation of CFD simulations—Part 1: Methodology and procedures[J]. Journal of Fluids Engineering, 2001, 123(4): 793-802.

[137] Wilson R V, Stern F, Coleman H W, et al. Comprehensive approach to verification and validation of CFD simulations—Part 2: Application for RANS simulation of a cargo/container ship[J]. Journal of Fluids Engineering, 2001, 123(4): 803-810.

[138] Celik I, Karatekin O. Numerical experiments on application of Richardson extrapolation with

nonuniform grids[J]. Journal of Fluids Engineering, 1997, 119(3): 584-590.

[139] Celik I B, Ghia U, Roache P J, et al. Procedure for estimation and reporting of uncertainty due to discretization in CFD applications[J]. Journal of Fluids Engineering, 2008, 130(7): 078001.

[140] Liu C Q, Wang Y Q, Yang Y, et al. New omega vortex identification method[J]. Science China Physics, Mechanics & Astronomy, 2016, 59(8): 1-9.

[141] Dong X, Gao Y, Liu C. New normalized Rortex/vortex identification method[J]. Physics of Fluids, 2019, 31(1): 011701.

[142] Liu J, Wang Y, Gao Y, et al. Galilean invariance of Omega vortex identification method[J]. Journal of Hydrodynamics, 2019, 31(2): 249-255.

[143] Dong X, Wang Y, Chen X, et al. Determination of epsilon for Omega vortex identification method[J]. Journal of Hydrodynamics, 2018, 30(4): 541-548.

[144] Felli M, Guj G, Camussi R. Effect of the number of blades on propeller wake evolution[J]. Experiments in Fluids, 2008, 44(3): 409-418.

[145] Hunt J C R, Wray A A, Moin P. Eddies, streams, and convergence zones in turbulent flows[C]. The second Summer Program of the Center for Turbulence Research, Stanford, California, 1988.

[146] Lumley J L. The structure of inhomogeneous turbulent flows[C]. Atmospheric Turbulence and Radio Wave Propagation: Proceedings of the International Colloquium, Moscow, 1967.

[147] Lumley J L. Stochastic tools in turbulence[M]. New York: Academic Press Inc, 1970.

[148] Schmid P J. Dynamic mode decomposition of numerical and experimental data[J]. Journal of Fluid Mechanics, 2010, 656: 5-28.

[149] Towne A, Schmidt O T, Colonius T. Spectral proper orthogonal decomposition and its relationship to dynamic mode decomposition and resolvent analysis[J]. Journal of Fluid Mechanics, 2018, 847: 821-867.

[150] Taira K, Brunton S L, Dawson S T M, et al. Modal analysis of fluid flows: An overview[J]. AIAA Journal, 2017, 55(12): 4013-4041.

[151] Kutz J N, Brunton S L, Brunton B W, et al. Dynamic Mode Decomposition: Data-Driven Modeling of Complex Systems[M]. Philadelphia: Society for Industrial and Applied Mathematics, 2016.

[152] Azeez M F A, Vakakis A F. Proper orthogonal decomposition (POD) of a class of vibroimpact oscillations[J]. Journal of Sound and Vibration, 2001, 240(5): 859-889.

[153] 寇家庆, 张伟伟. 动力学模态分解及其在流体力学中的应用[J]. 空气动力学学报, 2018, 36(2): 163-179.

[154] Han Y, Tan L. Dynamic mode decomposition and reconstruction of tip leakage vortex in a mixed flow pump as turbine at pump mode[J]. Renewable Energy, 2020, 155: 725-734.

[155] Wang L, Liu X, Wu T. Modal analysis of the propeller wake under the heavy loading condition[J]. Physics of Fluids, 2022, 34(5): 055107.

[156] Lighthill M J. On sound generated aerodynamically I. General theory[J]. Proceedings of the Royal Society of London. Series A, Mathematical and Physical Sciences, 1952, 211(1107): 564-587.

[157] Lighthill M J. On sound generated aerodynamically II. Turbulence as a source of sound[J]. Proceedings of the Royal Society of London. Series A, Mathematical and Physical Sciences,

1954, 222(1148): 1-32.

[158] Curle N. The influence of solid boundaries upon aerodynamic sound[J]. Proceedings of the Royal Society of London. Series A, Mathematical and Physical Sciences, 1955, 231(1187): 505-514.

[159] Ffowcs Williams J E, Hawkings D L. Sound generation by turbulence and surfaces in arbitrary motion[J]. Philosophical Transactions of the Royal Society of London. Series A, Mathematical and Physical Sciences, 1969, 264(1151): 321-342.

[160] Williams J E F, Hall L H. Aerodynamic sound generation by turbulent flow in the vicinity of a scattering half plane[J]. Journal of Fluid Mechanics, 1970, 40(4): 657-670.

[161] Brentner K S, Farassat F. Analytical comparison of the acoustic analogy and Kirchhoff formulation for moving surfaces[J]. AIAA Journal, 1998, 36(8): 1379-1386.

[162] Jacob M C, Boudet J, Casalino D, et al. A rod-airfoil experiment as a benchmark for broadband noise modeling[J]. Theoretical and Computational Fluid Dynamics, 2005, 19(3): 171-196.

[163] 陈伟杰, 乔渭阳, 王良锋, 等. 基于 LES 与 FW-H 方程的圆柱-翼型干涉噪声数值研究[J]. 航空动力学报, 2016 (9): 2146-2155.

[164] Graham R R. The silent flight of owls[J]. The Aeronautical Journal, 1934, 38(286): 837-843.

[165] Kroeger R A, Grushka H D, Helvey T C. Low Speed Aerodynamics for Ultra-Quiet Flight[R]. Tullahoma: University of Tennessee Space Institute, 1972.

[166] 乔渭阳, 仝帆, 陈伟杰, 等. 仿生学气动噪声控制研究的历史, 现状和进展[J]. 空气动力学学报, 2018, 36(1): 98-121.

[167] Sarradj E, Fritzsche C, Geyer T. Silent owl flight: Bird flyover noise measurements[J]. AIAA Journal, 2011, 49(4): 769-779.

[168] Bertschneider H, Bosschers J, Choi G H, et al. Specialist committee on hydrodynamic noise: Final report and recommendations to the 27th ITTC [R]. Copenhagen: ITTC, 2014.

[169] Acoustical Society of America. Quantities and Procedures for Description and Measurement of Underwater Sound from Ships–Part 1: General Requirements: ANSI/ASA S12.64-2009/Part 1 (R2014) [S]. Washington D C: American National Standards Institute, 2009.